可持续作物生产理论与技术

三大主粮作物可持续高产栽培理论与技术

张卫建　郑成岩　陈长青 等　著

科学出版社

北　京

内 容 简 介

本书主要针对我国水稻、小麦和玉米三大主粮作物生产实践中高产不稳、产量差异大、高产不高效等共性问题，以最大限度地挖掘作物高产潜力和资源利用效率、实现可持续高产高效为根本目标，重点阐述了三大主粮作物可持续高产栽培共性理论，系统研发了轻简化、机械化、环境友好的高产栽培关键技术，并通过模式集成与示范验证，形成了适于大面积应用的三大主粮作物可持续高产栽培理论与关键技术。本书重点研究了以三大主粮作物水热资源配置、作物地上地下协同和强弱势籽粒协同为核心的可持续高产栽培共性理论，构建了三大主粮作物个体群体均衡调控、肥水定量调控、环境友好轮耕和抗倒防衰化学调控等栽培关键技术。在作物高产和高效协同的酶学机制、激素机制等生理生态研究方面取得了突破，丰富和发展了作物高产栽培理论，为作物可持续高产栽培模式创新和集成应用提供了理论依据和技术支撑。

本书可为作物栽培学与耕作学和农业生态学等学科的科研工作者及研究生提供理论参考，也可为从事三大主粮作物生产及管理的专业技术人员提供实用技术借鉴。

审图号：GS（2019）3801 号

图书在版编目（CIP）数据

三大主粮作物可持续高产栽培理论与技术 / 张卫建等著. —北京：科学出版社，2019.9
（可持续作物生产理论与技术）
ISBN 978-7-03-062197-9

Ⅰ. ①三… Ⅱ. ①张… Ⅲ. ①粮食作物－栽培技术－研究－中国
Ⅳ. ①S51

中国版本图书馆 CIP 数据核字（2019）第183951号

责任编辑：陈 新 赵小林 / 责任校对：郑金红
责任印制：肖 兴 / 封面设计：铭轩堂

科学出版社 出版
北京东黄城根北街16号
邮政编码：100717
http://www.sciencep.com

北京汇瑞嘉合文化发展有限公司 印刷
科学出版社发行 各地新华书店经销

*

2019年9月第 一 版 开本：787×1092 1/16
2019年9月第一次印刷 印张：14 1/2
字数：344 000
定价：218.00 元
（如有印装质量问题，我社负责调换）

《三大主粮作物可持续高产栽培理论与技术》
著者名单

（按姓名汉语拼音排序）

陈　金　　陈长青　　陈宗金　　邓艾兴

董文军　　董志强　　杭晓宁　　郝玉波

黄　山　　姜丽娜　　李　亮　　刘　鹏

刘立军　　齐　华　　钱春荣　　宋振伟

王志刚　　张　俊　　张　丽　　张　宇

张卫建　　张英华　　郑成岩　　朱相成

主要著者简介

张卫建　男，中国农业科学院作物科学研究所研究员，作物耕作与生态创新团队首席专家。1999 年毕业于南京农业大学，获得农学博士学位。2001～2003 年在美国 North Carolina State University 开展土壤生态学博士后合作研究，2006 年入选教育部"新世纪优秀人才"。现为农业农村部保护性耕作专家组成员，国务院学位委员会学科评议组（作物学组）成员，"十三五"国家重点研发计划项目首席专家，中国农学会耕作制度分会副理事长，中国农学会立体农业分会和中国生态学学会农业生态专业委员会秘书长，世界银行和联合国粮食及农业组织（FAO）咨询专家，学术期刊 *The Crop Journal* 副主编。

郑成岩　男，中国农业科学院作物科学研究所副研究员，农业农村部作物生理生态重点实验室和中国农业科学院作物耕作与生态创新团队成员，兼任中国作物学会栽培专业委员会小麦学组副组长。2011 年毕业于山东农业大学，获得博士学位。近年来主持或参加"十三五"国家重点研发计划、国家自然科学基金、973 计划等 10 余项研究课题，作为主要完成人获得省部级科技进步奖 2 项，获得国家发明和实用新型专利 8 项、软件著作权 1 项，制订国家和地方技术规程 5 项，在国内外期刊发表学术论文 40 余篇，参编著作 1 部。

陈长青　男，南京农业大学副教授，硕士研究生导师。2005 年毕业于南京农业大学，获得农学博士学位。2007～2010 年在中国科学院南京土壤研究所开展土壤生态学博士后合作研究。兼任江苏省农业系统工程专业委员会理事、江苏省生态学会常务理事。近几年主持或参加国家自然科学基金、863 计划、973 计划和"十三五"国家重点研发计划等 10 余项研究课题，获省部级科技成果奖 6 项，在国内外期刊上已发表学术论文 70 余篇。

前　言

　　粮食安全是关系国计民生的头等大事，是我国农业科技工作的重大基础性和长期战略任务。随着世界粮食问题日益突出，作物单产突破和高产研究已成为国内外高度重视的热点问题。水稻、小麦和玉米被称作三大主粮作物，也是人类赖以生存的最主要的粮食作物。有研究表明，为了满足人口增长和经济发展的需要，到2050年世界的粮食产量必须较现有水平增加1倍。根据《国家粮食安全中长期规划纲要（2008—2020年）》的预测，到2020年粮食需求总量为5725亿kg，并保持国内粮食自给率95%，需要在现有基础上再增加500亿kg粮食的生产能力，才能确保国家粮食安全。从粮食生产能力的科技战略来看，最大限度地挖掘作物高产潜力、实现作物可持续高产是重要的途径之一。

　　当前，农业生产中资源过量消耗、环境污染加剧等问题日益凸显，限制了农业的可持续生产。"可持续作物生产理论与技术"丛书，阐述了依靠科技创新和进步，持续稳定地提高粮食综合生产能力和产量水平，为确保粮食安全提供理论和技术支撑。自"十一五"国家实施粮食科技战略以来，连续13年实现粮食丰收，我国粮食自给率基本保持在95%，粮食综合生产能力稳步提高。但与未来粮食安全对粮食科技的需求和国际发展水平相比仍有差距，特别是在高产研究方面，我们面临高产进一步突破和提高资源效率的双重挑战。近年来，我国涌现出许多高产甚至超高产的成功案例，但耕作栽培技术相对复杂、资源效率较低、技术成本高，且产量水平时空随机性大、可重复性差、与实际产量差距大。目前，为实现主要粮食作物可持续高产，迫切需要加强共性理论研究和关键技术研发及模式集成，构建可持续高产的栽培技术体系。通过新型技术体系的应用示范，创造高产新纪录和典型样板，实现技术上可推广、经济上可核算、年际可重现、资源环境可持续，为大幅度大面积地稳定提高粮食生产能力和产量水平、提高生产效益、增加农民收入、保护生态环境提供强有力的技术保障及科技储备。

　　本书针对我国粮食主产区水稻、小麦、玉米等主要粮食作物高产实践中的主要障碍问题，以最大限度地挖掘作物高产潜力、实现可持续高产为根本目标，重点研究三大主粮作物可持续高产栽培的共性理论与技术途径，进行轻简化、机械化、资源高效和高产减排的关键技术创新，开展东北玉米－水稻、华北小麦－玉米、长江中下游水稻的可持续高产模式集成与高产典型创建，评价分析可持续高产的技术潜力与综合效应，为我国大面积持续丰产提供重要的理论指导和技术支撑。本书的主要研究工作和出版得到了"十二五"国家粮食丰产科技工程项目（2011BAD16B14）、国家自然科学基金（30571094和31201179）、"十三五"国家重点研发计划项目（2016YFD0300900）及课题（2016YFD0300803）、国家重点基础研究发展计划课题（2009CB118601）和中国农业科学院科技创新工程等资助。

　　由于著者研究水平有限，文中不足之处恐难避免，敬请广大读者批评指正。

著　者

2018年9月

目　　录

第 1 章　总　　论

　　粮食安全是关系国计民生的头等大事，是我国农业科技工作的重大基础性和长期战略任务。随着世界粮食问题日益突出，作物单产突破和高产研究已成为国内外高度重视的热点问题。根据《国家粮食安全中长期规划纲要（2008—2020年）》的预测，到2020年粮食需求总量为5725亿kg，并保持国内粮食自给率95%，需要在现有基础上再增加500亿kg粮食的生产能力，才能确保国家粮食安全。在"十二五"期间，全国作物高产研究优势单位的中青年骨干科学家组成攻关队伍，进行了广泛和深入的三大主粮作物可持续高产共性理论与关键技术创新，提升了我国高产研究的国际地位，带动了我国作物生产技术的升级，在我国粮食生产能力的建设中发挥了重要理论指导与技术支撑作用。

　　研究根据"十二五"国家粮食丰产科技工程项目的总体目标、任务和设计思路，为促进高产理论与技术的不断创新、进步和持续发展，针对我国粮食主产区水稻、小麦、玉米等主要粮食作物高产实践中的主要障碍问题和应用实践中与目标实现的差距，以最大限度地挖掘作物高产潜力、实现可持续高产为根本目标，重点研究三大主粮作物可持续高产的共性理论与技术途径，进行轻简化、机械化、资源高效和节能减排的关键技术创新，开展东北玉米 - 水稻、华北小麦 - 玉米、长江中下游水稻的可持续高产模式集成与高产典型创建，评价分析高产的技术潜力与综合效应。

　　通过5年的系统研究，以期建立适用于粮食作物高产的理论体系和创新关键技术，组装和集成与高产的产量性能定量指标相配套的调控技术；实现可持续高产的突破（春玉米亩[①]产1100kg、冬小麦 - 夏玉米周年亩产1500kg、双季稻1400kg、中稻850kg）和指导百亩连片高产（春玉米亩产1000kg、冬小麦 - 夏玉米周年亩产1400kg、双季稻1350kg、中稻800kg）；建立10个不同区域特色的高产样板示范基地及其相应的信息数据库；获得（含申请）国家发明或实用新型专利5～10项，开发新技术与新产品15～20个，制订高产技术模式及其技术规程15套；发表三大主粮作物高产理论与技术学术论文30～50篇。本课题将为我国三大主粮作物可持续高产目标的实现和向大面积跨越提供共性理论与关键技术及高产典型样板；为保障国家粮食安全、增加农民收入、保护生态环境和增强农产品市场竞争力提供强有力的技术支撑与储备。

1.1　立项的背景与意义

　　人类正面临粮食安全、资源紧缺和环境污染等迫切问题，其中粮食问题尤为突出。水稻、小麦和玉米一起被称作三大主粮作物，是人类赖以生存的最主要的粮食作物。有研究表明，为了满足人口增长和经济发展的需要，到2050年世界的粮食产量必须较现有水平增加1倍。就确保我国国家粮食安全，实现新增500亿kg粮食生产能力的科技战略来看，

----

① 1亩≈666.7m²，下文同

最大限度地挖掘作物高产潜力、实现可持续高产是重要的途径之一。因此，迫切需要开展主要粮食作物可持续高产的共性理论与关键技术的创新，重点研究高产性能与技术途径定量化；高产关键技术创新与可持续技术集成（重演性好、机械化程度高、资源效率高）；建立水稻、玉米、小麦三大主粮作物的可持续高产技术模式，完善相应技术体系，探讨三大主粮作物技术增产潜力适应性、综合效益的合理性及高产水平的可持续性，实现可持续高产典型的新突破，带动百亩以上连片可持续高产实践，为我国粮食作物大面积持续丰产提供重要的理论指导和技术支撑。

1. 高产在确保国家粮食安全中作用突出，迫切需要组织优势力量进行可持续高产关键技术创新与集成

根据《国家粮食安全中长期规划纲要（2008—2020 年）》的预测，到 2020 年粮食需求总量为 5725 亿 kg，并保持国内粮食自给率 95%，需要在现有基础上再增加 500 亿 kg 粮食的生产能力，才能确保国家粮食安全。同时，我国粮食安全还要面对"人增、地减、水缺"的压力，以及国际粮食市场的竞争和全球气候变化的不利影响，我国粮食安全面临着严峻的挑战。

为了确保我国粮食安全，国家实施了粮食丰产科技工程、高产创建等一系列的粮食科技战略。由于高产在粮食生产中的贡献大（面积不足 30% 但总产份额占 45% 以上），同时对中低产田有明显的带动作用，因此，实施高产再高产创建被认为是确保粮食安全的重要途径。目前，我国水稻、玉米和小麦的高产技术水平分别为 700~800kg/ 亩、1000~1300kg/ 亩和 650~750kg/ 亩，比全国平均产量水平高出 1 倍以上。"十二五"期间，继续组织全国作物高产研究优势单位的青年骨干科学家组成攻关队伍，进行更加广泛与深入的三大主粮作物可持续高产关键技术创新和集成，从而提升我国高产研究的国际地位，带动我国作物生产技术的升级，在我国粮食生产能力的建设中发挥重要技术支撑作用。

2. 建立理论体系与明确技术途径是可持续高产的重要基础，迫切需要进行高产性能与技术途径定量化的研究

目前，高产研究处于关键时期，由于高产理论研究相对滞后、技术途径不完善、技术效果和稳定性尚有待进一步提高，虽然高产典型不断涌现，但重演性差、效益低，难以可持续发展，特别是还不能实现大面积高产的跨越发展。由于作物产量形成是一个复杂的系统过程，前人多从某一方面对产量形成进行分析，不能综合地反映产量的形成规律，难以进行定量化和指导生产。基于以上的分析，中国农业科学院作物科学研究所的科学家根据作物产量形成 3 个主要理论的内在关系，开展了作物的产量性能与技术途径定量化研究，指出在源库数量足的基础上提高质量性能，实现满负荷源库协调的高产理论途径，并初步实现了作物产量性能分析数量化、模式化和指标化，但需要进一步加强高产性能与技术途径定量化的研究，有效指导不同区域作物高产研究。

3. 高产发展处于高产与高效的双重高标准新阶段，迫切需要进行关键技术创新与可持续技术集成（重演性好、机械化程度高、资源效率高）

依靠科技创新和进步，持续稳定地提高粮食综合生产能力和产量水平，是确保粮食安全的重大技术需求。"十一五"国家实施粮食科技战略以来，连续 6 年实现粮食持续丰收，2009 年全国粮食总产量达到 5.308 亿 t，创历史新高，我国粮食自给率基本保持在 95% 以上，粮食综合生产能力在稳步提高。但与未来粮食安全对粮食科技的需求和国际发展水平相比仍有差距，特别是在高产研究方面，面临着高产进一步突破和降低资源消耗、提高资源效率的双重挑战。近年来，我国涌现出许多高产的典型，但技术相对复杂、资源效率较低，且随机性大、可重复性差。目前实现主要粮食作物可持续高产，迫切需要加强关键技术创新与集成，构建可持续高产的技术体系，应用示范创造高产新纪录和典型样板，实现技术上可推广、经济上可核算、年际可重现、资源环境可持续。为大幅度地稳定提高粮食生产能力和产量水平、提高生产效益、增加农民收入、保护生态环境提供强有力的技术保障和科技储备。

4. 可持续高产技术创新与集成重点在区域生产的应用，迫切需要建立区域特色高产技术模式和典型，带动大面积丰产

在我国 18 亿亩耕地中，1/3 具备高产条件且主要分布在东北、华北和长江中下游平原。作物产量潜力的挖掘主要依赖于关键技术的突破，加强三大平原三大主粮作物的可持续高产技术的创新与集成研究，开展三大主粮作物产量性能的高效协调、抗倒防衰优质群体构建、高产土壤耕层优化、肥水精量控制、机械化精准作业等关键技术的创新研究，建立以共性关键技术为核心的高效、生态可持续高产技术模式与技术体系规程，是当前我国高产研究的重点内容。真正实现技术上可推广、经济上节约高效、资源可持续的定点定位周年高产，带动粮丰工程相关主产省高产研究的突破，为全国的高产创建提供典型和样板。

1.2　国内外研究进展

1. 重视高产瓶颈突破的理论与技术研究，探索新的绿色革命成为国际作物科学的热点

20 世纪 60 年代[②]，以矮秆高产品种和肥水管理相配合实施大幅增产的第一次绿色革命后，科学家一直在积极探索新的大幅增产途径。1980s 以来，作物高产研究越来越受到重视，被许多国家列为国家级农业科研重大课题。最早由美国倡导并开展的"作物最高产量研究（MYR）"已扩展到其他 10 多个国家，并已取得丰硕成果。美国玉米和小麦的最高产量已分别达到 1850kg/亩和 966.7kg/亩。欧洲已普遍开展了农作物高产蓝图设计与集约化栽培管理研究。日本提出了"作物高产工程"的概念和研究计划，国际水稻研究所提出了突破产量限制的新思路和亩产吨粮的作物理想构型，近年来作物高产研究再度掀起热潮。由此可见，作物高产突破技术途径的研究不断升级，探索新的绿色革命逐渐成为国际作物科学的热点。

2. 全面开展作物高产技术创新，实现高产突破，成为各国保障粮食安全的共同选择

国内外科技工作者围绕水稻、玉米、小麦三大主粮作物的高产问题，在理论与技术体系研究方面进行了大量研究探索，并创造了多个高产典型。1981 年，日本农林水产省制订了"高产作物的开发及其栽培技术研究"计划，实现了中低产地区水稻产量达到 500～650kg/亩（糙米），高产地区达到 667kg/亩。目前，美国通过国家玉米种植者协会组织的全美高产竞赛，实现了玉米高产的不断突破，创造了 1850kg/亩的新纪录。我国科学家针对不同超级品种的光合作用和源库关系的研究提出了高产栽培主攻方向，在我国长

---

② 为方便表述，后文中出现的 1960s、1970s、1980s、1990s、2000s 分别对应 20 世纪 60 年代、20 世纪 70 年代、20 世纪 80 年代、20 世纪 90 年代、21 世纪头 10 年

江中下游实现了双季稻周年单产 1200kg/亩，有力地促进了超级水稻生产的发展。在玉米高产栽培中通过挖掘个体和群体的库潜力，调动源库自动调节能力，通过良种良法的配套在我国创造并保持着夏玉米 1289.6kg/亩的世界高产纪录。"十一五"期间，中国农业科学院科学家以定位试验和试验示范相结合，创新核心关键技术和集成区域性高产栽培技术模式，在南方再生稻、长江中下游稻麦两作、黄淮海平原东部和南部冬小麦 - 夏玉米周年亩产连续 7 年突破 1500～1600kg/亩；长江中下游春玉米 - 晚稻连续两年（2008～2009 年）同地两作亩产突破 1500kg，东北平原吉林省桦甸市金沙乡、吉林市兴家村基地和辽宁省朝阳市木头城子村基地春玉米连续 3 年亩产突破 1000kg，带动了主要粮食省的大面积可持续高产的创建，为保障我国粮食生产安全稳定提供了可靠途径。

3. 重视高产高效协同提高，机械化与信息化的现代高产技术正在形成，可持续高产成为区域生产的重点方向

作物高产突破和可持续高产高效的实现，必须依靠作物产量性能的高效协调、抗倒防衰优质群体构建，以及高产土壤耕层优化、肥水精量控制、机械化精准作业等关键技术的创新集成。目前发展与提高机械化栽培技术水平，是作物生产进一步发展的必然要求和必需保障。研究现代农机农艺配套技术，形成主要粮食作物的机械化栽培技术体系是大面积可持续高产高效实现的关键。此外，基于信息技术的作物生长监测与诊断功能，开发我国粮食作物栽培的精准化管理系统，研制作物生长参数的便携式、智能化监测与诊断设备，以及组件化综合性决策支持系统，并在全国水稻、小麦和玉米优势种植区域，创新集成精确栽培技术体系，实现不同区域主要粮食作物的精确栽培控制，为大面积可持续高产高效提供重要技术支撑。

1.3　拟解决的关键问题与主要研究内容

本课题攻关解决的重要理论与技术难点有以下几个方面。

1. 解决作物高产分析的系统化和目标产量的指标化的难点

可持续高产共性理论研究，涉及领域广，问题十分复杂。如何将光合性能、源库和产量形成过程的生理机制及其构成层次间的主次关系等重大理论问题联系起来，建立定量化的作物产量系统化的分析模式，明确不同栽培措施下作物目标产量指标化及高产栽培的定量设计，确立作物可持续高产共性理论和技术途径，这是本课题应解决的首要理论难点。

2. 解决挖掘产量潜力技术创新性及可持续高产的难点

高产关键技术的创新突破和集成优化是实现高产突破的核心技术，涉及作物品种产量潜力的挖掘、生态因素对目标产量形成的影响、技术措施效应的可靠性和稳定性等。如何进行关键技术创新与集成，构建可持续高产的技术体系，应用示范创造可持续的高产新纪录和典型样板，同时高产技术及技术模式必须达到技术上可推广、经济上可核算、年际可重现、资源环境可持续，这是本课题应解决的关键技术难点。

3. 解决核心技术创新和区域特色技术体系集成的难题

作物产量潜力的挖掘主要依赖于关键技术的突破，但本项目涉及三大平原三大主粮作物，地域分布广、生态因素复杂、可持续高产限制因素多。如何开展三大主粮作物抗倒防衰优质群体构建、高产土壤耕层优化、肥水精量控制、机械化精准作业等关键技术的核心技术创新，集成具有区域特色的可持续高产技术体系规程，这是本课题应解决的重要技术难点。

1.4　总 体 目 标

1．约束性指标

（1）建立主要粮食作物可持续高产共性理论，创建可持续高产关键技术，组装集成区域性高产定量化技术模式。

（2）实现主要粮食作物的高产突破，春玉米亩产 1100kg、冬小麦－夏玉米周年亩产 1500kg、稻麦两熟周年亩产 1400kg、双季稻 1400kg、中稻 850kg。

（3）指导百亩连片可持续高产，春玉米亩产 1000kg、冬小麦－夏玉米周年亩产 1400kg、稻麦两熟周年亩产 1300kg、双季稻 1350kg、中稻 800kg。

（4）建立 6～8 个不同区域可持续高产技术模式，10 个示范基地；每个基地定点高产攻关试验田 10 亩以上，高产技术模式示范田 100～200 亩。

2．预期性指标

（1）获得（含申请）国家发明或实用新型专利 5～10 项，研发新技术与新产品 15～20 个，制订高产技术模式及其技术规程 15 套。

（2）发表相关学术论文 30～50 篇。

1.5　总体研究方案

根据项目总体目标、关键创新及技术集成，按照主攻水稻、小麦、玉米三大主粮作物，主攻重点区域（东北、华北、长江中下游平原粮食主产区），重点建设高产技术攻关基地和定位攻关试验示范田的设计思路，突出三大主粮作物可持续高产共性理论与技术途径创新、三大平原三大主粮作物可持续高产关键技术创新和技术模式构建、培创定位同地周年持续高产典型示范样板，带动百亩以上连片可持续高产的实现（图 1-1）。发挥以国家

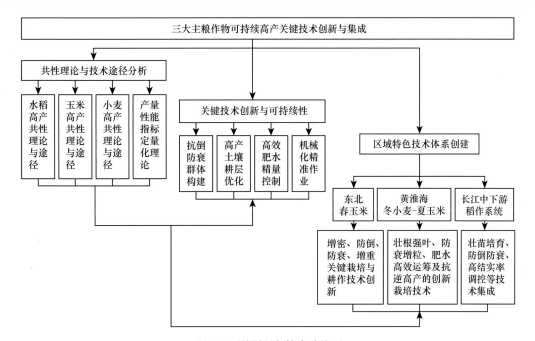

图 1-1　课题研究技术路线图

科研单位为主，与全国相关的作物高产研究优势单位的技术力量配合的优势，组织课题攻关队伍，进行三大主粮作物可持续高产共性关键理论与关键技术创新的联合攻关研究，突破三大主粮作物可持续高产的重大技术难题。攻关基地定位高产典型试验与示范结合，保证创新的高产关键技术与技术模式不断发展。通过产学研结合模式，加快技术成果、专利和新产品的产业化开发。

1.6　本研究的主要创新

（1）基于光合性能、源库、产量构成三大理论内在联系的产量分析体系，提出定量分析的产量性能公式和相应参数的动态模型，明确目标产量的产量性能指标的定量化，为可持续高产提供共性理论和技术途径。

（2）从群体优化、耕层调控、化学调节和精准肥水等不同方向创新高产共性关键技术，并通过产量性能的技术效应分析，构建综合增效的核心技术，应用现代机械化改造和信息装备形成可持续高产技术体系。

（3）在不同区域的粮食主产省，通过核心技术和综合技术集成形成区域特色的可持续高产技术体系，创建三大主粮作物高产新纪录，实现机械化作业的百亩连片高产。

（4）机械化高产栽培技术研究：根据我国农村劳动力变化趋势，进行农机农艺结合，建立轻简化、机械化的高产栽培技术体系及模式。

（5）高产与低碳结合，建立高产减排技术体系，建立环境友好的高产作物耕作栽培技术体系。

第 2 章　三大主粮作物可持续高产栽培的共性理论

2.1　可持续高产栽培的区域水热协调理论

近百年来，全球气候变暖是气候变化的主要特征之一。根据联合国政府间气候变化专门委员会（IPCC）关于气候变化的第三次报告内容，自 1960s 起，全球平均气温上升（0.6±0.2）℃，其中，1990 年、1995 年、1997 年和 1998 年全球平均气温均创下人类历史新高，1990s 则是近百年来最暖的十年。在 2007 年 IPCC 第四次报告中，预测全球平均气温将以每 10 年 0.2℃的速度继续上升；持续的温度升高致使海平面上升 10~20mm（丁一汇，2003；秦大河，2003；IPCC，2007）。在全球气候变暖的大背景下，我国近百年来的气温增加较为明显，升温幅度为 0.5~0.8℃，且与北半球情况基本相同，增温主要发生在冬季与春季，夏季、秋季不明显。20 世纪主要有两个增温期，分别出现在 20 世纪 20~40 年代与 1980s 以后（丁一汇等，2006）。也有研究表明，自 1980s 以来，全国气温上升较为明显，西南低温区 1990s 以后温度也呈上升趋势，但夏季长江中上游地区出现明显的降温现象。全国平均年降水总量趋于减少，但 1990s 后夏季降水增加明显，尤其是长江以南地区；而华北与东北地区降水显著减少。对未来中国气候分析中，在中国温室气体排放不断增加的趋势下，未来 20~100 年，中国地表气温将逐渐增加，极端高温天气与降水事件也将增加，而低温极端天气将减少。未来华北、东北和西北地区夏季增温幅度大而降水少，暖干化趋势明显；华中、华东和华南地区的夏季降水增加明显而冬季无显著增加，尤其以华南地区降水明显减少（翟盘茂，1999；屠其璞，2000；王绍武和龚道溢，2000；王遵娅等，2004；许吟隆等，2005；唐国利和任国玉，2005；林而达等，2006）。

气候变暖与农业生产关系密切，气候变暖已经对农业及生态环境产生了巨大的影响，给农业生产及其相关过程带来潜在或显著的影响，成为全社会关注的焦点（Milly et al.，2002；居辉等，2005；Tao et al.，2006；Tubiello et al.，2007；Lobell et al.，2011）。气候变化以变暖为主要特征，温度上升可导致我国部分地区的农作物产量下降（刘颖杰和林而达，2007）。据估算，到 2030 年我国种植业总量总体上会因全球气候变暖减产 5%~10%，气候变暖将直接威胁我国粮食安全（林而达等，2006）。IPCC 第四次气候评估报告认为，21 世纪全球平均气温将继续上升，升温范围为 1.1~6.4℃（IPCC，2007）。而中国未来 20~100 年，地表气温仍呈上升趋势，预计到 21 世纪后期将升高 1.9~5.5℃（刘颖杰和林而达，2007）。在这种情况下，对于农作物应对气候变化的研究迫在眉睫。因此，研究作物生产与区域水热的关系，对作物生长、农业发展、生态环境及粮食安全有重要的意义。

2.1.1　水稻区域水热协调理论与可持续高产研究

以东北单季稻为例，依托现有的国家重大科研项目平台，收集中国气象局在东北三省（黑龙江、吉林、辽宁）的野外气象监测数据（1970~2010 年），东北三省水稻生产的田间观测数据（1990~2009 年），东北三省水稻新品种数据（1970~2009 年），东北三省作物生产统计数据（1950～2010 年），东北三省土壤质量数据（全国第二次土壤普查数据、2009 年数据），黑龙江县级水稻生产数据（1970 年、2010 年），采用地理信息系统（geographic information system，GIS）和数理统计等数据挖掘方法，分析气候变暖和水稻生产的发展趋势及其相互关系，探讨稻作系统的实际适应特征及其趋势，为应对气候变化的水稻新品种选育、耕作栽培技术创新和种植区域调整提供重要的决策依据与技术方向，确保未来气候模式下东北水稻单产持续稳定增长，为国家粮食安全做出更大贡献。

2.1.1.1　历史数据来源与分析方法

1. 历史数据来源

1）本研究的气象数据来自中国气象局，包括东北 72 个气象观测站 1970～2009 年的逐日气温和降水等数据。

2）水稻物候数据来源于中国气象局"中国农作物生长发育和农田土壤湿度旬值数据集"，包括 1991～2009 年水稻物候期的观测数据。

3）本研究中用到的中国基础地理信息数据来自国家基础地理信息中心。

4）本研究省级水稻生产数据来自中国种植业信息网，包括水稻产量和种植布局等历年统计资料，用以分析水稻生产的年际和空间特征。

5）本研究的县级水稻生产数据来源于东北三省农业统计年鉴，地级市数据来源于各省统计年鉴。其中黑龙江各县数据包括农垦部门的水稻生产数据，来自农垦局的内部资料，并根据农垦局在各县的分布情况将农垦的水稻种植面积汇总到该省各县统计数据中。

6）水稻新品种特性数据来自国家统计局国家数据（http://data.stats.gov.cn/）及国家品种区域试验数据，包括自 1950 年以来东北三省历年新颁布并大面积推广种植的水稻品种特性信息。

7）水稻实际生产中的物候期变化数据来自中国气象局东北 32 个气象观测站的观察数据（1991～2010 年）。

8）水稻分县播种面积和总产数据来自东北三省各省农业统计年鉴（1980～2010 年）。

2. 气象数据分析方法

依据东北 72 个气象观测站的逐日气象数据，以省为边界分别进行加权平均归类，获得各省的相关气象数据。依据计算获得的东北三省 1970～2009 年水稻生长季（5～9 月）的日平均气温、日最高气温、日最低气温、日降水量及≥10℃的活动积温数据，采用简单线性回归模型拟合了各省的气温和降水变化趋势。水稻的理论播种时间定为 4 月或 5 月（气温稳定通过 10℃），收获时间为 9 月以后（气温稳定通过 10℃）。统计分析均由 SPSS 13.0 软件完成，气象数据运算采用 visual foxpro 8.0。

1）统计分析

在气象数据分析过程中，主要应用了数理统计分析方法，包括加权求和、线性回归、回归方程的拟合。

时间序列多项式模拟：采用时间序列多项式模拟的方法对气候要素的变化进行模拟，从而得到气候要素随时间变化的趋势。线性变化趋势用一元方程进行描述，并建立气候变量与其所对应的时间的一元线性回归方程（魏凤英，1999）。

$$X_i=a+bt_i \tag{2-1}$$

式中，自变量为 t_i，因变量为 X_i；i（$=1,2,3,\cdots,n$）为年份序号，a 为回归常数，b 为回归系数，a 和 b 用最小二乘法进行估计。

区域年平均气温、最高和最低气温、年降水量、年日照时数计算方法是采用 72 个气象站点每年的逐日值进行平均，然后进行全年相加求平均值（年平均气温、最高和最低气温），全年直接相加求值（年降水量、年日照时数），当降水量＞0.1mm 时计为一个降水日数，全年降水日数即所有降水的天数。所有趋势方程采用上述的线性回归拟合。有效积温为 $\geq 10\,^{\circ}\mathrm{C}$ 温度之和。东北地区水稻生长季为 5～9 月，各指标处理计算同全年。

2）空间分析

运用 GIS 技术研究气候资源的空间分布和作物生产潜力。本研究利用地理信息系统在管理空间数据上的优势，将 GIS 技术与气候变化研究相结合，估算气候资源要素在不同时间的空间分布规律和作物气候生产潜力的空间、时间规律。

采用反距离加权插值方法（inverse distance weighting，IDW）进行插值，它是最常用的确定空间数据分布规律的内插方法。IDW 是由众多不规则分布的离散点群，内插指定位置的函数值最常用的方法。IDW 内插方法的基本形式如下

$$F(x,y)=\sum_{i=1}^{n} w_i f_i \tag{2-2}$$

式中，n 为参与内插的离散点总数，f_i 为给定在离散点上的函数值，$f_i=z_i \cdot w_i$ 为在离散点 i 的加权函数，z_i 为第 i（$=1,2,3,\cdots,n$）个样本的属性值，w_i 为在离散点 i 的加权函数，$F(x,y)$ 为内插值点（x,y）上的函数值。加权函数 w_i 常表示为

$$w_i = h_i^{-p} \Big/ \sum_{i=1}^{n} h_i^{-p} \tag{2-3}$$

式中，p 为任意实数的加权指数，一般取 $p=2$，h_i 为离散点 i［坐标为（x,y）］与内插的距离，即

$$h_i = \sqrt{(x-x_i)^2 + (y-y_i)^2} \tag{2-4}$$

3. 水稻产量数据分析方法

水稻产量数据为 1970～2009 年各省每年的统计值。由于除了气候变化的影响，水稻单产还受到品种改良、肥料和政策等因素的影响，表现出一定的变化趋势（Hu and Buyanovsky，2003），因此，需要剥离气候变化和农艺改进及政策变化对产量的影响。本研究采用 Goldblum（2009）提出的最佳拟合最小二乘法，剔除了非气候因子对产量变化的贡献。另外，技术和政策经常导致产量的突变，分析时需要分段去除。本研究以 1980 年的产量为基础产量，采用分段式最小二乘法去除产量趋势，Mann-Kendall 方法（Kendall and Gibbons，1990）检测产量突变点。经过去除趋势后的水稻产量更能反映气候变化的贡献。区域面板数据分析采用 Lobell 等（2011）提出的年份、气候矢量因子综合评估法。

4. 水稻播种面积的空间重心变化分析方法

采用 GIS 反距离加权插值方法分析 $\geq 10\,^{\circ}\mathrm{C}$ 活动积温的空间变化特征。以县级水稻播种面积数据为基础，利用公式（2-5）分析了黑龙江水稻播种面积的空间重心变化。

$$x=\sum_{i=1}^{n} p_i x_i \Big/ \sum_{i=1}^{n} p_i \qquad y=\sum_{i=1}^{n} p_i y_i \Big/ \sum_{i=1}^{n} p_i \tag{2-5}$$

式中，x 和 y 分别为重心点的经度和纬度，n 为区域数，p_i 为 i 县（市）水稻播种面积，x_i 和 y_i 分别为 i 县（市）几何中心的经度和纬度。由于种植重心计算需要县级统计数据，如果分析东北全区的变化，数据难以获得。另外，吉林的水稻种植面积相对较小，如果进行全区统一分析，不能很好地反映气候变暖对水稻布局的影响。而黑龙江为研究区域的最北端，气温升高最明显，水稻种植面积变化也最突出。因此，在一定程度上水稻种植的空间变化更能反映出由气候变暖引起的作物种植空间变化。另外，气候变暖是一个缓慢的过程，作物布局的调整也是一个长期的变化过程，年际空间布局变化既不稳定，也较难分辨。为此，本节主要比较了 1970～2010 年黑龙江水稻种植的空间变化。

2.1.1.2　东北气候变化特征及其对稻作系统的潜在影响

1. 水稻生长季日平均气温变化

1970～2010 年黑龙江、吉林、辽宁和东北三省水稻生长季日平均气温均呈上升趋势（图 2-1），增温趋势极显著。黑龙江、吉林、辽宁和东北三省平均气温每 10 年分别增加 0.34℃、0.32℃、0.31℃和 0.32℃；40 年来平均值分别为 17.5℃、18.5℃、20.6℃和 18.7℃。

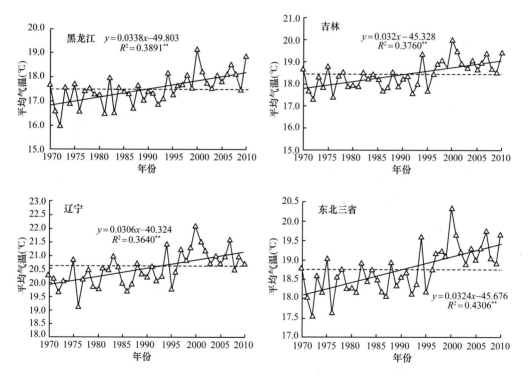

图 2-1　1970～2010 年黑龙江、吉林、辽宁和东北三省水稻生长季日平均气温的年际变化

数据来源：中国气象局东北 72 个气象观测站 1970～2010 年的监测数据。

** 表示极显著相关（$P<0.01$），虚线表示平均值；下同

1990s 以后，日平均气温均高于 40 年的平均值，说明近 20 年来增温显著。从地理位置方面比较，东北三省的平均气温从北向南递增，但是增温趋势递减，即黑龙江增温幅度最大，吉林次之，辽宁增温幅度最小。

2. 水稻生长季日最高气温变化

1970~2010 年黑龙江、吉林、辽宁和东北三省水稻生长季日最高气温均呈上升趋势（图 2-2），增加趋势较为显著。黑龙江、吉林、辽宁和东北三省最高气温每 10 年分别增加 0.22℃、0.26℃、0.29℃和 0.26℃，较日平均气温增加幅度低。近 40 年来最高气温的平均值分别为 23.5℃、24.5℃、25.8℃和 24.6℃。与平均气温相似，增温明显时期为 1990s 以后，与平均气温变化趋势不同的是温度升高幅度从北向南减小，黑龙江增温幅度最小，吉林次之，辽宁增温幅度最大。

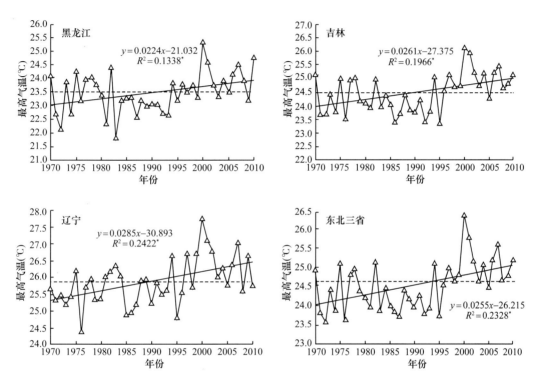

图 2-2　1970~2010 年黑龙江、吉林、辽宁和东北三省水稻生长季日最高气温的年际变化
数据来源：中国气象局东北 72 个气象观测站 1970~2010 年的监测数据。* 表示显著相关（$P<0.05$），下同

3. 水稻生长季日最低气温变化

1970~2010 年黑龙江、吉林、辽宁和东北三省水稻生长季日最低气温也均呈上升趋势（图 2-3），增温幅度极显著。黑龙江、吉林、辽宁和东北三省最低气温每 10 年分别增加 0.46℃、0.40℃、0.40℃和 0.43℃，较日平均气温和日最高气温增幅高，说明东北地区增温以夜间增温为主，而白天增温幅度相对较小。近 40 年日最低气温的平均值分别为 11.8℃、13.1℃、15.7℃和 13.2℃，1990s 中期以后温度值均高于平均值。日最低气温增幅从北向南增温趋势递减，黑龙江增温幅度最大，吉林增温幅度次之，辽宁增温幅度最小。

总体来看，1970~2010 年日平均气温、日最高气温和日最低气温均是黑龙江最低，吉林次之，辽宁最高。但增温幅度上，日平均气温、日最低气温以北部黑龙江增加最为明显，吉林次之，辽宁最小；而日最高气温增加幅度以最南部的辽宁增加最为明显，吉林次之，北部的黑龙江最低。增温幅度方面，日最低气温增加最为明显，其次为日平均气温，而日最高气温相对最小。

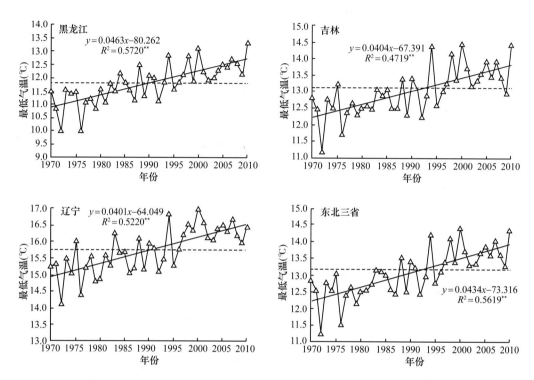

图 2-3　1970～2010 年黑龙江、吉林、辽宁和东北三省水稻生长季日最低气温的年际变化

数据来源：中国气象局东北 72 个气象观测站 1970～2010 年的监测数据

4. 水稻生长季≥10℃活动积温变化

1970～2010 年黑龙江、吉林、辽宁和东北三省水稻生长季≥10℃活动积温均呈上升趋势（图 2-4），上升趋势极显著。黑龙江、吉林、辽宁和东北三省≥10℃活动积温每年分别增加 6.2℃、6.1℃、5.1℃和 5.1℃；近 40 年的平均值分别为 2580℃、2750℃、3130℃和 2830℃。1970～2010 年≥10℃活动积温黑龙江最低，吉林次之，辽宁最高；增加趋势从北向南递减，黑龙江增幅最大，吉林增幅次之，辽宁增幅最小。

5. 水稻生长季气温绝对值变化

东北三省水稻生长季 2000s 较 1970s 日平均气温变化、日最高气温变化、日最低气温变化和≥10℃活动积温绝对值变化的空间特征见图 2-5。日平均气温在黑龙江北部和辽宁西南部增加最高，增加了 1.4℃；其次表现为东北西部地区，日平均气温增加仅次于黑龙江北部和辽宁西南部，增加幅度达 1.2℃；中部和东部增加分别大于 0.8℃和 0.6℃。仅在黑龙江最北边缘出现降温现象，但是此区域是非水稻种植区。

东北三省日最高气温增温大于 0.9℃的占到区域一半，在辽宁西南部增温最显著，增温大于 1.3℃，黑龙江东北部、整个辽宁和吉林西南部每年增温都超过 0.9℃；其他区域超过 1/2 地区增温超过 0.7℃，黑龙江和吉林的东部日最高气温增温最低，分别为 0.3℃和 0.1℃。总体来看，最高气温主要是南部地区增加明显，中部地区和东部地区增幅相对较小。

日最低气温与日平均气温和日最高气温变化趋势都不同，整体上可分成三部分，去除黑龙江西北部边缘的非水稻种植区，大约 1/3 地区增温超过 1.5℃，包括黑龙江大部分地区和吉林西部及辽宁西南部；1/3 地区温度增加超过 0.9℃，包括黑龙江东北部、吉林南部和辽宁北部；剩下的区域增温大于 1.2℃。

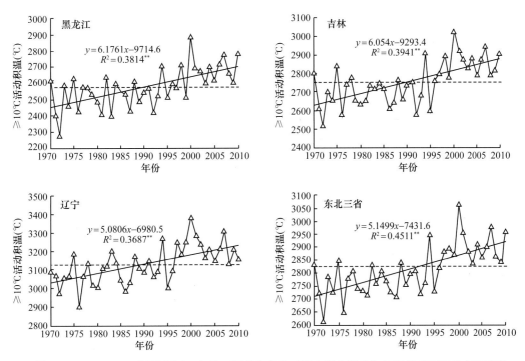

图 2-4　1970~2010 年黑龙江、吉林、辽宁和东北三省水稻生长季≥10℃活动积温的年际变化

数据来源：中国气象局东北 72 个气象观测站 1970~2010 年的监测数据

　　≥10℃活动积温增加趋势与日平均气温增温趋势有地域的相似性。整个东北地区从东西方向上分，西部增加最明显，增幅最大的区域均为黑龙江西北，其次是辽宁西南、黑龙江西部和吉林西部，增加超过 205℃。从西向东，增加幅度递减，每年分别增加达 175℃、145℃和 115℃以上。

6. 水稻生长季气温变化趋势

　　1970~2010 年东北三省水稻生长季日平均气温、日最高气温、日最低气温和≥10℃活动积温的变化趋势空间特征见图 2-6。从东西方向分，东北三省西部，大约一半地区的日平均气温增温趋势大于 0.035℃ / 年，其中增温趋势最大的在黑龙江西北，其次是东北地区的西部和辽宁的西南部；再次是中部，增温趋势大于 0.03℃ / 年，最东部增温趋势大于 0.025℃ / 年，黑龙江东北部增温趋势大于 0.020℃ / 年。在黑龙江的西北部边缘地区日平均气温有下降趋势，为非水稻种植区。

　　日最高气温，在非水稻种植区，出现最大的增温趋势，因为本地区温度较低，温度稍微增加一点就会导致较大的变动趋势，但是最小的增温趋势也在非水稻种植区，即黑龙江西北部边缘地区。东北地区约一半地区增温幅度大于 0.015℃ / 年，主要分布在东北地区的西部。余下地区主要是中部和东北部，其增温幅度分别大于 0.007℃ / 年和 -0.001℃ / 年。

　　日最低气温增温趋势，整体上可分成 3 部分，去除黑龙江西北部边缘的非水稻种植区，大约 1/3 地区增温趋势大于 0.060℃ / 年，包括黑龙江西部、吉林西部及辽宁西南部；大约 1/3 地区增温趋势大于 0.020℃ / 年，包括黑龙江东北部、吉林南部和辽宁北部；剩下的区域增温趋势大于 0.050℃ / 年，可以看出日最低气温变化趋势上以北部趋势明显。

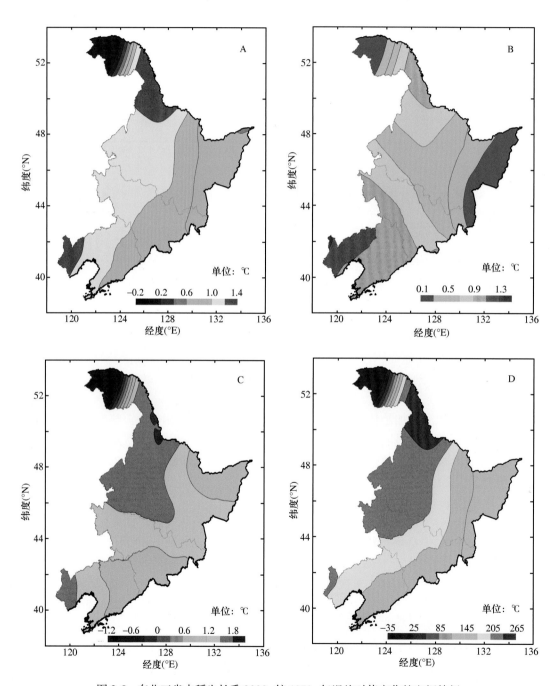

图 2-5 东北三省水稻生长季 2000s 较 1970s 气温绝对值变化的空间特征

A. 日平均气温绝对值变化；B. 日最高气温绝对值变化；C. 日最低气温绝对值变化；D. ≥10℃活动积温绝对值变化。

数据来源：中国气象局东北 72 个气象观测站 1970～2010 年的监测数据

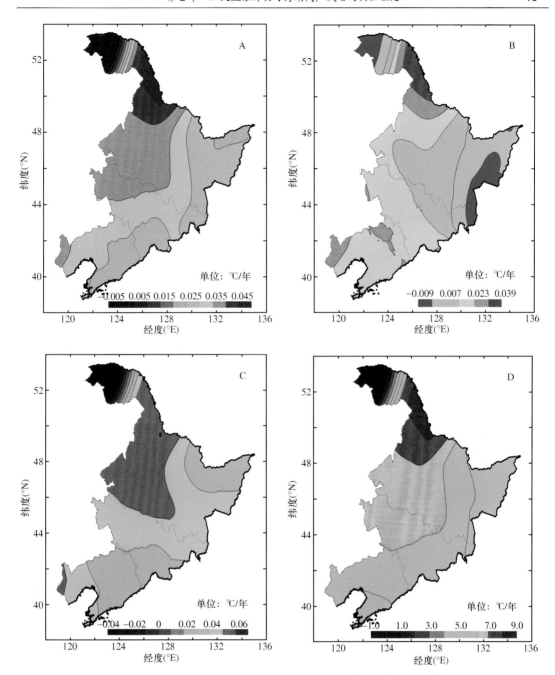

图 2-6 1970~2010 年东北三省水稻生长季气温变化趋势的空间特征

A. 日平均气温变化趋势；B. 日最高气温变化趋势；C. 日最低气温变化趋势；D. ≥10℃活动积温变化趋势。

数据来源：中国气象局东北 72 个气象观测站 1970~2010 年的监测数据

≥10℃活动积温的增加趋势和日平均气温类似，整个东北地区从东西方向上分，西部增加最大，最高值区域均为黑龙江西北，其次是黑龙江和吉林的西部，增加趋势大于6.0℃/年。从西向东，增加趋势递减，分别大于 5.0℃/年、4.0℃/年。辽宁东南部增温趋势大于 4.0℃/年。总体来看，1970~2010 年东北三省水稻生长季气温变化趋势的空间特征是日平均气温、日最高气温、日最低气温、≥10℃活动积温有着整体上的相似性，均是西部大于东部，北部大于南部。

7. 水稻生长季日照时数变化

1970～2010 年黑龙江、吉林、辽宁和东北三省水稻生长季日照时数均呈下降趋势（图 2-7），趋势上每年分别减少 1.1h、1.9h、1.8h 和 1.6h。近 40 年来平均值分别为 1200h、1122h、1128h 和 1158h。日照时数以黑龙江最高，辽宁次之，吉林最低。水稻生长季日照时数减少幅度以黑龙江最小，辽宁次之，吉林最大。

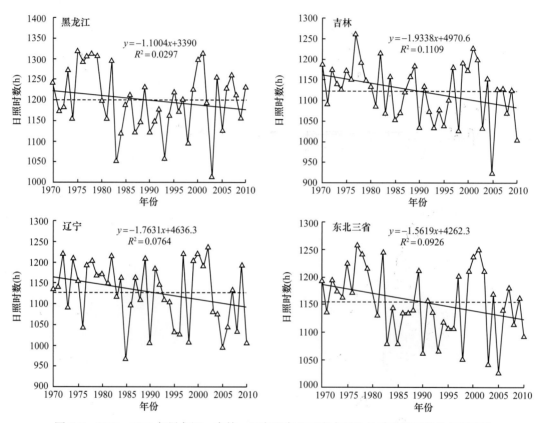

图 2-7　1970～2010 年黑龙江、吉林、辽宁和东北三省水稻生长季日照时数的年际变化
数据来源：中国气象局东北 72 个气象观测站 1970～2010 年的监测数据

8. 水稻生长季总降水量变化

1970～2010 年黑龙江、吉林、辽宁和东北三省水稻生长季总降水量均呈轻微下降趋势（图 2-8），每年分别下降 0.1mm、0.3mm、0.9mm 和 0.4mm。近 40 年的平均值分别为 430mm、500mm、550mm 和 490mm。总降水量以黑龙江最少，吉林次之，辽宁最高，符合水热同步的气候特征。水稻生长季总降水量减少幅度以黑龙江最小，吉林次之，辽宁最大。

9. 水稻生长季降水日数变化

1970～2010 年黑龙江、吉林、辽宁和东北三省水稻生长季降水日数均呈下降趋势（图 2-9），每 10 年分别减少 1.8d、1.9d、2.0d 和 1.9d。近 40 年的平均值分别为 62.0d、62.5d、51.0d 和 59.0d。生长季降水日数以吉林最多，黑龙江次之，辽宁最少；水稻生长季降水日数减少幅度以黑龙江最小，吉林次之，辽宁最大。

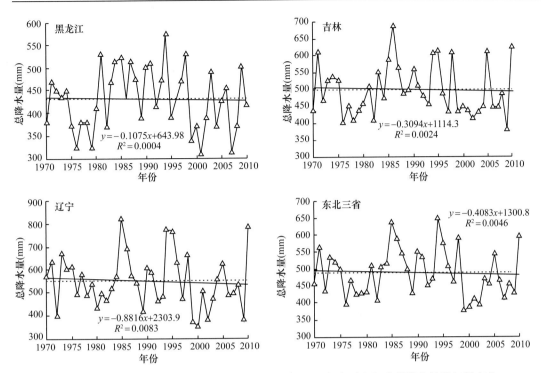

图 2-8　1970～2010 年黑龙江、吉林、辽宁和东北三省水稻生长季总降水量的年际变化

数据来源：中国气象局东北 72 个气象观测站 1970～2010 年的监测数据

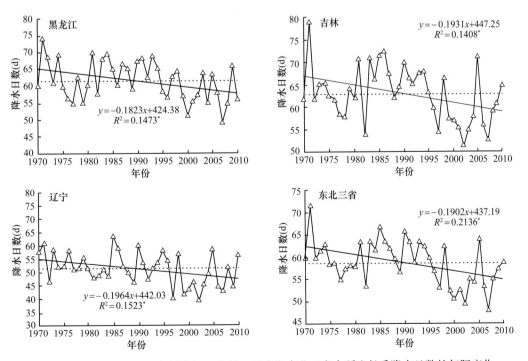

图 2-9　1970～2010 年黑龙江、吉林、辽宁和东北三省水稻生长季降水日数的年际变化

数据来源：中国气象局东北 72 个气象观测站 1970～2010 年的监测数据

10. 水稻生长季日降水量变化

1970～2010年黑龙江、吉林、辽宁和东北三省水稻生长季日降水量均呈上升趋势（图2-10），每10年分别增加0.18mm/d、0.19mm/d、0.21mm/d和0.19mm/d。近40年的平均值分别为7.0mm/d、7.9mm/d、10.8mm/d和8.3mm/d。日降水量以黑龙江最少，吉林次之，辽宁最多。由于日降水量变化不大，而降水日数减少显著，因此东北地区强降水的天数将会增加，降水的集中程度也会增加，这与气候变暖有着密切关系。

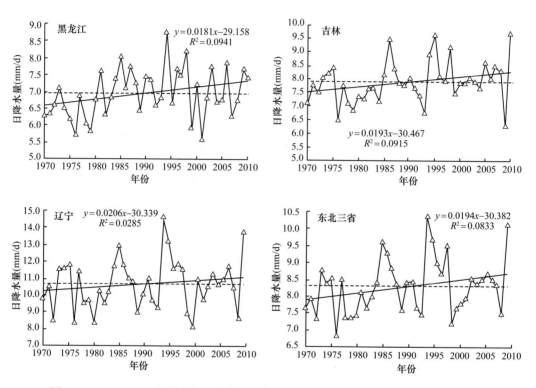

图2-10　1970～2010年黑龙江、吉林、辽宁和东北三省水稻生长季日降水量的年际变化

数据来源：中国气象局东北72个气象观测站1970～2010年的监测数据

11. 水稻生长季气候因子绝对值变化

2000s与1970s相比，东北三省水稻生长季日照时数、总降水量、降水日数与日降水量绝对值变化的空间特征如图2-11所示。日照时数只在极小范围内是增加的，包括黑龙江东北、西北部边缘和吉林东部边缘；剩下的地区日照时数均是减少的，其中在黑龙江西南部和吉林西部日照时数下降最多，高达110h。大部分地区日照时数下降了50～80h。

总降水量在东北地区整体是下降的，只在黑龙江西北部边缘、东南部和吉林东部极小范围内是增加的，且增加值在50mm内。大部分地区的总降水量是减少的，辽宁整体减少最大，尤其是辽宁南部，减少在85mm以上。其余地区减少值在25mm上下波动。

降水日数变化的空间分布与总降水量的空间分布相似，但是降水日数在整个东北地区均是减少的，减少最少的地区是黑龙江西北部边缘、西部和东部及吉林东部的极小范围

内，且减少值为 2～4d。黑龙江东北部和吉林大部分地区减少了 4～6d，辽宁南部减少最
多，减少天数可达 10d。

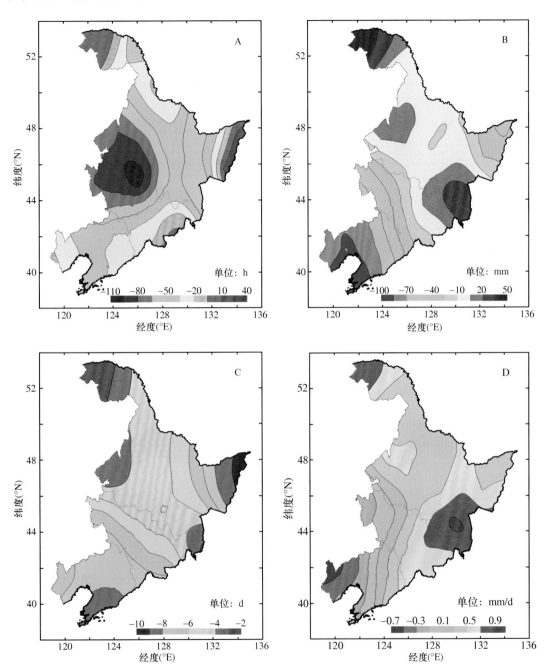

图 2-11　东北三省水稻生长季 2000s 较 1970s 日照时数和降水绝对值变化的空间特征
A. 日照时数绝对值变化；B. 总降水量绝对值变化；C. 降水日数绝对值变化；D. 日降水量绝对值变化。
数据来源：中国气象局东北 72 个气象观测站 1970～2010 年的监测数据

　　日降水量绝对值变化的空间分布与总降水量、降水日数绝对值变化的空间分布在整体
上相似。在黑龙江西北部边缘和东南部及吉林东部增加最多，尤其是黑龙江东南部极小范

围内增加最大值可达到 1.1mm。整个东北地区大部分日降水量增加都在 0.1mm 以上。在吉林西部和辽宁西南部日降水量出现减少，减少最大值是 0.7mm。

12. 水稻生长季气候因子变化趋势

1970～2010 年东北三省水稻生长季日照时数、总降水量、降水日数和日降水量变化趋势的空间特征如图 2-12 所示。日照时数只在黑龙江西北部和东部极少地区呈增加趋势，

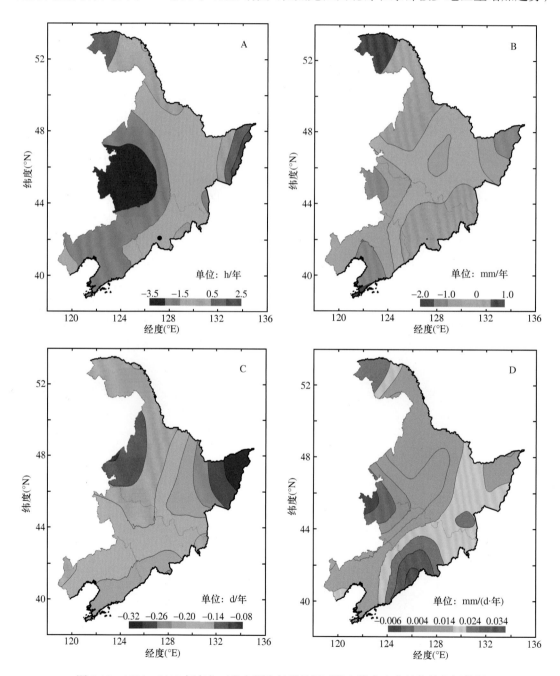

图 2-12　1970～2010 年东北三省水稻生长季日照时数和降水变化趋势的空间特征

A. 日照时数变化趋势；B. 总降水量变化趋势；C. 降水日数变化趋势；D. 日降水量变化趋势。

数据来源：中国气象局东北 72 个气象观测站 1970～2010 年的监测数据

每年增加 0.5h 以上，而增加最多的每年可达 2.0h。大部分地区日照时数呈下降趋势，在黑龙江西南部和吉林西部日照时数减少得最多，每年减少高达 3.5h。而对于整个东部地区，大范围的日照时数减少在 0.5～2.5h/年。

总降水量在黑龙江西北部、东南部和吉林东部及辽宁东北部的地区呈增加趋势，该区约占总面积的 1/3，其增加小于 1.0mm/年；最大增加趋势在黑龙江西北部边缘的非水稻种植区。东北中部有 1/2 的地区下降在 0.5mm/年，但是在黑龙江东北部、吉林西部和辽宁西南部呈现出最大的下降趋势，最大每年下降 2.0mm。

降水日数在整个东北地区呈下降趋势，下降趋势最小地区出现在黑龙江西部边缘，每年减少 0.11d。其次是黑龙江西部，每年减少 0.14d。东北大部分地区的降水日数减少在 0.14～0.20d/年。降水日数减少最多的地区是黑龙江东北部，每年减少 0.32d。

日降水量在东北绝大部分地区呈增加趋势，仅在吉林最西部小范围内出现下降趋势，每年下降约 0.006mm。而日降水量增加趋势最大的区域是黑龙江西部边缘非水稻种植区和吉林东南、辽宁东北等区域，每年增加可达 0.039mm；其他地区每年增加值为 0.019mm 左右。

13. 土壤有机质含量的空间变化

对东北三省各县调查点数据进行空间分析。东北三省耕层土壤有机质含量变化的空间特征如图 2-13 所示。1982 年（图 2-13A）东北三省土壤有机质含量大部分在 70g/kg 左右，有机质含量在黑龙江中部最高，达 190g/kg。而在黑龙江西北部非水稻种植区、黑龙江西南部和吉林西部及辽宁西南大部分有机质的含量较低，低于 30g/kg。2009 年（图 2-13B）东北三省土壤有机质含量较 1982 年整体下降，且下降幅度较大，有机质的空间分布也与1982 年稍有不同。有机质含量最高的地区是黑龙江西北部边缘的非水稻种植区，为未进

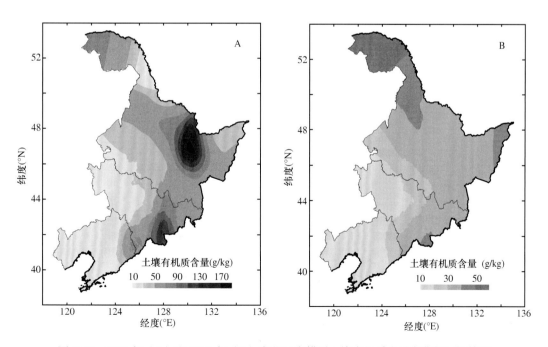

图 2-13　1982 年（A）和 2009 年（B）东北三省耕层土壤有机质含量变化的空间特征

数据来源：全国第二次土壤普查和 2009 年土壤测试

行农业生产的区域；与 1980 年相比，下降幅度不大。有机质含量较低的区域面积比 1982 年扩大，但主要还是在黑龙江西南部、吉林西部及辽宁西南部和东南部；与 1982 年相比，下降幅度最大的地区为黑龙江三江平原地区，大部分湿地开垦为农业生产用地，导致有机质含量迅速下降，另外有机质含量的下降和气候变暖也有一定关系，温度上升使微生物的活性增加，土壤有机质分解加速，土壤含碳量下降。

14. 水稻理论播种期的时间变化

　　1970～2010 年黑龙江、吉林、辽宁和东北三省水稻理论播种期均呈提前趋势（图 2-14）。黑龙江水稻播种期理论上每 10 年提前 1.6d。吉林、辽宁和东北三省水稻播种期均显著提前，每 10 年分别提前 2.7d、2.3d 和 2.1d。从地理方位来看，吉林的水稻播种期提前最多，其次是辽宁，黑龙江水稻播种期提前最少。

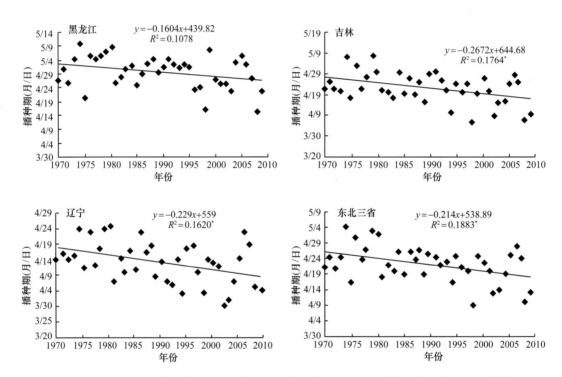

图 2-14　1970～2010 年气候变暖下黑龙江、吉林、辽宁和东北三省水稻播种期的理论推算

数据来源：中国气象局东北 72 个气象观测站 1970～2010 年的监测数据

15. 水稻理论收获期的时间变化

　　1970～2010 年黑龙江、吉林、辽宁和东北三省的水稻理论收获期均呈现推迟趋势（图 2-15）。黑龙江和吉林的水稻理论收获期，每 10 年分别推迟 0.6d 和 1.0d。辽宁的水稻收获期推迟趋势显著，每 10 年推迟 1.5d；东北三省平均每 10 年推迟 1.0d。东北三省中以南部的辽宁的水稻收获期理论推迟天数最多，其次是吉林，黑龙江水稻收获期推迟较少。

16. 水稻理论生育期的时间变化

　　1970～2010 年黑龙江、吉林、辽宁和东北三省的水稻生育期均呈延长趋势（图 2-16），每 10 年分别延长 2.3d、3.8d、4.0d 和 3.3d，以辽宁水稻生育期延长趋势最大，

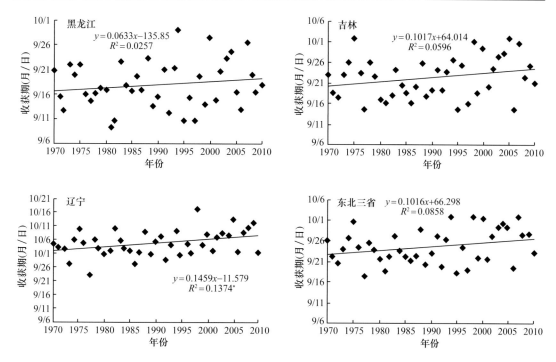

图 2-15　1970～2010 年气候变暖下黑龙江、吉林、辽宁和东北三省水稻收获期的理论推算

数据来源：中国气象局东北 72 个气象观测站 1970～2010 年的监测数据

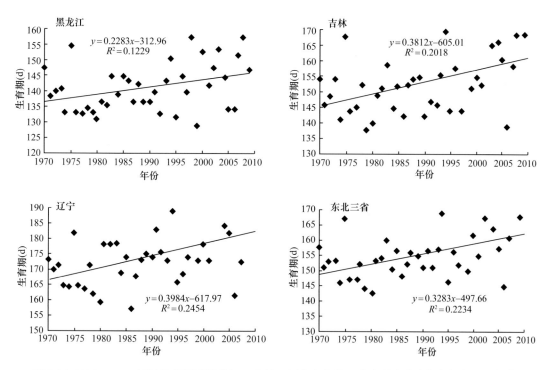

图 2-16　1970～2010 年气候变暖下黑龙江、吉林、辽宁和东北三省水稻全生育期长短的理论推算

数据来源：中国气象局东北 72 个气象观测站 1970～2010 年的监测数据

吉林次之，黑龙江延长的趋势最小。这与气候变暖条件下东北水稻理论播种期和收获期有一致性，黑龙江水稻播种期提前最少，收获期推迟最少，即表现为生育期延长趋势最小。辽宁和吉林播种期和收获期的理论提前与推迟趋势均大于黑龙江，所以生育期延长的趋势均大于黑龙江。温度的上升在时间上解除了水稻生长的低温限制，导致生育期的延长。

17. 水稻理论播种期的空间变化

1970s 和 2000s 东北三省水稻理论播种期的空间变化如图 2-17 所示。1970s（图 2-17A）东北三省水稻理论播种期最晚的是黑龙江西北部边缘地区，最晚到 5 月 19 日；理论播种期最早的是辽宁南部和西南部地区，最早为 4 月 15 日。黑龙江大部分地区理论播种期为 4 月 29 日至 5 月 4 日。吉林东北部理论播种期为 4 月 24～29 日；吉林西南部和辽宁北部理论播种期为 4 月 19～24 日。2000s（图 2-17B）东北三省水稻理论播种期比 1970s 整体提前。水稻理论播种期最早可到 4 月 8 日，在辽宁西南部和南部。辽宁水稻理论播种期平均为 4 月 9～14 日，吉林平均为 4 月 19 日左右，黑龙江平均为 4 月 24～29 日。

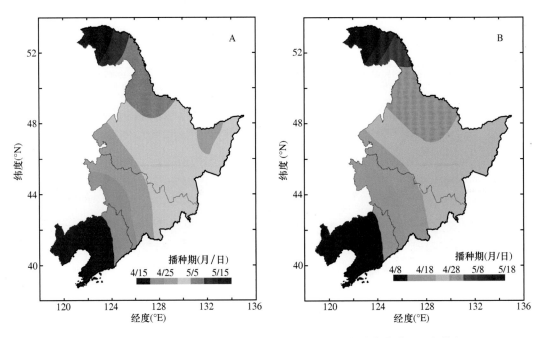

图 2-17　1970s（A）和 2000s（B）东北三省水稻理论播种期变化的空间特征
数据来源：中国气象局东北 72 个气象观测站 1970～2010 年的监测数据

18. 水稻理论收获期的空间变化

1970s 和 2000s 东北三省水稻理论收获期的空间变化如图 2-18 所示。1970s（图 2-18A）东北三省水稻理论收获期最晚的是辽宁西南部和南部边缘地区，时间为 10 月 16 日。辽宁中部和北部理论收获期分别为 10 月 1～6 日和 9 月 26 日。吉林西部和南部边缘地区理论收获期为 9 月 21～26 日，与黑龙江东北部相同。吉林东北和黑龙江中部理论收获期为 9 月 16～21 日。黑龙江西北部收获期较早，最早可达 8 月 22 日。2000s（图 2-18B）东北三省水稻理论收获期最晚的是辽宁西南部和南部地区，最晚到 10 月 16 日。辽宁中部和北部理论收获期分别为 10 月 6～11 日和 10 月 1～6 日。吉林西部和东南部大部分地区理论收获期为 9 月 26 日至 10 月 1 日，与黑龙江东南部相同。吉林东北和黑龙江大部分地区理论收获期为 9 月 21～26 日。由此可见，2000s 水稻理论收获期整体上比 1970s 推迟了。

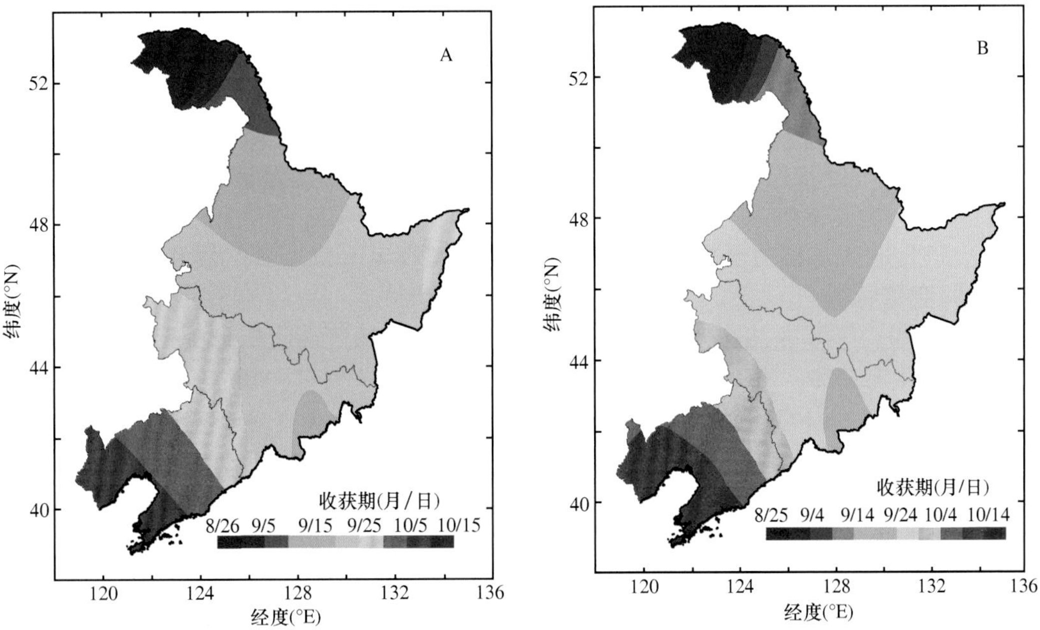

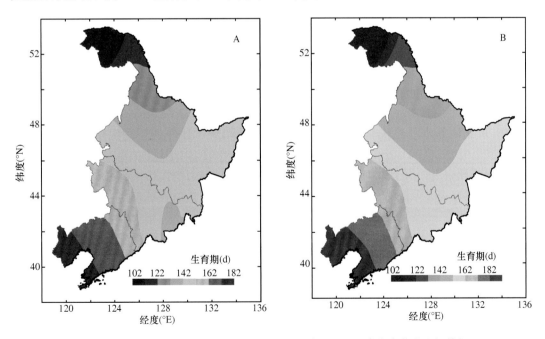

图 2-18　1970s（A）和 2000s（B）东北三省水稻理论收获期变化的空间特征

数据来源：中国气象局东北 72 个气象观测站 1970～2010 年的监测数据

19. 水稻生育期的空间变化

1970s 和 2000s 东北三省水稻理论生育期的空间变化如图 2-19 所示。1970s（图 2-19A）理论生育期最长为 180d 左右，在辽宁南部和西南部。辽宁中部为 160～170d，吉林西南

图 2-19　1970s（A）和 2000s（B）东北三省水稻理论生育期变化的空间特征

数据来源：中国气象局东北 72 个气象观测站 1970～2010 年的监测数据

部主要为 150～160d。吉林东部和黑龙江大部分水稻理论生育期为 130～150d，黑龙江西北部生育期较短，为 100d。2000s（图 2-19B）理论生育期最长可达 190d，在辽宁南部和西南部。辽宁平均生育期是 180d 左右，吉林西南部主要为 160～170d。吉林东北和黑龙江南部及东北部水稻理论生育期为 150～160d。东北三省水稻理论生育期变化的空间分布各区 2000s 比 1970s 均延长 10d 左右。

2.1.1.3　讨论与小结

1. 东北地区水稻生长季日平均气温、日最高气温、日最低气温和≥10℃活动积温的时间变化特征

1970～2010 年黑龙江、吉林、辽宁水稻生长季日平均气温、日最高气温和日最低气温均呈显著上升趋势，每 10 年分别增加 0.34℃、0.32℃、0.31℃、0.22℃、0.26℃、0.29℃和 0.46℃、0.40℃、0.40℃，东北地区增温主要是夜间增温幅度大，白天增温幅度相对较小。1970～2010 年黑龙江、吉林、辽宁和东北三省水稻生长季≥10℃活动积温均呈极显著上升趋势，每年分别增加 6.2℃、6.1℃、5.1℃和 5.1℃。

2. 东北地区水稻生长季日平均气温、日最高气温、日最低气温和≥10℃活动积温的空间变化特征

东北三省水稻生长季 2000s 较 1970s 日平均气温在黑龙江北部和辽宁西南部增加最高，增加了 1.4℃；东北西部地区增加幅度达 1.2℃；中部和东部增加分别达 0.8℃和 0.6℃。日最高气温增温大于 0.9℃的占到区域一半，南部地区增加明显，中部地区和东部地区相对较小。日最低气温以黑龙江大部分地区和吉林西部及辽宁西南部增温超过 1.5℃，增温最低的黑龙江东北部、吉林南部和辽宁北部等区域温度增加也超过 0.9℃。≥10℃活动积温增加趋势与日平均气温增温趋势有地域的相似性，西部增加超过 205℃，东北增加 115℃以上。

3. 东北地区水稻生长季日照时数、总降水量和降水日数的时间变化特征

1970～2010 年黑龙江、吉林、辽宁和东北三省水稻生长季日照时数均呈下降趋势，每年分别减少 1.1h、1.9h、1.8h 和 1.6h；水稻生长季总降水量均呈轻微下降趋势，每年分别下降 0.1mm、0.3mm、0.9mm 和 0.4mm，符合水热同步的气候特征；降水日数也均呈下降趋势，每 10 年分别减少 1.8d、1.9d、2.0d 和 1.9d。

4. 东北地区水稻生长季日照时数、总降水量和降水日数的空间变化特征

东北三省水稻生长季日照时数大部分地区是减少的，下降幅度为 50～80h，其中黑龙江西南部和吉林西部日照时数下降最多，高达 110h。总降水量在东北地区整体是下降的，辽宁整体，尤其是辽宁南部减少值在 85mm 以上，其余地区减少值在 25mm 左右。降水日数变化均是减少的，大部分地区减少 4～6d，辽宁南部减少最多，减少天数可达 10d。

5. 土壤有机质含量的空间变化特征

1982 年东北三省土壤有机质含量大部分在 70g/kg 左右。2009 年东北三省土壤有机质含量较 1982 年整体下降，且下降幅度较大，东北地区的大部分区域有机质的含量在 30g/kg 左右。

6. 理论播种期、理论收获期和理论生育期

1970～2010 年黑龙江、吉林、辽宁和东北三省水稻理论播种期均呈提前趋势，每 10

年分别提前 1.6d、2.7d、2.3d 和 2.1d；理论收获期均呈现推迟趋势，每 10 年分别推迟 0.6d、1.0d、1.5d 和 1.0d；生育期均呈延长趋势，每 10 年分别延长 2.3d、3.8d、4.0d 和 3.3d。

7. 水稻理论播种期、收获期和生育期的空间变化特征

1970s 东北三省水稻理论播种期最早是 4 月 14 日，主要在辽宁南部和西南部；2000s 东北三省水稻理论播种期比 1970s 整体提前了，最早水稻理论播种期可到 4 月 4 日，地区是辽宁西南部和南部。2000s 水稻理论收获期均比 1970s 推迟了，辽宁中部和北部理论收获期分别是 10 月 6～11 日和 10 月 1～6 日，较 1970s 推迟 6d 左右，吉林西部和东南部大部分地区理论收获期为 9 月 26 至 10 月 1 日，黑龙江南部及东北部理论收获期为 9 月 21～26 日，较 1970s 推迟 5d 左右。1970s 理论生育期最长为 180d 左右，在辽宁南部和西南部；2000s 理论生育期最长可达 190d。东北三省各区 2000s 水稻理论生育期比 1970s 延长 10d 左右。

2.1.2　冬小麦区域水热协调理论与可持续高产研究

过去 100 年全球平均气温已经上升 0.74℃，且未来 100 年全球气温仍将上升 1.8～4.0℃。就中国而言，2000～2050 年平均气温将升高 1.2～2.0℃，冬春季即冬小麦生育期内气温上升尤为显著。温度是影响小麦生长发育的关键因子之一，探明气候变暖对冬小麦生产的影响，对我国冬小麦生产应对气候变化和中长期粮食安全战略决策具有重要意义。为此，本节以我国冬小麦主产区为研究对象，采用历史资料挖掘的方法，就气候变暖对冬小麦生产的影响进行系统研究。重点分析区域内气候变化特征、产量变化特征及其与气候变化的关系，拟为气候变暖背景下冬小麦品种改良和种植区域调整提供理论参考。

2.1.2.1　研究方法及思路

1. 研究区域

本研究所指的冬小麦主产区包括北京、天津、山西、河北、山东、陕西、河南、江苏、四川、重庆、安徽、湖北和上海等地 125 个市县，2010 年冬小麦播种总面积和总产量分别为 29 382.76 万亩和 9995.20 万 t，分别占全国冬小麦总播种面积和总产量的 86.67% 和 90.08%。在此区域内分布着 174 个气象观测站，16 个中长期定位试验点和 215 个作物物候观测站（图 2-20）。

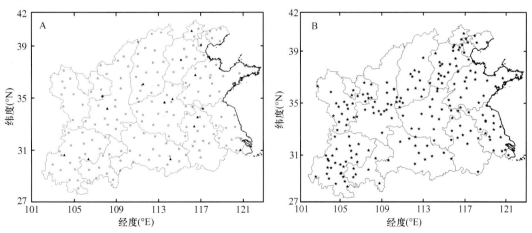

图 2-20　冬小麦主产区 174 个气象观测站（☆）、16 个中长期定位试验点（▲）（A）和
215 个作物物候观测站（★）（B）的区域分布

2. 历史数据来源

（1）气象数据来源于中国气象局，包括冬小麦产区174个气象观测站1989~2009年以来逐日温度、降水监测数据。

（2）物候期数据来源于中国气象局"中国农作物生长发育和农田土壤湿度旬值数据集"，包括冬小麦产区215个作物物候观测站1992~2009年实际播种期、抽穗期、成熟期。

（3）1989~2009年产量数据来源于国家统计局国家数据（http://data.stats.gov.cn/），125个市县产量数据来源于各省农业统计年鉴，用以分析冬小麦生产的年际和空间特征。

（4）全国13个省市小麦品种特性数据来自于1950s以来各省市育成推广的1521个冬小麦新品种，包括生育期和冬春性数据（金善宝和刘定安，1964；金善宝，1982，1997；河南小麦品种志编审委员会，1983；王才林，2009）。

（5）从中国知网收集区域内的16个冬小麦中长期定位试验点的多年产量和气候数据（表2-1）。

表 2-1　中长期定位试验点录用数据

站点	开始年份	终止年份	地点	开始年份	终止年份
北京	1991	2005	河南封丘	1990	2004
天津	1980	1998	山东禹城	1988	2008
河北辛集	1993	2005	江苏徐州	1981	1998
山西临汾	1993	2005	四川遂宁	1982	2005
陕西杨凌	1991	2005	重庆	1982	1995
陕西长武	1985	2002	湖北武昌	1982	2004
河南郑州	1991	2005	安徽濉溪	1982	2003
陕西长武生态站	1990	2005	江苏苏州	1981	2004

（6）本研究中用到的中国基础地理信息数据来自国家基础地理信息中心。

3. 气象站点数据分析方法

依据13个省市174个气象观测站的逐日气象数据，全区域所有气象站点加权平均获得全区域逐年的气象数据。依据计算获得全区域1989~2009年冬小麦生长季的日平均气温、日最高气温、日最低气温、日降水量及日照时数的数据，采用简单线性回归模型拟合了区域内气温和降水变化趋势。其中，冬小麦的物候期根据中国气象局作物物候观测站的记录确定，以"月"为基本单位。根据各气象站点1989~2009年各气象数据每10年变化趋势，使用空间插值技术绘制气候因子变化趋势空间分布图。

依据1992~2009年冬小麦产区215个作物物候观测站数据，利用加权平均计算全区域逐年的播种期、抽穗期和成熟期，采用简单线性回归模型拟合区域内物候期年际变化，并将各物候观察点2001~2009年（2000s）的播种-抽穗、抽穗-成熟、播种-成熟的天数平均值减去1992~2000年（1990s）播种-抽穗、抽穗-成熟、播种-成熟的天数平均值，分析2000s较1990s各生育期的变化天数，然后根据各物候点的计算结果使用空间插值技术绘制空间变化图。

4. 冬小麦理论生育期推算

采用活动积温推算冬小麦物候期（王斌等，2012）。利用 5 日滑动平均法，各站点每年逐日平均气温稳定通过 0℃的终止日期作为越冬的开始，冬小麦播种至越冬期所需≥0℃积温为 600℃左右。在长江以北的冬小麦种植区，从越冬期向前推算越冬前积温，将逐日平均气温高于 0℃累积到积温为 600℃的日期，作为理论上的适宜播种期。长江以南的冬小麦种植区，由于冬小麦无明显的越冬期，播种至出苗的适宜温度为 15~18℃，因此，利用 5 日滑动平均法确定日平均气温通过 15℃的终止日期并将其作为长江以南地区理论播种期。冬小麦播种至抽穗所需≥0℃积温为 1300℃，播种至成熟所需≥0℃积温为 2200℃，据此推算抽穗期和成熟期。

利用加权平均法并依据各站点的推算结果计算各全区域内冬小麦各生育期的逐年变化，利用空间插值技术绘制 1989~2009 年全区域每 10 年变化速率的空间分布图。

5. 冬小麦光温生产潜力计算

冬小麦光温生产潜力计算时间根据中国气象局作物物候观测站记录的实际物候期计算。采用光合生产潜力乘以温度订正函数进行估算，计算方法采用马树庆的计算方法（马树庆，1996）。依据全区域各气象站点气象数据计算各站点的光温生产潜力，然后根据所有站点的加权平均获得全区域逐年的光温生产潜力，并采用简单线性回归模型拟合区域内光温生产潜力的年际变化和利用空间插值技术绘制 1989~2009 年全区域光温生产潜力每年的变化速率。

6. 数据处理与分析

统计分析采用 SPSS 11.5 软件完成，气象数据运算采用 visual foxpro 8.0 进行处理。

统计分析和空间分析同 2.1.1.1，相关计算公式同公式（2-1）至公式（2-4）。

7. 冬小麦产量数据分析方法

冬小麦产量数据为 1989~2009 年各省地级市每年的统计值。由于作物单产除受气候变化的影响外，还受到品种改良、肥料和政策等因素的影响，存在一定的变化（Hu and Buyanovsky，2003），经过去除趋势后的冬小麦产量更能反映气候变化的贡献。因此，需要区分气候变化和农艺改进及政策变化对产量的影响。本研究采用了滑动平均法（侯云先，1994）和一次回归法（Goldblum，2009）两种方法来剔除产量趋势。以地市级的产量变率和气候因子变率为基础，拟合线性回归方程，估算气候因子变化对冬小麦产量变化的影响。

为了进一步分析不同地区气候对冬小麦单产的潜在影响，本研究收集了 1989~2009 年区域内 125 个地级市逐年冬小麦单产数据，由于大部分地区的产量变化与技术改进及政策等相关，表现为随年份变化呈现为一定的趋势变化，有研究（Lobell et al.，2011）表明，产量（$Y_{i,t}$）与年份（year）的二次方程关系要强于线性，本研究模型上用年份的二次方程代替线性趋势，具体模型如下。

$$Y_{i,t}=c_i+d_{1i}\cdot \text{year}+d_{2i}\cdot \text{year}^2+\beta X_{i,t}+\varepsilon_{i,t} \tag{2-6}$$

式中，c_i 为地级市固定影响，d_{1i} 为线性趋势，d_{2i} 为二次趋势，β 为气候因子 $X_{i,t}$ 的系数，$X_{i,t}$ 为日平均气温、日最高气温、日最低气温和日降水量，$\varepsilon_{i,t}$ 为误差项。

2.1.2.2　冬小麦主产区气候变化特征及其对生产的潜在影响

1. 冬小麦生长季气温时空变化特征

1989~2009 年全区域冬小麦生长季气温显著升高。图 2-21 显示，全区域冬小麦生长季日平均气温、日最高气温和日最低气温分别以 0.67℃ /10 年、0.56℃ /10 年和 0.52℃ /10 年的

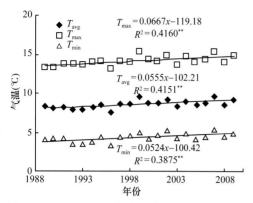

图 2-21　1989～2009 年全区域冬小麦生长季日平
均气温（T_{avg}）、日最高气温（T_{max}）和日最低
气温（T_{min}）年际变化

全区域逐年气温依据各气象站点加权平均计算

速率增加，皆达到极显著水平（$P<0.01$）。

　　根据区域内冬小麦生长季气温的空间分布
图（图 2-22），1989～2009 年区域内冬小麦生
长气温显著升高。图 2-22A 显示，区域内日平
均气温显著升高了 0.4～0.8℃ /10 年，局部地区
升高了 1.2℃ /10 年。日最高气温在湖北西部和
东南部、安徽西南部、山西南部和甘肃东南部
升高幅度较大，为 1.2～1.6℃ /10 年；山东、河
北、北京和天津升高幅度较小，约为 0.4℃ /10
年；余下地区升高幅度为 0.4～0.8 ℃ /10 年
（图 2-22B）。日最低气温在大部分区域升高了
0.4～0.8℃ /10 年，但甘肃东南部、四川东部和
重庆升高幅度较小（图 2-22C）。

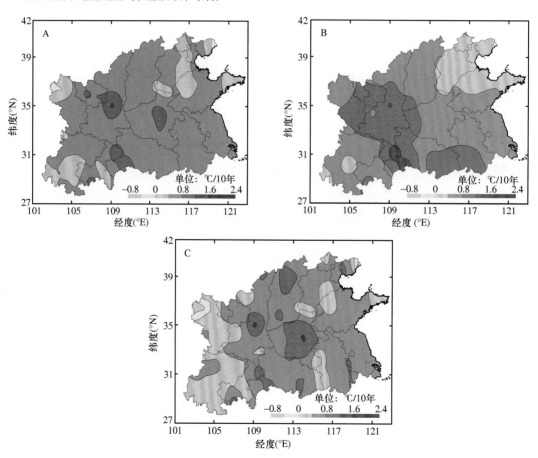

图 2-22　1989～2009 年全区域冬小麦生长季气温变化趋势的空间特征

A. 日平均气温变化趋势；B. 日最高气温变化趋势；C. 日最低气温变化趋势。

根据 1989～2009 年各气象站点每 10 年气温变化趋势绘制

2. 冬小麦生长季降水量和日照时数时空变化特征

全区域冬小麦生长季降水量和日照时数均呈下降趋势，1989～2009 年分别以

22.64mm/10 年和 5.53h/10 年的速度下降，但不显著（图 2-23）。

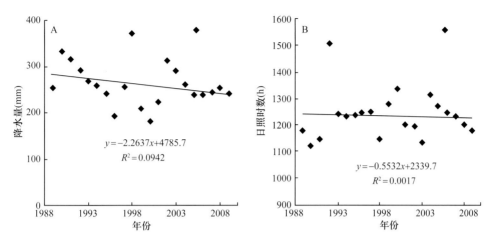

图 2-23　1989～2009 年全区域冬小麦生长季降水量（A）和日照时数（B）的年际变化特征

根据空间分析，1989～2009 年区域内冬小麦生长季降水量呈下降趋势，下降幅度由西北至东南递增（图 2-24A）。日照时数变化趋势区域差异明显，在华北平原呈下降趋势，但在西部和东南地区呈升高趋势，以陕西西南部和甘肃东南部最大，1989～2009 年增加了 75～125h/10 年（图 2-24B）。

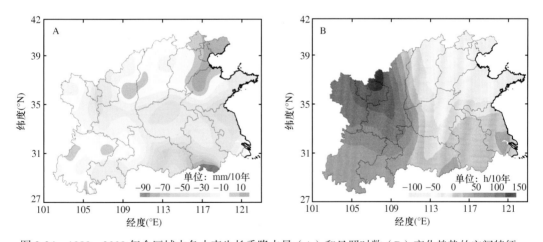

图 2-24　1989～2009 年全区域内冬小麦生长季降水量（A）和日照时数（B）变化趋势的空间特征

3. 气候变暖对冬小麦生育期的潜在影响

根据活动积温法推算，1989～2009 年，全区域冬小麦播种期以 0.83d/10 年的速率推迟，但开花期和成熟期分别以 5.08d/10 年和 5.13d/10 年的速度提前，且差异达到极显著水平（$P<0.01$）。相应地，小麦花前、花后和全生育期长度以 5.91d/10 年、0.05d/10 年和 5.96d/10 年的速率缩短，其中，花前和全生育期长度极显著缩短（图 2-25）。

根据区域分析，1989～2009 年冬小麦播种－抽穗和播种－成熟生育期长度变化趋势基本一致，在大部分地区缩短了 4～6d/10 年，抽穗－成熟生育期长度由东南至西北呈轻微延长趋势，其中安徽西部、湖北南部和四川、甘肃、陕西交界处延长了 0.5～1.0d/10 年（图 2-26）。

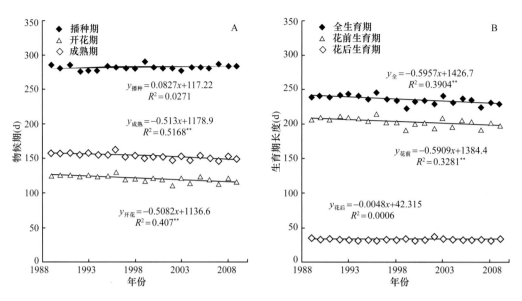

图 2-25　1989～2009 年气候变暖背景下全区域冬小麦物候期（A）和生育期长度（B）的理论推算

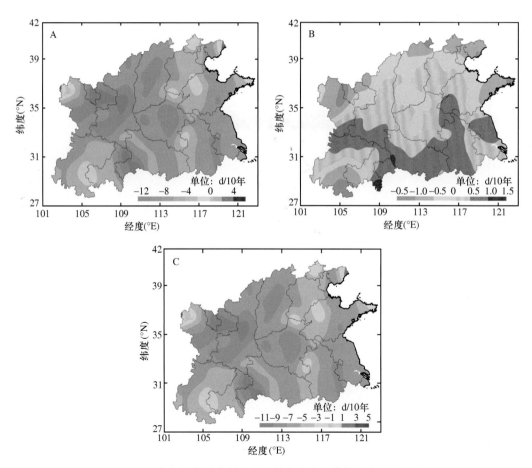

图 2-26　1989～2009 年气候变暖背景下全区域冬小麦生育期长度变化趋势的空间特征
A. 播种－抽穗天数变化趋势；B. 抽穗－成熟天数变化趋势；C. 播种－成熟天数变化趋势

可见，近 20 年气候变暖主要缩短了花前生育期长度，花后生育期长度几乎没有变化。

4. 气候变暖对冬小麦生产力的潜在影响

与区域内气候变暖趋势一致，冬小麦光温生产潜力呈增加趋势。全区域内冬小麦光温生产潜力以 71.68kg/（hm²·年）的速率极显著增加（$P<0.01$）（图 2-27）。

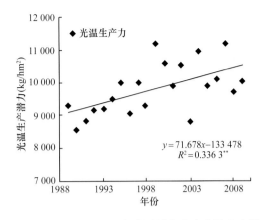

图 2-27　1989～2009 年全区域冬小麦光温生产潜力年际变化（$n=20$）

通过空间变化发现，1989～2009 年全区域内冬小麦光温生产潜力增加幅度呈由东向西递增趋势，但大部分地区增加幅度为 60～90kg/（hm²·年），以甘肃东南部最高，超过 120kg/（hm²·年）（图 2-28）。

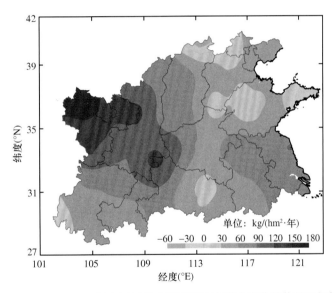

图 2-28　1989～2009 年全区域冬小麦光温生产潜力变化趋势的空间特征

2.1.2.3　冬小麦主产区产量变化特征及其与气候变化的关系

1. 冬小麦总产量和播种面积的变化特征

1989～1996 年总产量增长缓慢，在 1997～2003 年急剧下降，2003 年总产量降至近 30 年最低，但在 2004～2006 年迅速回升，2007～2009 年进入缓慢增长阶段（图 2-29）。播种面积的变化趋势与总产量变化趋势基本一致，表明我国冬小麦总产量波动主要受播种面积的影响。

2. 冬小麦单产的变化特征

图 2-30A 显示，1989～2009 年冬小麦单产缓慢增长，年际波动较小。从区域上分析，冬小麦单产在黄淮海和华北地区以 60～140kg/（hm²·年）的速度增加，在长江中下游和华东沿海地区以 0～60kg/（hm²·年）的速度增加，但也有部分地区呈小幅下降趋势。可见，尽管冬小麦产量总体上呈增加趋势，但仍存在区域差异，且年际波动明显，这可能与气候年际变化趋势有关。

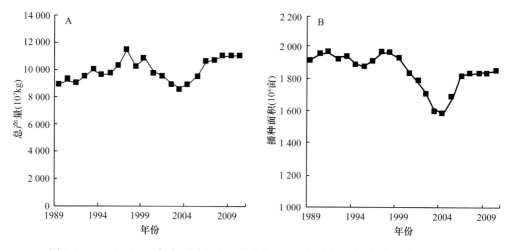

图 2-29　1989～2009 年全区域冬小麦总产量（A）与播种面积（B）的年际变化特征

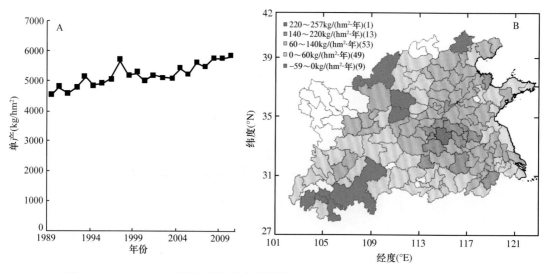

图 2-30　1989～2009 年全区域冬小麦实际单产时间（A）与空间（B）的变化特征

3. 地级市尺度上产量变率和气候因子变率的回归分析

在地级市尺度上，1989～2009 年实际产量变率、滑动平均法去趋势产量变率和一次回归法去趋势产量变率与日平均气温变率和日最低气温变率呈正相关，与日最高气温变率呈负相关（表 2-2）。

表 2-2　产量变率与气候因子变率相关分析（1989～2009 年）

气候因子	日平均气温变率	日最高气温变率	日最低气温变率	降水量变率
AYT	0.236*	−0.251**	0.356**	−0.011
MYT	0.223*	−0.376**	0.439**	0.068
DYT	0.122*	−0.077**	0.137**	−0.128

注：AYT 表示实际产量变率；MYT 表示地级市尺度上滑动平均法去趋势产量变率；DYT 表示地级市尺度上一次回归法去趋势产量变率。* 表示相关性显著（$P<0.05$），** 表示相关性极显著（$P<0.01$），后同

通过分析实际产量与气候因子的相关性发现，日平均气温变率和日最低气温变率每升

高 1℃，区域内冬小麦产量分别以 624.9kg/（hm²·年）和 538.02kg/（hm²·年）的速率增加，但日最高气温变率和降水量变率分别每升高 1℃和每增加 1mm，产量则以 652.27kg/（hm²·年）和 0.2235kg/（hm²·年）的速率下降（图 2-31）。

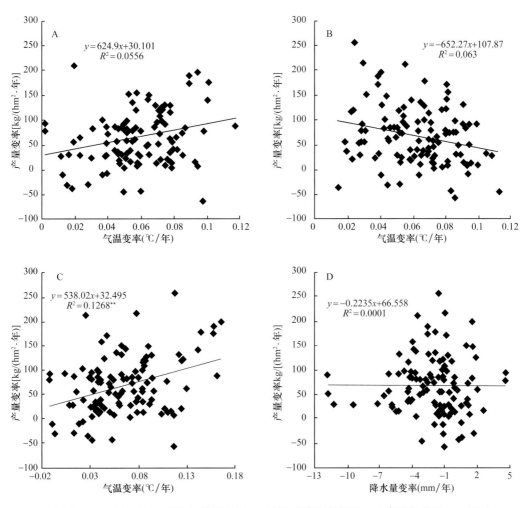

图 2-31　1989～2009 年地级市尺度上实际产量变率与气候因子变率回归分析（n=125）
A. 日平均气温；B. 日最高气温；C. 日最低气温；D. 降水量

采用滑动平均法去趋势产量趋势，1989～2009 年产量变率与气候因子变率的相关性与实际产量变率的规律一致，除降水量外都达到显著或极显著水平，但产量变率幅度较小。在未来的气候变暖背景下，日平均气温和日最低气温变率升高 1℃，区域内冬小麦产量分别以 19.258kg/（hm²·年）和 21.671kg/（hm²·年）的速率增加；而日最高气温变率升高 1℃，区域内冬小麦产量以 31.843kg/（hm²·年）的速率降低；降水量与其相关性不显著（图 2-32）。

采用一元回归法去趋势产量趋势，1989～2009 年产量变率与日平均气温和日最低气温呈正相关，与日最高气温和降水量呈负相关，皆不显著。其中，在未来的气候变暖背景下，日平均气温和日最低气温变率升高 1℃，区域内冬小麦产量分别以 52.267kg/（hm²·年）和 33.462kg/（hm²·年）的速率增加；而日最高气温变率升高 1℃，区域内冬小麦产量以 32.378kg/（hm²·年）的速率降低；受降水量影响极小（图 2-33）。

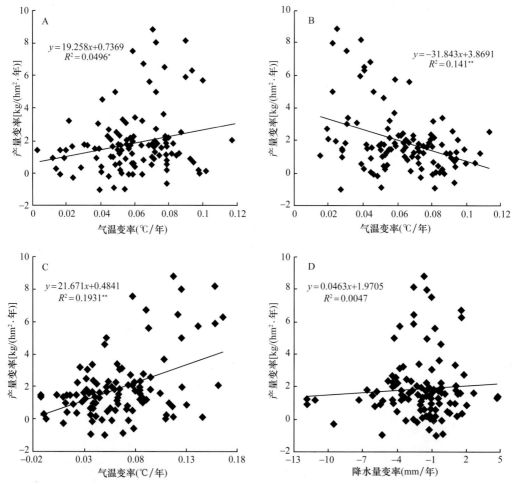

图2-32　1989～2009年地级市尺度上滑动平均法去趋势产量变率与气候因子变率回归分析（*n*=125）
A. 日平均气温；B. 日最高气温；C. 日最低气温；D. 降水量

　　上述结果显示，尽管采用不同的产量数据和分析方法，产量变化与气候因子的相关性趋势基本一致，表明本研究所采用的方法可以用于分析产量变化与气候变化趋势的关系。

4. 中长期定位试验点产量变率和气候因子变率的相关性分析

　　通过分析区域内16个冬小麦中长期定位试验点的多年产量变化与气候因子的相关性，显示冬小麦产量变率与日平均气温、日最高气温、日最低气温变率呈正相关，与降水量呈负相关，除日最高气温外，日平均气温、日最低气温和降水量与产量变率都达到显著水平。在未来的气候变暖背景下，日平均气温、日最高气温、日最低气温每升高1℃，区域内冬小麦产量分别以1074.4kg/（hm²·年）、402.48kg/（hm²·年）和673.52kg/（hm²·年）的速率增加，但降水量每增加1mm，产量则以9.6418kg/（hm²·年）的速率下降（图2-34）。

5. 气候因子对产量的潜在影响

　　地级市加权平均（面积的加权平均）数据表明，气候因子对单产的影响存在地区差异，且气温对产量的影响大于降水量的影响。在全区域内，山西产量下降幅度最大，日平均气温、日最高气温、日最低气温每升高1℃，产量分别下降5.4%、5.7%和3.0%；安徽产量增加幅度最大，日平均气温、日最高气温、日最低气温每升高 1℃，产量分别增加3.6%、4.8% 和 0.5%（图 2-35）。

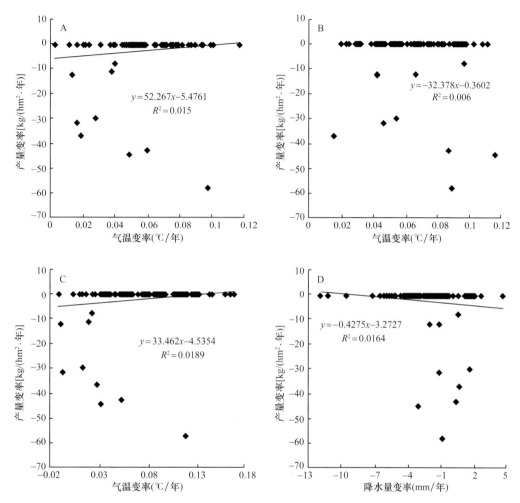

图 2-33 1989～2009 年地级市尺度上一次回归法去趋势产量变率与气候因子变率回归分析（n=125）
A. 日平均气温；B. 日最高气温；C. 日最低气温；D. 降水量

2.1.2.4　讨论与小结

1. 冬小麦主产区气候变化特征及其对生产的潜在影响

本研究显示，1989～2009 年区域冬小麦生长季日平均气温、日最高气温和日最低气温分别以 0.67℃ /10 年、0.56℃ /10 年和 0.52℃ /10 年的速率增加，皆达到极显著水平（$P<0.01$），与此同时，不同区域温度升高幅度存在差异；尽管降水量和日照时数均呈下降趋势，但不显著。本结果的温度升高幅度高于中国近 50 年平均地表气温的上升速率（0.22℃ /10 年），同时也明显高于全球或北半球同期平均增温速率（0.13℃ /10 年）（任国玉等，2005；丁一汇等，2006）。与先前的研究相比，本研究的温度升高幅度较大（史岚等，2003；Zhai and Pan，2003；王遵娅等，2004），主要原因是选取的时间段的差异。有研究表明，自 1985 年开始华北地区持续升温明显，进入暖期（张晶晶等，2006）。以上结果表

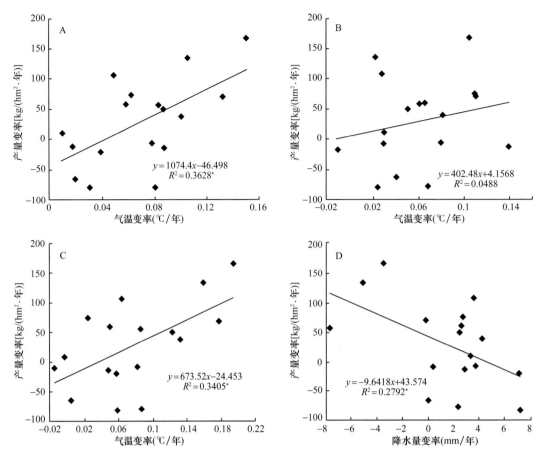

图 2-34　中长期定位试验点冬小麦产量变率与气候因子变率回归分析（n=16）
A. 日平均气温；B. 日最高气温；C. 日最低气温；D. 降水量

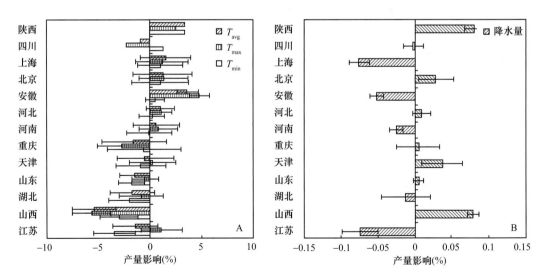

图 2-35　1989～2009 年日平均气温（T_{avg}）、日最高气温（T_{max}）、日最低气温（T_{min}）
升高 1℃（A）和降水量增加 1mm（B）对产量的潜在影响

明，我国冬小麦主产区气候变暖趋势越来越明显，进一步阐明气候变化对冬小麦的影响尤为迫切。此外，气温升高、降水量减少这种暖干趋势，将使区域内灌溉用水量增加，加剧该地区农业用水紧缺的现象。

热量资源直接决定作物的分布特征和生育期天数，气候变化将导致作物生育期和光温生产潜力发生改变。本研究结果表明，1989~2010 年，全区域冬小麦播种期以 0.83d/10 年的速度推迟，但开花期和成熟期分别以 5.08d/10 年和 5.13d/10 年的速度提前，且差异达到极显著水平（$P<0.01$）。相应地，冬小麦花前、花后和全生育期长度以 5.91d/10 年、0.05d/10 年和 5.96d/10 年的速度缩短，其中，花前和全生育期长度极显著缩短。此结果与前人的田间观察数据变化和模型模拟的趋势一致（Tao et al., 2006, 2012; Liu et al., 2010; Wang et al., 2012; Xiao et al., 2013），表明采用活动积温（≥10℃）方法推算冬小麦生育期是可靠的。王斌等（2012）同样使用有效积温法推算我国冬小麦的理论生育期，指出 1961~2007 年理论生育期平均推迟了 0.5d/10 年，抽穗期和成熟期提前了 1.6d/10 年和 1.7d/10 年，全生育缩短了 2.2d/10 年。该结果的变化幅度小于本研究结果，表明近 20 年气候变暖对冬小麦生育期的影响加剧。

与区域内气候变暖趋势一致，冬小麦光温生产潜力呈增加趋势。太阳辐射量的减少可能会给冬小麦的光温生产潜力带来负面影响，但平均气温的波动上升可能抵消了太阳辐射量减少带来的产量下降，使光温生产潜力波动上升。该结果与前人研究类似。邬定荣等（2012）使用 WOFOST 模型模拟了华北地区 1961~2006 年冬小麦的光温生产潜力，表明华北地区光温生产潜力呈东北高、西南低的变化趋势，并认为影响光温生产潜力最重要的因子是辐射，其次是温度。黄川容和刘洪（2011）同样使用 WOFOST 作物生长模型，指出 1962~2006 年黄淮海地区冬小麦光温生产潜力呈现上升趋势，44 年间增加了 541.64kg/hm^2。可见，气候变化有利于我国冬小麦的生产和种植制度的变化，但冬小麦所面临的农业气象灾害也将更加复杂，如干旱、穗分化期的冷害和干热风等，降低了冬小麦生产的稳定性。因此，冬小麦生产对气候变化的响应机制亟待探明，才能有效提高我国粮食安全的保障能力。

2. 冬小麦主产区产量变化特征及其与气候变化的关系

1989 年以来，我国冬小麦总产呈增加趋势，总播种面积较稳定，且播种面积的变化趋势与总产量变化趋势基本一致，表明我国冬小麦总产量的波动受播种面积的影响较大。从区域上分析，冬小麦趋势单产在黄淮海和华北地区以 60~140kg/（hm^2·年）的速度增加，在长江中下游和华东沿海地区以 0~60kg/（hm^2·年）的速度增加，但也有部分地区呈小幅下降趋势。近几十年作物产量的升高主要归功于气候因素和非气候因素（主要包括品种、技术、田间管理和政策）的综合影响（Tao et al., 2013），已有研究表明，技术、管理的进步和作物品种的遗传改良对粒重、穗粒数、收获指数与生物量的提高发挥了重要作用（Peng et al., 2000; Liu et al., 2010）。此外，政策和经济因素也会对我国冬小麦总产量和播种面积存在一定的影响（周巧富等，2011）。

本研究利用区域内农业统计数据和 16 个长期定位试验站点产量数据，分析了产量变化与气候因子的关系，发现不同数据来源和分析方法的结果基本一致，产量变化受气温影响较大，降水量变化对产量影响较小，其中，日平均气温和日最低气温与产量呈正相关，日最高气温与产量呈负相关。在地级市尺度上，根据实际产量、滑动平均法去趋势产量和一次回归法去趋势产量变率估算，在未来气候变暖背景下，日最低气温每升高 1℃，区域内冬小麦产量分别以 538.02kg/（hm^2·年）、21.671kg/（hm^2·年）和 33.462kg/（hm^2·年）的速率增加。

利用地级市产量变化面积加权平均计算省级尺度上产量变率对气候因子变率的响应,表明产量变化对气候变暖的响应存在区域差异。可见,气候变暖将影响冬小麦产量,但产量对不同气候因子的响应不一致,以日最低气温与产量变化相关性最高,但存在区域差异。

目前的研究表明,气候变化将显著影响作物生产,但采用不同的研究方法和数据来源分析的结果并不一致(Peng et al., 2004;Sheehy et al., 2006;Welch et al., 2010)。本研究结果显示,尽管采用不同的产量趋势,但其与气候因子的相关性趋势基本一致,表明本研究所采用的方法可以用于分析产量变化与气候变化趋势的关系,但鉴于相关程度和产量变率幅度存在差异,不同方法的准确性仍需要进一步验证。

2.1.3　夏玉米区域水热协调理论与可持续高产研究

作物产量受到多种因素的影响,随着科技进步,生产条件水平的提高及耕作模式与制度的改变,作物生产力水平得到一定程度的提高,但生态气候因素的影响也随着全球气候变暖而变得愈发重要。光照、温度、降水量及温室气体浓度变化已经成为地区内作物产量波动的重要因子。近百年来,特别是近20年来,温室气体增加,气候变暖,降水量地区间变化差异增大等气候变化已经是不争的事实,并且气候变暖造成的极端天气出现更多。随着气候变暖,作物产量会受到较大影响,甚至危及国家粮食安全。

玉米是喜温、喜光、高光效的C4植物,其产量90%左右是依靠光合作用来制造有机物,光合同化能力的高低将直接影响玉米产量。气候变化造成的光照、降水量及温度变化均是影响玉米生长发育和产量的基本要素,也是影响玉米籽粒品质的重要因素。黄淮海平原是我国主要的农业生产区,其中玉米种植面积占全国种植面积的30%,产量更是达我国总产量的50%左右,黄淮海地区的玉米生产对于我国粮食安全有着非常重要的作用。因此,了解该地区内气候变暖对夏玉米生长发育进程及产量的影响具有重要意义。

2.1.3.1　数据来源与分析方法

1. 资料来源

气象数据来源于中国气象局设立在黄淮海地区,即京津地区、河北、河南、山东、安徽和江苏的国家气候观测点,共选择了数据完整可用的107个气象站(其中京津地区4个、河北21个、河南18个、山东32个、安徽18个和江苏14个),包括1990~2009年的降水量、逐日气温(最高气温、最低气温和平均气温),所有的气象数据根据作物生长发育进程分为三类,即营养生长阶段、生殖生长阶段及全生育期。

物候数据,即夏玉米1992~2009年具体生育期数据等资料,来自于中国气象局国家气象信息中心,选择了在黄淮海地区设立的数据较为完整的105个观测站点,其中京津地区4个、河北27个、河南18个、山东22个、安徽15个和江苏19个。

产量数据,包括夏玉米自1990~2009年的产量数据,来源于国家统计局国家数据(http://data.stats.gov.cn/)。

所用数据都经过了初步的数据筛选与质量控制,对于出现个别数据缺失情况,采用世界气象组织规定的气候标准时段的平均值来替代。

2. 分析方法

数据分析过程中,主要运用了数理统计分析方法,包括加权求平均、一元线性回归、多元非线性回归、回归方程的拟合和相关分析等。

针对书中具有线性变化趋势的数据采用一元方程进行描述，并建立具体数据与时间对应的一元线性回归方程：

$$Y_i = a + bx_i \qquad (2\text{-}7)$$

式中，自变量为 x_i，因变量为 Y_i；i（$=1,2,3,\cdots,n$）为年份序号，a 为回归常数，b 为回归系数，a 和 b 用最小二乘法进行估计。

地区内气象数据，如年平均气温、最高气温、最低气温和降水量采用 107 个气象观测点的每年逐日数据值进行平均，然后全年内数值加权求平均，自 1990～2009 年数据进行一元线性回归拟合；作物产量数据，根据 1990～2009 年 6 个省市与地区的年产量进行一元线性回归拟合判断一般产量变化趋势。

夏玉米生育进程具体日期，采用 105 个观测站点的数据进行平均，1990～2009 年分为两个时间段，1990s 与 2000s 分别进行平均。生育进程分 3 个时间点，即播种期、拔节期与成熟期，播种期到拔节期为营养生长期 S1，拔节期到成熟期为 S2，全生育期即为 S1+S2。分析作物生育期变化 S2 占全生育期比例：$R_{S2/(S1+S2)}=$S2/（S1+S2）×100%，进而再对比值进行线性拟合。

相关分析用以研究变量之间是否存在依存关系，并探讨依存关系的相关方向及相关程度的统计方法。采用 Pearson 相关分析，对不同生育期阶段内气候因子（平均气温、最高气温、最低气温及降水量）与对应生育期天数进行研究。

对生育期天数与气候因子进行如下数据整理。

$$Y_c = Y_a - a \qquad (2\text{-}8)$$

式中，Y_c 为整理后数值，Y_a 为初始数值，a 为多年内初始数值平均数。进而，对生育期天数与气候因子进行线性拟合，判断气候因子对生育期天数的影响情况。

多年内作物产量的变化受非气候因子多方面影响，如政策变化、科学技术进步等，为了科学研究产量与气候因子之间的具体关系，必须剔除影响因素中的非气候因子（Hu and Buyanovsky，2003）。本研究采用多元非线性回归的统计分析方法对产量进行去趋势处理（Lobell et al.，2011），并进行面板数据分析。

$$\text{Log}\left[\text{Yield}_{i,t}\right] = c_i + d_{1i} \cdot \text{year} + d_{2i} \cdot \text{year}^2 + \beta X_{i,t} + \varepsilon_{i,t} \qquad (2\text{-}9)$$

式中，i 为 6 个具体省份与地区，t（$=1990,\cdots,2009$）表示年份，c 为固定效应，d 为时间趋势系数，β 为自变量参数，$X_{i,t}$ 为自变量，包括平均气温、最高气温、最低气温和降水量等气候因子，$\varepsilon_{i,t}$ 为误差项。

2.1.3.2　夏玉米生育期内气候变化

1. 夏玉米生育期气温趋势变化

自 1990 年开始，20 年间黄淮海大部分地区夏玉米生长季内温度呈上升趋势。从图 2-36 可以看出，北部的河北与京津地区最高气温、最低气温与平均气温均呈现波动上升趋势，京津地区最低气温增加达显著水平，每 10 年上升了 0.5℃。黄淮海南部的安徽与江苏最高气温与平均气温增加不明显，最低气温上升明显，即夜间气温增加明显，每 10 年分别上升了 0.5℃ 与 0.43℃。山东与河南 20 年间气温变化不明显。

2. 夏玉米生育期降水趋势变化

黄淮海地区夏玉米生育期内降水量变化呈现一定的区域性，从图 2-37 可以看出，位于该地区东北部的京津地区、河北与山东降水量 20 年间均存在下降的趋势，其中京津地区每 10 年减少了 72.2mm。同时，西部和南部地区的河南、安徽与江苏降水量都有增加，每 10 年分别增加了 39.7mm、49.5mm 和 43.9mm。

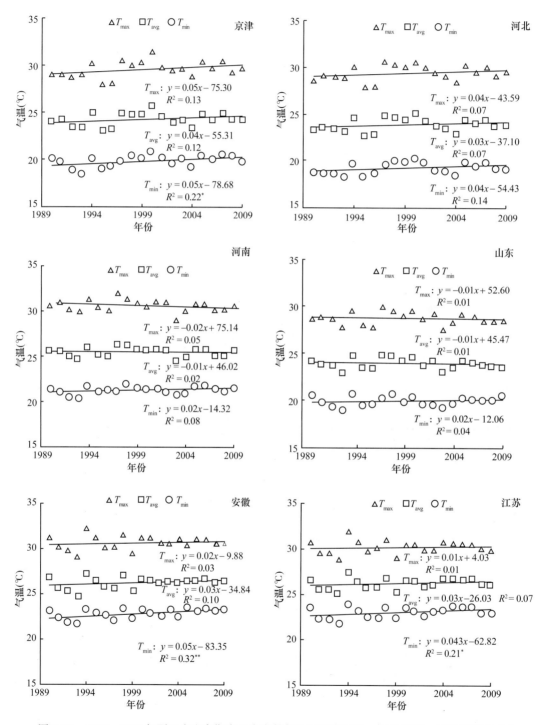

图 2-36　1990～2009 年夏玉米生育期内 6 个省份与地区最高气温、平均气温、最低气温的变化

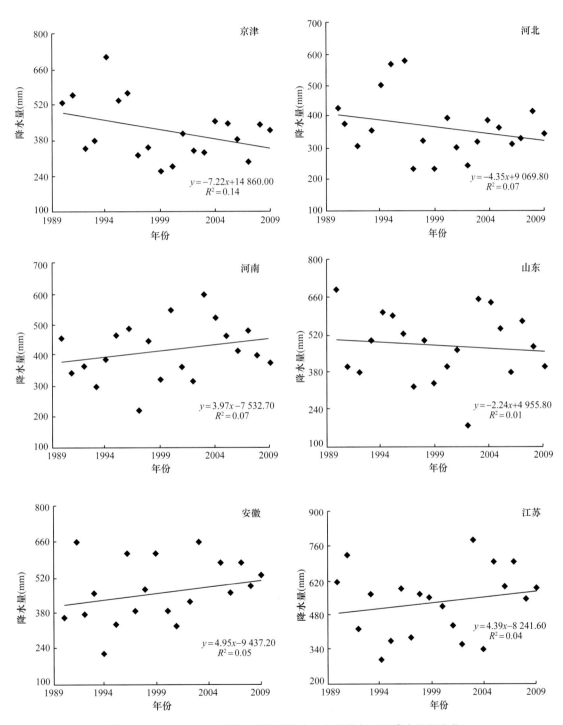

图 2-37　1990～2009 年夏玉米生育期内 6 个省份与地区降水量的变化

2.1.3.3　夏玉米生育期变化

1. 夏玉米生育进程变化

气候变暖会对作物生长发育的不同阶段造成一定影响，由表 2-3 可以看出，黄淮海地区夏玉米主产区（山东、河南和河北）的生育进程均发生了一定程度变化。山东夏玉米播种期、拔节期与成熟期均有推迟，分别推迟了 3d、2d 与 4d；河南夏玉米播种期、拔节期与成熟期均有提前，分别提前了 3d、5d 与 3d；河北播种期没有变化，拔节期提前，成熟期推迟，营养生长期缩短而生殖生长期延长。

表 2-3　1990s 与 2000s 夏玉米全生育期内不同生长阶段天数变化对比

省份	1990s（月.日）			2000s（月.日）			提前/推迟（d）		
	播种期	拔节期	成熟期	播种期	拔节期	成熟期	播种期	拔节期	成熟期
山东	6.12	7.20	9.19	6.15	7.22	9.23	+3	+2	+4
河南	6.80	7.16	9.17	6.50	7.11	9.14	−3	−5	−3
河北	6.17	7.24	9.24	6.17	7.22	9.26	0	−2	+2

注："−"表示日期提前；"+"表示日期推迟

2. 夏玉米生育期天数趋势变化

黄淮海地区夏玉米生育期天数变化如图 2-38 所示，该地区夏玉米营养生长阶段（S1：播种期到拔节期）自 1992～2009 年呈下降趋势，其中河北每年下降了 0.13d，河南下降了 0.24d，山东变化不明显。夏玉米生殖生长阶段（S2：拔节期到成熟期）天数呈上升趋势，其中，河北与山东天数增加明显，每年分别增加了 0.34d 和 0.24d，河南变化不明显。全生育期内，河北与山东生殖生长期天数变化较营养生长期更明显，因此全生育期天数变化趋势与生殖生长期相同，呈上升增加的趋势，河南夏玉米全生育期变化较其他地区不明显，但是呈现天数减少的趋势。

黄淮海地区夏玉米 S2 占全生育期天数比例如图 2-39 所示，3 个省份生殖生长期占全生育期天数比例均呈下降趋势，并且趋势变化的地域性影响不明显。玉米生长发育过程中，生殖生长期天数所占比例大于营养生长期，该阶段天数减少，势必会对夏玉米产量造成一定影响。

2.1.3.4　夏玉米生育期与气候因子的相关分析

1. 夏玉米不同生育期与气候因子的相关性

为了分析气候因子对黄淮海地区夏玉米生育进程的影响，对多气候因子（平均气温 T_{avg}、最低气温 T_{min}、最高气温 T_{max} 和降水量 P_{rec}）与夏玉米不同生育期（S1，营养生长期；S2，生殖生长期；S1+S2，全生育期）进行相关分析，结果如表 2-4 所示。营养生长期内，河北与河南夏玉米生长季气温因子与生长期天数呈负相关关系，且最低气温即夜间温度的升高对生长期天数影响较大；但是，山东营养生长期天数与温度呈正相关关系。生殖生长期内，3 个省份的气温因子均与生殖生长期天数呈负相关关系，且相关性达到显著水平。气温因子与全生育期天数在 3 个地区均呈负相关关系。降水量方面，

3 个地区内降水量与营养生长期、全生育期均呈负相关关系，与生殖生长期呈正相关关系。

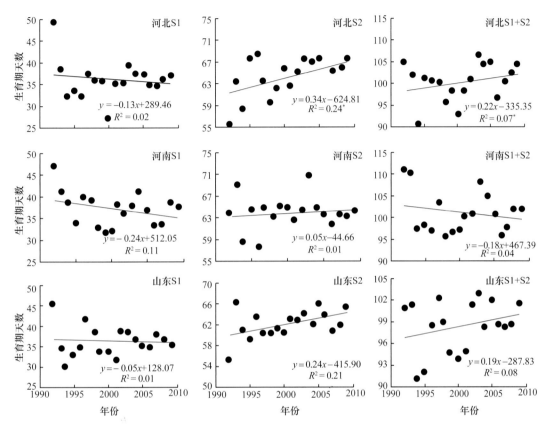

图 2-38　1992～2009 年黄淮海地区夏玉米营养生长期（S1）、生殖生长期（S2）及全生育期（S1＋S2）天数变化特征

表 2-4　1992～2009 年夏玉米不同生育期与对应气候因子的相关系数

省份	生育期	平均气温	最低气温	最高气温	降水量
河北	S1	−0.088	−0.151	−0.050	−0.423
	S2	−0.652[**]	−0.609[**]	−0.693[**]	0.315
	S1＋S2	−0.012	−0.014	−0.025	−0.118
河南	S1	−0.287	−0.275	−0.258	−0.222
	S2	−0.691[**]	−0.591[**]	−0.649[**]	0.055
	S1＋S2	−0.428	−0.283	−0.451	−0.162
山东	S1	0.152	0.141	0.151	−0.323
	S2	−0.631[**]	−0.643[**]	−0.496[*]	0.109
	S1＋S2	−0.160	−0.239	−0.096	−0.229

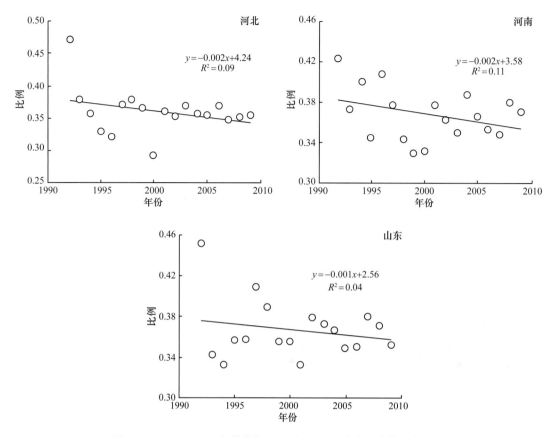

图 2-39　1992～2009 年黄淮海地区夏玉米 S2 占全生育期比例变化

2. 气候因子对夏玉米生殖生长期的影响

由于气温因子与生殖生长期天数具有较显著的相关关系，进一步分析了黄淮海地区夏玉米生殖生长期对各温度指标变化的响应。从图 2-40 可以看出，T_{avg} 的变化对地处较高纬度的河北与山东影响较小，T_{avg} 每上升 1℃，S2 天数均约减少 1.6d；对纬度较低的河南影响较为明显，S2 天数随着气温上升 1℃，天数减少了大约 3d。最高气温对河南的影响最大，平均最高气温上升 1℃，S2 天数约减少了 1.9d，其次是河北与山东，分别约减少了 1.4d 与 1.3d。最低气温对河南的影响依然最大，最低气温上升 1℃，天数约减少了 4.3d；其次是河北，约减少了 1.2d；山东减少天数最小，故气温变化对生育期天数影响不明显。从区域内看，纬度较低的河南，生育期 S2 的天数变化对温度的响应较为明显，其次是纬度较高的河北，山东影响最小。

降水量方面，从图 2-41 可以看出，雨水偏少的河北夏玉米生殖生长期天数对降水量变化响应较为明显，其次是山东，降水变化对河南夏玉米生殖生长期天数的影响不明显。

2.1.3.5　夏玉米产量与气候因子的相关分析

1. 夏玉米产量变化

黄淮海地区夏玉米产量变化如图 2-42 所示，京津地区因城市化进程对农业有较强冲击，其作物产量不能准确科学地反映实际农业生产情况，故不予考虑。河南与山东夏玉米产量 20 年间增长较多，达极显著水平，平均每年分别增加了 65.13kg/hm² 和 80.54kg/hm²；河北与安徽夏玉米产量增量不大，但也呈现出增加的趋势，每年分别增加了 19.46kg/hm² 和 18.25kg/hm²；江苏夏玉米产量变化呈下降趋势，但趋势不显著。

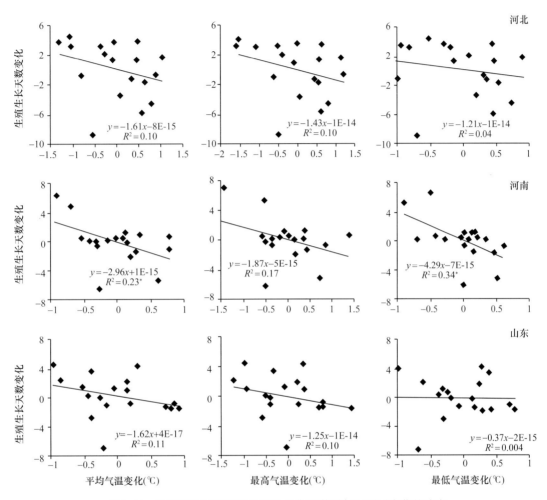

图 2-40　黄淮海地区夏玉米生殖生长期天数对气温因子变化的响应

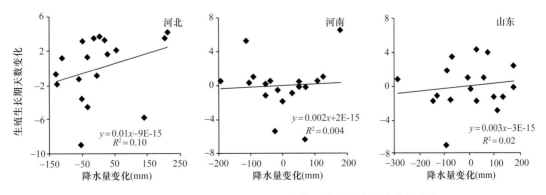

图 2-41　黄淮海地区夏玉米生殖生长期天数对降水量变化的响应

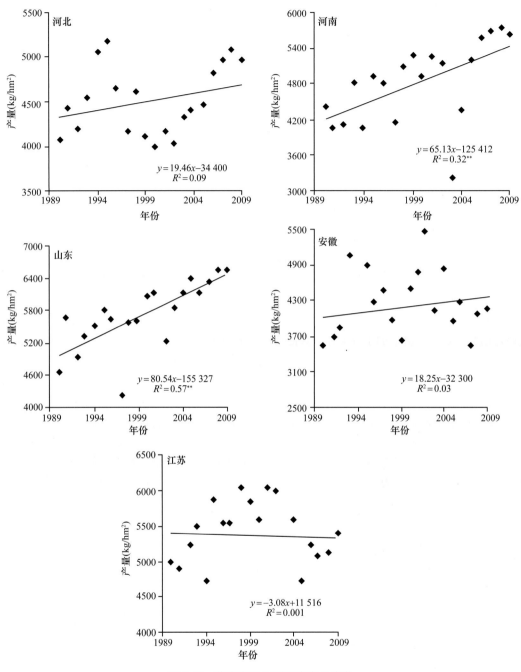

图 2-42　黄淮海地区夏玉米产量变化

2. 气候变暖对夏玉米产量的影响

为了剔除非气候因素对夏玉米产量的影响，依据面板数据分析，我们研究了黄淮海各省市地区的夏玉米产量对气温因子（平均气温 T_{avg}、最高气温 T_{max}、最低气温 T_{min} 和气温日较差 DTR）的敏感性。如图 2-43 所示，气温升高会导致黄淮海地区北部的河北与中西部的河南夏玉米产量上升，河北对 T_{max} 较为敏感，温度每上升 1℃产量增加了 1.55%，河

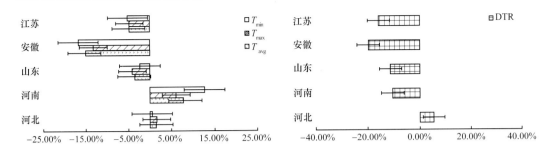

图 2-43　黄淮海地区夏玉米产量对气温敏感性的面板数据分析

南夏玉米产量对各气温因子均较为敏感，其中 T_{min} 对产量影响更为显著，T_{min} 上升 1℃，产量增加了 12.68%。气温的升高引起黄淮海东南部地区各省份夏玉米的减产，山东的夏玉米产量受 T_{max} 影响较多，温度每上升 1℃，产量减少了 4.09%；安徽夏玉米产量对气温因子的变化响应最为强烈，随 T_{min}、T_{max} 及 T_{avg} 每 1℃ 的变化，产量分别降低了 16.77%、13.26% 和 15.29%；江苏夏玉米产量对各气温因子变化响应特征差别不大，各温度指标每上升 1℃，其减产量均在 5% 左右。

从日较差来看，黄淮海地区北部的河北，随着昼夜温差的加大，夏玉米产量有所增加，温差每增大 1℃，产量增加了 5.54%；其他省份随着昼夜温差的增大，产量均不同程度降低，其中南部地区的安徽与江苏变化最为明显，产量分别降低了 19.71% 与 15.76%。

综上，黄淮海地区夏玉米产量变化对极端气温较为敏感，东南部地区的江苏、安徽与山东，随着气候的变暖，夏玉米产量均会下降，尤其是安徽，产量对温度变化极为敏感；中西部地区的河南温度整体增加的情况下产量有所上升；北部地区的河北，在未来一段时间，夏玉米产量会受益于气候变暖。

黄淮海地区夏玉米产量对降水量变化的敏感性分析如图 2-44 所示。由图 2-44 可以看出，当降水量增加时，黄淮海地区东北部的河北与山东的夏玉米产量都有增加的趋势，且纬度更高的河北对降水量的变化更为敏感；当降水量增加时，黄淮海地区西部和南部地区，包括河南、安徽与江苏夏玉米产量均会下降。

玉米对温度要求较高，生长度日（growing degree-day，GDD），即玉米生长发育中所累积的有效积温值的变化会对玉米产量造成一定影响。黄淮海地区夏玉米产量对 GDD10 与 GDD30 的敏感性分析如图 2-45 所示。由图 2-45 可以看出，当 GDD10 上升时，黄淮海地区北部的河北与中西部的河南夏玉米产量会随着上升，且河南对 GDD10 的变化更为敏感。同时，当 GDD10 上升时，东南部的山东、安徽与江苏夏玉米产量将会下降。整个黄淮海地区，GDD30 上升时，会造成全地区夏玉米产量下降，且在山东下降较为明显。

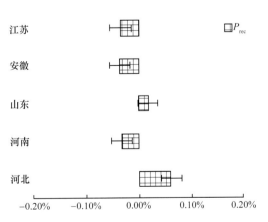

图 2-44　黄淮海地区夏玉米产量对降水量变化敏感性的面板数据分析

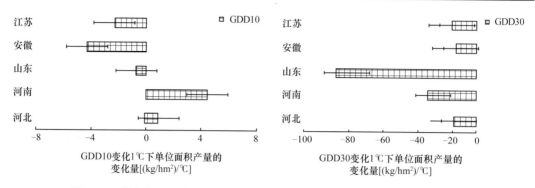

图 2-45　黄淮海地区夏玉米产量对 GDD10 和 GDD30 敏感性的面板数据分析

2.1.3.6　讨论与结论

1. 夏玉米主产区气候变化特征

黄淮海地区夏玉米全生育期内气温呈现上升趋势，北部的京津地区与河北温度上升显著，尤其是最低气温变化，平均每 10 年分别上升了 0.5℃与 0.4℃，中部河南与山东气温变化不明显，南部的安徽与江苏气温呈现波动上升的趋势，夜间增温更为显著。总体而言，黄淮海地区变暖趋势与全球气候变化基本一致（IPCC，2007）。降水方面，北部干旱少雨地区降水量继续减少，南部的安徽、江苏与中部的河南降雨增加，呈现干旱地区更为干旱，多雨地区降水量继续增加的趋势。降水量地区间差异增大，增加了气候变暖对夏玉米产量的影响，提高了夏玉米种植风险与产量波动的不确定性，这与李树岩等（2012）与马雅丽等（2009）的结论相一致。

2. 夏玉米主产区气候变化对夏玉米生长发育的影响

光、温、水是影响夏玉米生育进程的基本要素，不同地区间气候变暖对夏玉米生育期造成的影响也是各不相同，但就总体趋势而言，基本是一致的。同时，黄淮海地区夏玉米 1992～2009 年主要种植品种与生育期天数如表 2-5 所示，品种间生育期天数变化并不明显。根据研究，在我国黄淮海地区，大部分地区播种期提前而成熟期推迟。在李树岩等（2012）的研究中，河南 1961～2008 年播种日期平均每 10 年提前了 2d，而全生育期每 10 年增加了 2.85d。生育期天数增加，成熟期推迟，对于选用中晚熟品种和提高产量更为有利（叶彩华等，2010）。在本研究中，2000s 与 1990s 相比，河北与山东全生育期推迟了 2d，而河南没有变化，这可能是该地区 20 年间气候波动不明显造成的。虽然黄淮海地区纬度跨度较大，区域间温度变化各异，降水量也不相同，但对夏玉米生育期的影响趋势基本相似。在整个地区内，营养生长期 S1 均呈下降趋势，河北、河南与山东分别每 10 年减少了 1.3d、2.4d 和 0.5d，而生殖生长期 S2 呈上升趋势，3 个地区每 10 年分别增加了 3.4d、0.5d 和 2.4d。温度是影响夏玉米生育期长短的重要因素，高温导致生育期缩短（刘淑云等，2005）。本研究中，温度因子与黄淮海地区内夏玉米全生育天数 S1＋S2 呈负相关关系，与生殖生长期 S2 天数呈显著负相关关系；降水量对营养生长阶段与全生育期天数有负效应，而对生殖生长期天数有正效应，这可能是过多的降水量易导致夏玉米花粉授粉率下降，影响夏玉米光合作用与有机物累积，推迟成熟期，造成贪青晚熟（高蓓等，2006）。

表 2-5　黄淮海地区夏玉米主要品种生育期天数情况

项目	1990s	2000s
黄淮海地区夏玉米 主栽品种	掖单 4 号，掖单 20 号，鲁玉 13，豫玉 11，豫玉 25 号， 中单 5384 等	郑单 958，先玉 335 等
生育期天数	95～100d	98d 左右

综合考虑各方面因素影响，黄淮海地区除江苏外夏玉米产量近 20 年均有增长，河南与山东夏玉米产量 20 年间增长较多，达到极显著水平，平均每年分别增加了 65.13kg/hm² 和 80.54kg/hm²；河北与安徽夏玉米产量增量不大，但也反映出上升的趋势，每年分别增加了 19.46kg/hm² 和 18.25kg/hm²；江苏产量有所下降，这可能是由于气候因素影响与耕作模式的改变，如冬小麦 - 夏玉米复种减少而稻麦增多共同作用的结果。

夏玉米粒重与灌浆速率是影响产量的重要因素，粒重变化与温度因素具有密切关系，而灌浆速率对气候变暖也有较高的敏感性（陈建忠等，1999；苏玉杰等，2007；余卫东等，2007）。有研究表明，玉米乳熟期 - 成熟期期间气温越高越有利于干物质的积累，平均气温的变化是夏玉米产量形成的关键要素（崔立等，2010）。黄淮海地区纬度较高的河北与河南随着温度的升高，产量呈现增加的趋势，山东产量呈现下降趋势，且最高气温影响较为明显，每升高 1℃，产量降低了 4.09%，这与崔立等（2010）的研究结果相一致。南部的江苏与安徽的情况与山东类似，且趋势更为明显。综上而言，温度升高造成黄淮海地区北部低温地区产量增加，而南部温暖湿润地区产量降低。气温日较差对作物净同化作用起着重要作用，气温日较差增大，有利于白天光合作用的增加和夜间呼吸作用的减弱，从而有利于生物量积累，尤其是 8 月下旬到 9 月上旬时间段内（孙宏勇等，2009）。有研究表明，气温日较差每增加 1℃，玉米千粒重可提高 20～25g（陈亮等，2007）。10℃为玉米重要的界限温度，玉米种子在 10℃开始发芽出苗，也是玉米生长发育的最低气温，对玉米有重要的生物学意义。GDD10 变大，改善了北部地区夏玉米生长的光热条件，产量增加，而南部地区产量下降。30℃高温多集中于黄淮海地区的夏季 7～8 月，正值夏玉米开花授粉阶段。过高的气温容易导致干旱，降低空气土壤湿度，同时容易导致花丝枯萎、开花少、花粉失活和死亡等，进而严重影响产量（崔立等，2010）。本研究结果也表明，GDD30 值的升高会导致夏玉米显著减产。

降水方面，夏玉米出苗期间，黄淮海地区温度较高，田间蒸散量较高，降水少容易出现干旱，影响夏玉米生长发育进程与产量形成（姚永明等，2009），尤其是纬度较高的北部，如干旱少雨的河北地区与山东部分地区，此时降水量增加对玉米增长有正效应，降水量每增加 100mm，两地区夏玉米产量分别增加 6% 和 2%。玉米开花到成熟期期间，降水量过多，一方面会导致授粉率下降，另一方面会影响玉米光合作用与干物质积累，导致产量降低，此阶段内雨水相对丰沛的中部的河南、南部的安徽与江苏夏玉米产量均有所下降，降水量每增加 100mm，3 个地区产量分别下降了 3%、4% 和 3%。

综上，黄淮海地区夏玉米产量变化对气候变暖的响应呈现一定区域性规律，温度变化对产量影响明显，气温升高导致北部夏玉米增产，南部减产；降水量增加，对北部干旱地区夏玉米增产有正效应，而对湿润多雨的南部地区造成减产。应综合考虑该地区未来气候变暖趋势，采用筛选高耐性品种、调整夏玉米播种期与种植边界北移、合理调整灌溉及改进生产技术等方法趋利避害，以保障黄淮海地区夏玉米高产稳产。

2.2　可持续高产栽培的地上地下协同优化理论

根系与冠层是相互依存的整体，冠层的发育需要根系为其提供水分、矿质元素和部分激素，根系发育程度及功能的优劣直接影响地上部各器官的功能。根系发育程度与作物地上部的生长和产量的形成密切相关（朱德峰等，2001；赵全志等，2007；姜文顺等，2008）。根系生长水平、总吸收面积、活力及根系干物质积累高的作物，其地上部干物质积累、籽粒产量、千粒重也随之增加（高明等，1998）。根系分布及活力对光合特性有重要作用（刘胜群等，2007；周小平等，2008）。叶片生长发育和光合作用所需要的无机养分及水分大部分是由根系提供的，根系的生长量及其空间分布在很大程度上决定了作物的养分吸收能力。因此，根系可以通过影响作物的水分和养分吸收来影响叶片的光合性能。

水分和肥料是农业生产中影响作物生长的两个重要的环境因子，水分是作物吸收和运转营养物质及其他生理机能所不可缺少的主要生命物质，肥料可以提供作物生长过程中所需的营养物质，是提高产量和品质的必要措施（贾亮等，2014；武继承等，2015）。合适的水肥运筹能够提高植株对养分的吸收和运输，有助于协调植株的生长（陈竹君等，2001；杨明达，2014）。植物根系的主要作用是吸收水分和肥料，与植株地上部生长密切相关，并在植物–土壤生态系统中扮演重要角色。高产作物的根系均有较多的根量及较高的生理活性。根系的空间分布决定了其对水分和肥料的吸收能力，适宜的水氮运筹措施可以调节根系生长，促进作物地上部的生长发育。因此，研究根系功能的差异，进而分析其对地上部生长状况的影响，对作物产量可持续提升有重要指导意义。

2.2.1　水稻地上地下协同优化

2.2.1.1　材料与方法

试验于 2015 年在扬州大学试验农牧场进行，土壤质地为砂壤土，耕作层有机质含量为 2.27%，有效氮为 106mg/kg，速效磷为 33.7mg/kg，速效钾为 69.6mg/kg。供试品种为大穗型籼粳稻杂交稻品种'甬优 2640'，5 月 14 日播种，6 月 12 日移栽，单本栽插。于 8 月 10～13 日抽穗，10 月 15 日收获。栽插株距为 16cm、行距为 25cm。试验地建有可移动大棚，降雨时将大棚关闭，其余时间打开大棚通风透光。

自移栽后 7d 至成熟期，设置 2 种灌溉模式：①常规灌溉（conventional irrigation，CI），保持浅水层，中期搁田与收获前一周断水；②轻干–湿交替灌溉（alternate wetting and moderate drying irrigation，AWMD），除移栽至返青田间保持浅水层外，其余时期采用干–湿交替灌溉技术，即自浅水层自然落干到土壤水势达 –10kPa 时，灌水 1～2cm，再自然落干至土壤水势为 –10kPa，再上浅层水，如此循环。小区面积为 30m²（6m×5m），3 次重复，完全随机区组排列。在 AWMD 处理小区安装真空式土壤负压计（中国科学院南京土壤研究所生产），每小区安装 3 支土壤负压计监测 15～20cm 深处土壤水势。每天 12:00 记录土壤水势，当读数达到阈值时，灌溉 1～2cm 水层。在进水管安装水表（LXSG-50 流量计，上海水分仪表制造厂）用以监测用水量。每种灌溉方式下设 3 种氮素（尿素）处理，折合纯氮分别为 LN（低氮）120kg/hm²；MN（中氮）240kg/hm²；HN（高氮）360kg/hm²。施氮比例为基肥：分蘖肥：促花肥：保花肥 =4：2：2：2。

2.2.1.2 结果与分析

同一灌溉模式下，在分蘖中期、穗分化始期及抽穗期，随着施氮量的增加水稻地上部干物重呈增加的趋势，表现为 HN>MN>LN，而在成熟期则表现为 HN 与 MN 之间无显著性差异，且都显著高于 LN。而在 HN 和 MN 水平下，与 CI 相比，AWMD 在抽穗期降低了水稻地上部干物重，而在其他时期对地上部干物重无显著影响（图 2-46）。

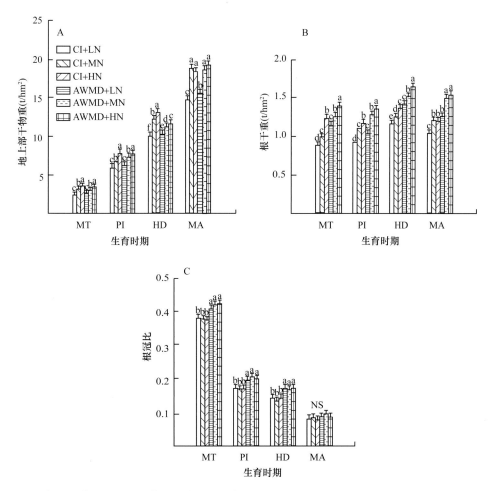

图 2-46　施氮量和灌溉方式相互作用对水稻地上部干物重（A）、根干重（B）与根冠比（C）的影响
MT. 分蘖中期；PI. 穗分化始期；HD. 抽穗期；MA. 成熟期。不同小写字母表示不同处理在 0.05 水平上差异显著

同一灌溉模式下，在分蘖中期、穗分化始期及抽穗期，随着施氮量的增加水稻根干重呈增加的趋势，表现为 HN>MN>LN，而在成熟期则表现为 HN 与 MN 之间无显著性差异，且都显著高于 LN（图 2-46）。而在相同施氮水平下，与 CI 相比，AWMD 显著增加了水稻根系的生物量，根系生物量的增加主要是由于 10～20cm 耕层根系生物量的增加，AWMD 对 0～10cm 耕层根系生物量无影响（表 2-6）。在分蘖中期、穗分化始期及抽穗期，AWMD 下的不同施氮水平的根冠比均要显著高于 CI，而在成熟期不同处理根冠比无显著性差异。

表 2-6　施氮量和灌溉方式相互作用对水稻浅层与 10～20cm 耕层根系生物量的影响

处理	分蘖中期		穗分化始期		抽穗期		成熟期	
	0～10cm	10～20cm	0～10cm	10～20cm	0～10cm	10～20cm	0～10cm	10～20cm
CI+LN	0.70c	0.18f	0.74c	0.17e	1.02c	0.19f	0.85b	0.16d
CI+MN	0.81b	0.20e	0.89b	0.21d	1.09b	0.21e	1.02a	0.19c
CI+HN	0.99a	0.25d	0.96a	0.22d	1.19a	0.24d	1.02a	0.19c
AWMD+LN	0.77c	0.33c	0.76c	0.31c	1.07c	0.34c	0.87b	0.39b
AWMD+MN	0.88b	0.38b	0.91b	0.37b	1.13b	0.38b	1.04a	0.46a
AWMD+HN	0.98a	0.42a	0.97a	0.39a	1.20a	0.44a	1.06a	0.47a

注：同列不同小写字母表示同一品种不同处理根系生物量在 0.05 水平上差异显著

　　在常规灌溉模式下，随着施氮量的提高，水稻根氧化力表现为先上升后下降的趋势（图 2-47A）。不同处理间比较，根氧化力表现为 CI+MN＞CI+HN＞CI+LN。在 AWMD 下，根氧化力在 AWMD+HN 与 AWMD+MN 间无显著性差异，但都显著高于 AWMD+LN。在各处理中，AWMD+MN 与 AWMD+HN 的根氧化力最高，CI+LN 最低。剑叶净光合速率的变化趋势与根氧化力的变化趋势相一致（图 2-47B）。

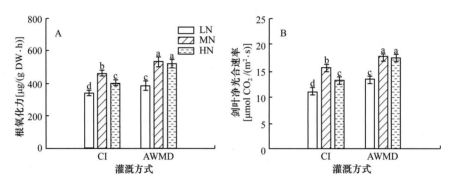

图 2-47　施氮量和灌溉方式相互作用对水稻根氧化力（A）与剑叶净光合速率（B）的影响

　　在 CI 下，随着施氮量的提高，水稻叶片中玉米素＋玉米素核苷（Z＋ZR）含量表现为 CI+MN＞CI+HN＞CI+LN（图 2-48A）。在 AWMD 下，Z＋ZR 含量在 AWMD+HN 与 AWMD+MN 间无显著性差异，但均显著高于 AWMD+LN。在所有处理中，AWMD+MN 和 AWMD+HN 叶片中 Z＋ZR 含量最高，其次为 CI+MN，再次为 CI+HN 与 AWMD+LN，且这两个处理之间无显著性差异，CI+LN 最低。根系中 Z＋ZR 含量的变化趋势与根氧化力的变化趋势相一致（图 2-48B）。

　　在 CI 下，随着施氮量的提高，根系吸收表面积与根系活跃吸收表面积的变化规律表现为 CI+MN＞CI+HN＞CI+LN（图 2-49）；在 AWMD 下，根系吸收表面积与根系活跃吸收表面积在 AWMD+HN 与 AWMD+MN 间无显著性差异，但均显著高于 AWMD+LN。在所有处理间，AWMD+MN 和 AWMD+HN 组合的根系吸收表面积与根系活跃吸收表面积最高，其次为 CI+MN 组合，CI+HN 与 AWMD+LN 组合要低于上述 3 个处理，且这两个处理之间无显著性差异，CI+LN 组合最低（图 2-49）。

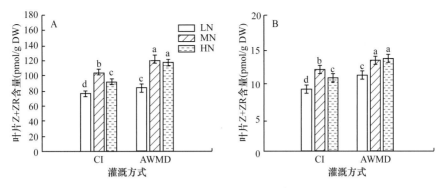

图 2-48　施氮量和灌溉方式相互作用对水稻叶片（A）与根系（B）Z+ZR 含量的影响

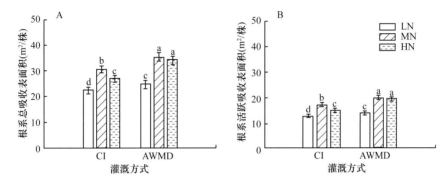

图 2-49　施氮量和灌溉方式相互作用对水稻根系总吸收表面积（A）与根系活跃吸收表面积（B）的影响

由表 2-7 可知，在同一灌溉模式下，在分蘖中期、穗分化始期及抽穗期，不同施氮水平下水稻的总叶面积指数表现为 HN>MN>LN，而在成熟期的总叶面积指数与抽穗期的有效叶面积指数则表现为 HN 与 MN 之间无显著差异并均高于 LN。而在 HN 和 MN 水平下，抽穗期 CI 处理下水稻的总叶面积指数显著高于 AWMD，在其他生育期则与 AWMD 无显著差异。

表 2-7　施氮量和灌溉方式相互作用对水稻叶面积指数的影响

处理	分蘖中期	穗分化始期	抽穗期		成熟期
			总叶面积指数	有效叶面积指数	
CI+LN	2.68d	4.22d	6.46e	5.56b	0.98b
CI+MN	3.32b	5.27b	7.62b	6.65a	1.88a
CI+HN	3.78a	5.64a	8.07a	6.68a	1.90a
AWMD+LN	2.86c	4.57c	6.31e	5.63b	1.02b
AWMD+MN	3.25b	5.22b	7.09d	6.76a	1.89a
AWMD+HN	3.69a	5.61a	7.32c	6.85a	1.91a

注：同列不同小写字母表示同一品种不同处理叶面积指数在 0.05 水平上差异显著

由表 2-8 可知，施氮量和灌溉模式之间存在较为明显的交互作用。在相同灌溉模式下，MH 与 NH 均较 LN 有不同程度的增产，但施氮增产效应因灌溉方式的不同而异。在

CI 下，CI＋MN 和 CI＋HN 组合分别较 CI＋LN 组合产量提高了 21.0% 和 12.0%，氮肥施用量过高反而会造成减产，CI＋HN 组合产量的降低，主要是由于结实率与千粒重的降低。而在 AWMD 下，AWMD＋MH 与 AWMD＋HN 的产量均较 AWMD＋LN 显著增加，增加幅度分别为 22.4% 和 21.3%，AWMD＋MN 与 AWMD＋HN 组合的产量之间无显著性差异（表 2-8）。就 3 种不同施氮水平而言，AWMD 显著提高了相同施氮量下水稻的产量，其产量的提高主要是由于结实率与千粒重的提高（表 2-8）。

表 2-8   施氮量和灌溉方式相互作用对水稻产量及其构成因素的影响

处理	产量（t/hm²）	穗数（个/m²）	穗粒数	总颖花数（10⁶/hm²）	结实率（%）	千粒重（g）
CI＋LN	8.76d	136d	284b	386d	88.3c	25.7b
CI＋MN	10.6b	150c	320a	479c	87.5c	25.3b
CI＋HN	9.81c	158b	324a	511b	78.1e	24.6c
AWMD＋LN	9.56c	139d	282b	392d	93.1a	26.2a
AWMD＋MN	11.7a	154c	325a	501b	91.4b	25.6b
AWMD＋HN	11.6a	166a	328a	543a	84.1d	25.4b
方差分析						
灌溉模式（I）	37**	18**	9.8**	32**	7.2**	12**
施氮量（N）	68**	23**	11**	45**	2.8*	3.6*
I×N	15**	8.9**	3.4*	54**	3.3*	7.5*

注：同列不同小写字母表示同一品种不同处理相关性状在 0.05 水平上差异显著；方差分析中，* 表示在 0.05 水平上差异显著，** 表示在 0.01 水平上差异显著

AWMD 显著降低了灌溉用水量（图 2-50），不同施氮水平下，AWMD 处理的灌溉用水量比 CI 小区降低了 17.8%～19.1%。AWMD 处理显著提高了 3 个施氮水平下水稻的水分利用效率（图 2-50）。

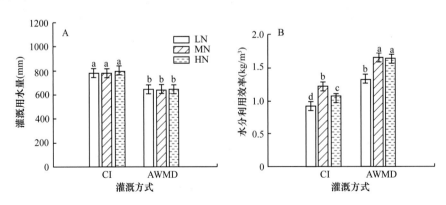

图 2-50   施氮量和灌溉方式相互作用对水稻灌溉用水量（A）与水分利用效率（B）的影响

在同一灌溉模式下，随着施氮量的提高植株的吸氮量也同步提高，表现为 HN＞MN＞LN（表 2-9）。在 CI 下，籽粒吸氮量表现为 CI＋MN＞CI＋HN＞CI＋LN，而在 AWMD 下则表现为 AWMD＋LN 最低，AWMD＋MN 与 AWMD＋HN 之间无显著性差异。在同一灌溉模式下，氮收获指数表现为 MN＞LN＞HN，氮素产谷利用效率与氮肥偏生产力均表现为 LN＞MN＞HN。就相同施氮水平而言，与 CI 相比，AWMD 均显著提高了不同施氮水平下水稻

的植株与籽粒的吸氮量、氮收获指数及氮素产谷利用效率与氮肥偏生产力（表 2-9）。

表 2-9　施氮量和灌溉方式相互作用对水稻氮素利用效率的影响

处理	施氮量（kg/hm²）	植株吸氮量（kg/hm²）	籽粒吸氮量（kg/hm²）	氮收获指数	氮素产谷利用效率（kg/kg）	氮肥偏生产力（kg/kg）
CI+LN	120	136f	87.6d	0.621d	63.5b	72.9b
CI+MN	240	176d	106b	0.662b	60.1c	44.2d
CI+HN	360	189b	98.1c	0.584f	52.5e	27.3f
AWMD+LN	120	144e	95.6c	0.642c	66.6a	79.7a
AWMD+MN	240	182c	117a	0.681a	64.4b	48.8c
AWMD+HN	360	199a	116a	0.612e	58.4d	32.2e

注：同列不同小写字母表示同一品种不同处理在 0.05 水平上差异显著

2.2.1.3　讨论与小结

长期以来，国内外农业科研工作者从土壤水分状况、土壤含氧量和灌溉模式、施氮水平、施肥时期与比例等多方面对水稻根系形态与生理特性、根系对环境因子的响应等方面进行了广泛而又深入的研究。但这些研究大多数集中在单因素对根系的影响，对于水氮交互作用下水稻根系形态生理特征研究较少。本研究结果表明，AWMD+MN 可显著提高水稻根系生物量，特别是 10～20cm 耕层根系的生物量。究其原因，可能与土壤环境有关，长期淹水会导致土壤中某些有毒还原性产物的积累，对根系的生长发育造成负面影响，适度落干可以提高土壤通透性，增加根系氧气浓度，能够降低还原性物质对细胞的伤害程度，并且能够促进水稻根系下扎，提高下层根系所占干物质比例，改善根系吸收及同化养分的能力。AWMD+MN 组合的水稻根氧化力最高，根氧化力的增强可以提高根系从土壤中吸收水分与养分的能力，为地上部生长提供更多的营养，改善地上部的生长发育。本研究表明，AWMD+MN 处理组合可显著提高灌浆期根系与叶片中细胞分裂素（Z+ZR）的含量。有研究表明，细胞分裂素 Z+ZR 是在植物体内可转移的细胞分裂素，Z+ZR 是在水稻根系中合成并转运到籽粒中，对胚乳的发育起充实调节作用。本研究表明，在 AWMD+MN 处理下，水稻剑叶净光合速率显著提高。光合速率的显著提高能为籽粒和地下部的生长提供充足的光合产物，提高粒重与结实率，进而提高产量和水分、养分利用效率。

2.2.2　小麦地上地下协同优化

2.2.2.1　材料与方法

试验于 2014～2015 年在中国农业科学院新乡综合试验基地（$35°09′N$，$113°45′E$）进行。该区属北温带大陆性季风气候，土壤肥沃，光照充足，降雨适中。土壤类型为潮土，黏壤质。供试品种为'矮抗 58'，由河南科技学院小麦中心提供。

试验采用根箱（内径 110cm×50cm×60cm）种植，随机区组试验设计，水分处理为充分供水（W_1）和水分调亏（W_0），具体灌水处理见表 2-10。氮肥处理为 3 个水平，分别为低肥 N_0（0+90kg/hm² 纯氮）、中肥 N_1（150kg/hm²+90kg/hm² 纯氮）和高肥 N_2（240kg/hm²+90kg/hm² 纯氮），于 2015 年 3 月 18 日（拔节期）结合灌水进行氮肥追施。2014 年 10 月 23 日播种，根据根箱尺寸，纵向 6 行等行距（20cm）播种，播量以 30 万／亩计，每个处理重复 4 次。冬小麦播种前底墒充足。田间管理按照高产田标准进行。2015 年 6 月 2 日收获。生育期降水量为 100.8mm。

表 2-10　不同处理冬小麦不同生育时期的灌水量　　　　（单位：mm）

处理	拔节期（3 月 18 日）	抽穗期（4 月 17 日）	灌浆期（4 月 27 日）
N_0W_0	49.09	0	49.09
N_0W_1	49.09	36.82	49.09
N_1W_0	49.09	0	49.09
N_1W_1	49.09	36.82	49.09
N_2W_0	49.09	0	49.09
N_2W_1	49.09	36.82	49.09

2.2.2.2　结果与分析

由表 2-11 可知，不同水氮处理下 0～40cm 土层中冬小麦的根长密度在抽穗期达到最高，拔节期的根长密度次之，灌浆期冬小麦的根长密度显著降低。不同水氮调控明显地影响了冬小麦的根长密度。

拔节期：N_1、N_2 处理下冬小麦的根长密度显著高于 N_0 处理，且 N_1、N_2 之间无显著差异，这可能由于 N_0 处理无底肥的施入，冬小麦的根系生长无法得到充分的养分，从而降低了根系的长度。抽穗期：N_0 处理的根长密度较拔节期显著增加，并高于 N_1、N_2 处理；抽穗期 N_2 处理的根长密度最低，与 N_0 相比降低了 3.50%，这表明过量的氮肥抑制了根系的生长。灌浆期：水分亏缺处理下，各处理的根长密度表现为 $N_1>N_0>N_2$，充分灌水处理下，各处理的根长密度表现为 $N_1>N_2>N_0$，并于 N_1W_1 处理下达到最高；在相同施氮量条件下，不同的水分处理间均表现出 W_0 处理的根长密度低于 W_1 处理。

表 2-11　不同水氮处理下冬小麦 0～40cm 土层中的根长密度　　（单位：km/m³）

处理	拔节期	抽穗期	灌浆期
N_0W_0	68.24b	78.88a	23.36c
N_0W_1	68.24b	78.88a	25.94bc
N_1W_0	73.19a	78.31a	33.43a
N_1W_1	73.19a	78.31a	34.82a
N_2W_0	73.05a	76.12b	19.74d
N_2W_1	73.05a	76.12b	27.65b

注：同列不同小写字母表示同一品种不同处理在 0.05 水平上差异显著

由图 2-51 可知，不同水氮处理对冬小麦根长密度的空间分布有着明显的调控作用。各时期各处理的根长密度主要分布在 0～10cm 的土壤中。随着土壤深度的增加，不同水氮调控下不同生育时期冬小麦的根长密度逐渐降低。在 30～40cm 根长密度有小幅回升，这可能是由于根箱深度的限制，下扎的根系堆积在根箱的底层。

不同的水氮处理下各土层根长密度随生育时期推进的变化不完全一致。拔节期，不同处理间的 0～10cm 土层根长密度的变化表现为 N_1、N_2 显著高于 N_0，且 N_1、N_2 之间差异

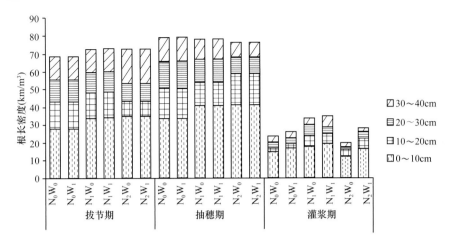

图 2-51　不同水氮处理下冬小麦 0～40cm 土层中的根长密度

不显著，其中 N_1 处理较 N_0 处理增加了 21.44%、N_2 处理较 N_0 处理增加了 25.56%。进入抽穗期后，各处理冬小麦 0～10cm 土层的根长密度均有所增加，仍表现为 N_1、N_2 显著高于 N_0 处理。灌浆期，0～10cm 土层中的根长密度迅速下降。相同的水分处理下，各处理间 0～10cm 土层中的根长密度表现为 $N_1 > N_0 > N_2$；在相同的施氮量条件下不同处理间的 0～10cm 根长密度则表现出 W_1 处理高于 W_0 处理。

拔节期，不同处理 10～20cm、20～30cm 土层的根长密度表现为 $N_0 > N_1 > N_2$；30～40cm 土层中各处理的根长密度则表现为 $N_0 < N_1 < N_2$，这表明施加氮肥有利于深层土壤中根长密度的增加。抽穗期，各处理 20～40cm 土层中的根长密度占总根长的比例表现为 $N_0 > N_1 > N_2$，其中 N_0、N_1 处理的根长密度较 N_2 分别高出 59.25%、38.10%。灌浆期，各处理 20～40cm 土层中的根长密度占总根长的比例则表现为 $N_1 > N_0 > N_2$，这说明适量增施氮肥有利于增加深层土壤中的根长密度。灌浆期在 N_0、N_1 处理下，不同水分处理 20～40cm 土层中的根长密度占总根长宽度的比例则表现出 W_0 处理高于 W_1 处理；在 N_2 处理下则相反。

图 2-52 为不同水氮处理下冬小麦 0～40cm 的根平均直径，由图 2-52 可知，不同水氮

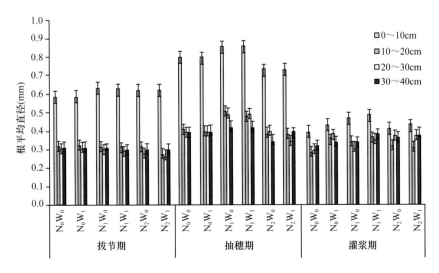

图 2-52　不同水氮处理下冬小麦 0～40cm 土层中的根平均直径

处理对根平均直径有着明显的调控作用。不同处理的根平均直径于抽穗期达到最大,拔节期的根直径次之,灌浆期最低,其中抽穗期 N_1 处理的根直径最大,达到 0.85mm。

拔节期,各处理 0～10cm 土层中的根直径变化表现为 $N_1>N_2>N_0$,其中 N_1、N_2 处理的根直径显著高于 N_0 处理,但 N_1、N_2 之间无显著差异,表明施氮有助于提高表层土壤中的根直径;在 10～20cm、20～30cm、30～40cm 土层中,拔节期各处理的根直径的变化表现为 $N_0>N_1>N_2$;在相同处理下,10～20cm、20～30cm、30～40cm 土层中的根直径之间无显著差异。抽穗期,各处理不同土层中的根直径较拔节期均有明显增加,其中 N_0 处理的根直径增加最多;在 0～10cm 土层中 N_1 处理的根直径达到最大,N_0 次之,二者分别较 N_2 处理高出 17.38% 和 9.33%;在 10～40cm 土层中的根直径表现出与 0～10cm 土层中相同的变化趋势。灌浆期,由于冬小麦地下部的干物质向地上部转移,各处理的根直径均出现明显的下降,其中 0～10cm 土层中的根直径下降最多。灌浆期在相同的灌水条件下,0～10cm 土层中的根直径表现出 $N_1>N_2>N_0$。在相同的施氮量条件下,0～10cm 土层中的根直径均表现出充分灌水处理高于水分亏缺处理,这说明充分的灌水和适量的施氮能够增加冬小麦的根直径,从而提高根系对水分和养分的吸收。在 10～20cm、20～30cm、30～40cm 土层中各处理根直径的变化趋势与 0～10cm 土层中一致。

根表面积的大小决定了根系的吸收能力,它直接影响小麦对水分和养分的吸收,是衡量冬小麦根系生长的重要指标之一。图 2-53 为不同水氮处理下冬小麦 0～40cm 土层的根表面积的动态变化。在本试验条件下,各处理 0～40cm 土层中的根表面积于抽穗期达到最高,拔节期次之,灌浆期最低。

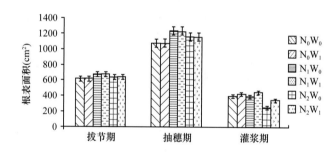

图 2-53　不同水氮处理下冬小麦 0～40cm 土层中根表面积的动态变化

拔节期,N_1 处理 0～40cm 土层中的根表面积最大,N_2 次之,分别较 N_0 处理增加了 10.42% 和 4.46%,这说明增加底肥的施入量对提高冬小麦的根表面积是有利的。抽穗期,各处理的根表面积均达到峰值,峰值大小依次为 $N_1>N_2>N_0$;与 N_0 相比,N_1、N_2 处理的根表面积分别增大了 15.12% 和 7.85%。灌浆期,各处理的根表面积以 N_1W_1 处理最大;在充分灌水条件下,各处理的根表面积的变化表现为 $N_1>N_0>N_2$;在水分亏缺条件下,各处理的根表面积则表现为 $N_0>N_1>N_2$。在相同施氮量条件下,各处理的根表面积均表现出充分灌水处理大于水分亏缺处理,这说明在水分充足的条件下,适量的施加氮肥能够明显地提高冬小麦生育后期的根表面积,延缓后期根系的衰老,满足籽粒灌浆的需要。

由图 2-54 可知,各时期各处理的根表面积均以 0～10cm 土层中最高。不同水氮处理下冬小麦 0～40cm 各土层中根表面积于抽穗期达到最高,拔节期次之,灌浆期最低。拔节期,0～10cm 土层中的根表面积以 N_1 处理最大,N_2 处理次之,相较 N_0 处理分别增加

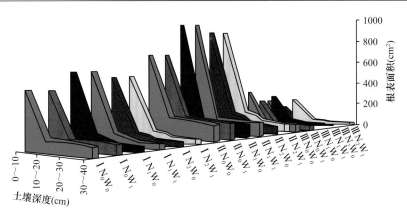

图 2-54　不同水氮处理下冬小麦 0～40cm 土层中根表面积的变化特征
Ⅰ. 拔节期；Ⅱ. 抽穗期；Ⅲ. 灌浆期

了 31.97% 和 22.24%。无底肥施入的 N_0 处理 0～10cm 土层中的根表面积占 0～40cm 土层总体的 63.32%，N_1、N_2 处理分别为 75.67% 和 74.10%。抽穗期，各处理 0～10cm 土层中的根表面积间的差异与拔节期大致相同，以 N_1 处理最大，略高于 N_2 处理，且二者均显著高于 N_0 处理，说明过量的施氮对冬小麦表层根系的生长产生了不利的影响。各处理 10～40cm 土层中的根表面积大小表现为 $N_0 > N_1 > N_2$，说明增施氮肥不利于深层土壤中的根系生长。灌浆期，由于冬小麦花后地下部的干物质开始向地上部转移，各处理的根表面积均出现明显的下降，其中 0～10cm 土层中的根表面积下降最多。在充分灌水条件下，各处理 0～10cm 土层中的根表面积表现为 $N_0 > N_1 > N_2$，且各处理间的差异显著；在水分亏缺条件下，各处理则表现为 $N_1 > N_0 > N_2$。在相同的施氮量条件下，各处理 0～10cm 土层中的根表面积均表现出 W_1 处理高于 W_0 处理。N_1、N_2 处理 20～40cm 土层中根表面积占 0～40cm 土层的比例均表现出充分灌水处理大于水分亏缺处理，说明充分灌水有利于提高深层土壤中的根系表面积。

　　冬小麦的根系干重是根系生长状况的集中体现，是衡量冬小麦根系发达程度的重要指标。图 2-55 表示不同水氮处理下冬小麦的根重密度。由图 2-55 可知，在根箱的土层中，各处理的根重密度在抽穗期达到最高，拔节期的根重密度次之，灌浆期最低。拔节期，各处理间的根重密度表现为 N_2 最高，为 1504g/m³，较 N_0、N_1 处理分别提高了 37.95%、5.74%，方差分析结果表明 N_1、N_2 处理显著大于 N_0，N_1、N_2 之间无显著差异，这可能是由于 N_0 处理无底肥的施用，抑制了冬小麦根系的生长。抽穗期，各处理间的根重密度呈

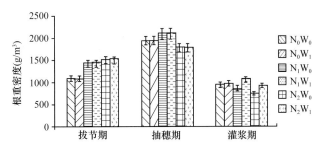

图 2-55　不同水氮处理下冬小麦 0～40cm 土层中的根重密度

现出 $N_1 > N_0 > N_2$，其中 N_1 处理的根重密度分别高出 N_0、N_2 处理 8.70%、18.19%，这表明拔节期追肥使得 N_0 处理的冬小麦得到了养分的供给，促进了根系的生长，而过量施用氮肥抑制了冬小麦根系的生长。灌浆期，由于水分处理的不同，各处理间的根重密度表现出充分灌水处理高于水分亏缺处理，说明充足的水分能够促进冬小麦根系的生长。其中充分灌水处理下，N_1 处理的根重密度显著高于 N_0、N_2，分别提高了 9.10%、14.10%，说明在水分充足的条件下，适量施加氮肥能够明显地减缓冬小麦根系干重的下降速度，保证冬小麦在生育后期较高水平的根系生物量，有效地减缓根系的衰老，有利于地上部植株的生长与籽粒的形成。

由图 2-56 可知，各时期各处理的根主要分布在 0～10cm 的土壤中。随着土壤深度的增加，不同水氮调控处理下不同生育时期冬小麦的根重密度逐渐降低。在 30～40cm 土层的根重密度有小幅回升，这可能是由于根箱深度的限制，下扎的根系堆积在根箱的底层。不同的水氮处理下各土层根重密度随生育时期推进的变化不完全一致。拔节期 0～10cm 土壤中的根重密度占 0～40cm 的比例为 57.70%（各处理的平均值）。不同处理间的 0～10cm 土层根重密度表现为 N_1、N_2 显著高于 N_0，且 N_1、N_2 之间无显著差异，这可能是由于 N_0 处理无底肥施入，抑制了根系的生长。进入抽穗期后，0～10cm 中的根重密度所占比例有所增加，达到 64.21%。由于拔节期的追氮，N_0 处理 0～10cm 的根重密度迅速增加，高于过量施氮的 N_2 处理，N_1 处理 0～10cm 的根重密度最高，达到 $1416.6 g/m^3$。灌浆期，0～10cm 土层中的根重密度迅速下降，其中 N_1 处理 0～10cm 的根重密度占 0～40cm 的比例最小，达到 43.73%。不同处理间的 0～10cm 根重密度表现出 $W_1 > W_0$。随着生育时期的推进，不同处理 10～20cm 土层根重密度的变化趋势与 0～10cm 的一致，均于抽穗期达到最高，拔节期次之，灌浆期最低。拔节期，不同处理 10～20cm 土层根重密度表现为 $N_2 > N_1 > N_0$；进入抽穗期后，各处理的根重密度表现为 N_2 最高，显著高于 N_0、N_1；灌浆期 10～20cm 土层的根重密度均迅速下降，各处理间表现为 N_1W_1 处理根重密度最高。不同处理 20～30cm 与 30～40cm 土层的根重密度变化趋势基本一致。拔节期及抽穗期，深层土壤（20～40cm）的根重密度占整个土层的比例表现为 $N_0 > N_1 > N_2$，说明施加氮肥使根系主要集中在上层；灌浆期深层土壤的根重密度所占比例表现为 $N_0W_0 > N_0W_1$、$N_2W_0 < N_2W_1$，N_1 处理下不同的水分处理间无显著差异。

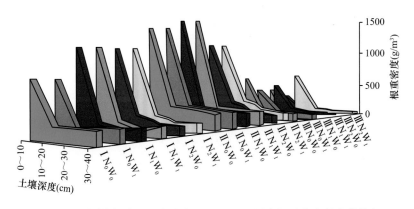

图 2-56　不同水氮处理下冬小麦 0～40cm 土层中根重密度的变化特征

Ⅰ. 拔节期；Ⅱ. 抽穗期；Ⅲ. 灌浆期

图 2-57 所示为不同水氮调控下冬小麦全生育期叶绿素相对含量（SPAD 值）的变化。由图 2-57 可知，各生育时期的 SPAD 值均表现为 $N_1>N_2>N_0$，说明适量施用氮肥可以提高冬小麦叶片的叶绿素含量。开花期、灌浆期的 SPAD 值表现为 W_1 处理高于 W_0，说明充分的水分供应能够增加开花后小麦叶片的叶绿素含量，延缓叶片衰老，从而提高小麦产量。

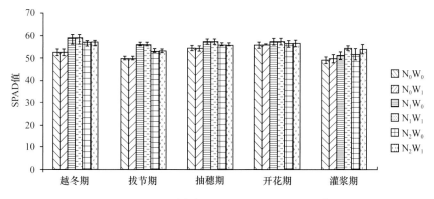

图 2-57　不同水氮处理下冬小麦的 SPAD 值

不同水氮调控处理下的冬小麦叶片净光合速率如图 2-58 所示，由图可知，叶片净光合速率在开花期最低，显著低于拔节期，且拔节到开花降低较为迅速，开花到灌浆有少许增加。其中，拔节期 N_1 处理下的净光合速率最大，其次为 N_0 处理。开花期，各处理叶片净光合速率表现为 $N_0>N_1>N_2$。而从开花期、灌浆期来看，除灌浆期 N_1 处理外，叶片净光合速率表现为 W_1 处理＞W_0 处理。

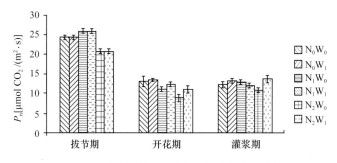

图 2-58　不同水氮处理下冬小麦叶片净光合速率

不同水氮处理下冬小麦地上部群体干物质积累量动态变化如图 2-59 所示，随着冬小麦生育时期的推进，冬小麦地上部群体干物质积累量呈现出持续增加的趋势。从越冬期至拔节期，干物质积累量的增长比较缓慢，拔节期至灌浆期迅速上升，灌浆期达到最大，在成熟期有略微下降的趋势。不同水氮处理下，越冬期冬小麦群体干物质积累量表现为 $N_1>N_2>N_0$。拔节期干物质积累量表现为 $N_2>N_1>N_0$，N_1、N_2 处理显著高于 N_0 处理，N_1 与 N_2 之间的差异不显著，说明氮肥的底施影响了冬小麦的生长，使冬小麦的干物质积累量增加。开花期干物质积累量表现为 $N_1W_1>N_1W_0>N_0W_1>N_2W_1>N_2W_0>N_0W_0$。灌浆期及成熟期干物质积累量均表现为 $N_1W_1>N_0W_1>N_2W_1>N_1W_0>N_2W_0>N_0W_0$；在同一施氮量的情况下，冬小麦干物质积累量表现为充分灌水处理大于水分亏缺处理，说明适量增加

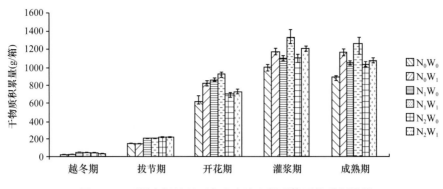

图 2-59　不同水氮处理下冬小麦地上部群体干物质积累量

灌水量能够提高冬小麦群体干物质积累；在充分灌水条件下，冬小麦群体干物质积累量表现为 $N_1 > N_0 > N_2$，而在水分亏缺条件下则表现为 $N_1 > N_2 > N_0$，说明过少或过多的施用氮肥不利于冬小麦干物质的积累。

表 2-12 表示不同处理下冬小麦营养器官花前干物质的运转和花后同化物的积累。由表 2-12 可知，不同处理对冬小麦营养器官花前干物质运转和花后干物质积累的影响存在明显的差异。其中，处理 N_1W_0 的营养器官花前干物质的运转量、运转率及对籽粒的贡献率均是最高的。对于花后干物质积累的同化量及对籽粒的贡献率则是以 N_0W_1 处理最高。

表 2-12　不同水氮处理下冬小麦花前干物质转运和花后干物质积累

处理	营养器官花前干物质运转			花后干物质积累	
	运转量（kg/hm²）	运转率（%）	贡献率（%）	同化量（kg/hm²）	贡献率（%）
N_0W_0	153.97c	24.77c	37.60b	255.53c	62.40c
N_0W_1	61.30e	7.50e	13.93d	378.70a	86.07a
N_1W_0	251.99a	29.23a	57.80a	184.01d	42.20d
N_1W_1	201.83b	21.86b	37.87b	331.17b	62.13c
N_2W_0	85.74d	12.37d	21.17c	319.26b	78.83b
N_2W_1	91.37d	12.55d	21.63c	331.13b	78.37b

注：同列不同小写字母表示同一品种不同处理在 0.05 水平上差异显著

在水分亏缺条件下，营养器官花前干物质的运转量、运转率及对籽粒的贡献率均表现为 $N_1 > N_0 > N_2$，对于花后干物质积累则相反，表现为 N_2 处理的同化量及对籽粒的贡献率最高。在充分灌水处理下花前干物质的运转量表现为 $N_1 > N_2 > N_0$；花后干物质的同化量以 N_0 处理最高。对于同一氮肥处理下，花后干物质积累的同化量表现为 $W_1 > W_0$，说明在本试验条件下，适量增加灌水能够增加冬小麦花后干物质积累，有利于提高产量。

表 2-13 为不同水氮处理下冬小麦的根冠关系。根冠比是评估冬小麦根系和地上部干物质分布状态的重要参数，由表 2-13 可知，冬小麦根冠比表现出拔节期＞抽穗期＞灌浆期。随着冬小麦生育时期的推进，地下部根系和地上部冠层的干物质分配呈现出相反的结果，即分配到地下部根系的干物质比例逐渐降低，地上部干物质占总干重的比例逐渐增加。

表 2-13　不同水氮处理对冬小麦根冠关系的影响

生育时期	处理	根干重 （g/m²）	冠干重 （g/m²）	总干重 （g/m²）	根冠比	根干重占总干重 的比例（%）	冠干重占总干重 的比例（%）
拔节期	N_0W_0	109.02b	252.81b	361.83b	0.4312a	30.13a	69.87b
	N_0W_1	109.02b	252.81b	361.83b	0.4312a	30.13a	69.87b
	N_1W_0	143.23a	382.44a	524.67a	0.3745b	27.30b	72.89a
	N_1W_1	143.23a	382.44a	524.67a	0.3745b	27.30b	72.89a
	N_2W_0	150.40a	402.90a	553.29a	0.3733b	27.18b	72.82a
	N_2W_1	150.40a	402.90a	553.29a	0.3733b	27.18b	72.82a
抽穗期	N_0W_0	194.34b	1234.44b	1428.78b	0.1574a	13.60a	86.40c
	N_0W_1	194.34b	1234.44b	1428.78b	0.1574a	13.60a	86.40c
	N_1W_0	211.24a	1796.22a	2007.46a	0.1176b	10.52b	89.48c
	N_1W_1	211.24a	1796.22a	2007.46a	0.1176b	10.52b	89.48c
	N_2W_0	178.73c	1905.32a	2084.05a	0.0938c	8.58c	91.42a
	N_2W_1	178.73c	1905.32a	2084.05a	0.0938c	8.58c	91.42c
灌浆期	N_0W_0	94.66c	1813.89d	1908.55d	0.0522a	4.96a	95.04d
	N_0W_1	97.73b	2130.88b	2228.61b	0.0459b	4.39b	95.61c
	N_1W_0	86.68d	2000.56c	2087.24c	0.0433c	4.15c	95.85b
	N_1W_1	106.63a	2420.69a	2527.32a	0.0440c	4.22c	95.78b
	N_2W_0	74.70c	1991.43c	2066.13c	0.0375d	3.62d	96.38a
	N_2W_1	93.48c	2191.15b	2284.63b	0.0427c	4.09c	95.91b

注：同列不同小写字母表示同一品种不同处理在 0.05 水平上差异显著

由表 2-13 还可以看出，拔节期干物质在根系的分配比例最高，其中有 27.18%～30.13% 的干物质积累转移至根中。拔节期后光合产物向根系的分配比例明显降低，均不足 15%，而地上部干物质的比例则明显增加，这说明拔节期以后主要是以地上部干物质的积累为主。不同水氮处理下冬小麦的根冠关系不同。相较于 N_0 处理，拔节期 N_1、N_2 处理的根冠比分别降低了 13.15%、13.43%；抽穗期 N_1、N_2 处理的根冠比分别降低了 25.29%、40.47%，这说明增施氮肥有利于中后期光合产物向地上部运转。在抽穗期和灌浆期，不同处理间的根冠比表现为 $N_0 > N_1 > N_2$。灌浆期水分亏缺条件下，相较于 N_0 处理，N_1、N_2 的根冠比分别降低了 17.05% 和 28.16%；充分灌水条件下根冠比的降低缓慢，分别降低了 4.05% 和 6.97%。灌浆期 N_1、N_2 处理下，W_1 处理的根冠比相较于 W_0 处理分别增加了 1.62% 和 13.87%。

表 2-14 为不同水氮调控下，各处理冬小麦产量及产量构成因素。由表 2-14 可知，不同的水氮调控对小麦的穗粒数存在一定的影响。N_2W_1 处理下穗粒数最高，而 N_0W_1 最低。其中，N_0W_1、N_1W_0 的穗粒数显著低于 N_2W_1 处理，其他各处理间无显著差异。随着施氮量的增加，穗粒数呈现递增的趋势，说明增施氮肥能够增加冬小麦的单穗粒数，从而提高产量。在同一施氮量下，除 N_0 外，均表现为 $W_0 < W_1$，说明适量增加灌水能够增加冬小麦的穗粒数。

表 2-14 不同水氮处理下的冬小麦产量及产量构成

处理	穗粒数	千粒重（g）	穗数（个/箱）	产量（g/箱）
N_0W_0	33.2±0.96ab	46.62±0.13d	325.60±21.62b	409.50±2.941 4d
N_0W_1	29.19±1.03b	52.19±0.1a	377.30±19.3a	440.00±3.481 5b
N_1W_0	30.1±1.19b	45.12±0.31e	374.00±16.58a	436.00±3.257 65b
N_1W_1	33.27±1.43ab	48.61±0.52c	382.80±40.4a	533.00±3.579 4a
N_2W_0	32.27±1.23ab	48.82±0.01c	346.50±23.18ab	405.00±3.170 75d
N_2W_1	35.9±1.27a	50.51±0.3b	357.50±17.32ab	422.50±3.761 45c

注：同列不同小写字母表示不同水氮处理间相关性状的差异显著（$P<0.05$）

千粒重以 N_0W_1 处理最高，N_1W_0 处理最低。在 W_0 处理下，各处理的千粒重表现为 $N_2>N_0>N_1$，且差异显著。在同一施氮量下，充分灌水的千粒重显著高于水分亏缺，说明适量增加灌水能够增加小麦的千粒重。

对产量的分析表明，在同一水分处理下，各处理的产量表现为 $N_1>N_0>N_2$，且 W_1 处理均高于 W_0 处理，其中 N_1W_1 处理产量最高。在水分亏缺条件下，N_0、N_1 处理的产量分别比 N_2 高 1.11%、7.65%；而在充分灌水条件下则分别比 N_2 高 4.14%、26.15%。在 N_0 施氮量下，W_1 的产量比 W_0 的高 7.45%；在 N_1 施氮量下，W_1 的产量比 W_0 的高 22.25%；在 N_2 施氮量下，W_1 的产量比 W_0 的高 4.32%。这表明在本试验条件下适量增施氮肥、增加灌水量有利于提高小麦的产量。

如表 2-15 所示，不同水氮处理下冬小麦的总耗水量以 N_1W_1 处理最高，达到 266.97mm。在充分灌水条件下，冬小麦的总耗水量表现为 $N_1>N_2>N_0$，其中 N_1、N_2 处理分别较 N_0 处理高出 10.49mm 和 6.55mm。而水分亏缺处理下冬小麦的总耗水量表现为 $N_2>N_1>N_0$。适量的增施氮肥使冬小麦整个生育期，尤其是越冬期、拔节期的群体数显著增加，而过多的分蘖则会消耗大量的水分。这可能导致同一水分条件下，适量施氮的冬小麦总耗水量显著增加。在同一施氮量的条件下，各处理的冬小麦均表现出 W_1 处理的总耗水量显著高于 W_0 处理，说明生育时期灌水越少，植株的耗水量越低。

表 2-15 不同水氮处理下冬小麦的水分利用

处理	总耗水量（mm）	水分利用效率（g/kg）	灌溉水利用效率（g/kg）	降水利用效率（g/kg）
N_0W_0	237.10	31.40	75.83	68.43
N_0W_1	256.48	31.19	59.26	73.53
N_1W_0	241.57	32.82	80.74	72.86
N_1W_1	266.97	36.30	71.78	89.07
N_2W_0	242.15	30.41	75.00	67.68
N_2W_1	263.03	29.20	56.90	70.60

不同水氮处理下冬小麦的水分利用效率如表 2-15 所示，其中 N_1W_1 处理的水分利用效率最高，显著高于其他处理。在 N_1 处理下，W_1 处理的水分利用效率达到最高，显著高于 W_0 处理。在 N_0、N_2 处理下，则表现出 W_0 处理的水分利用效率高于 W_1 处理。在相同的水分条件下，不同施氮量处理的水分利用效率表现为 $N_1>N_0>N_2$，说明适量地施用氮肥

有利于冬小麦水分利用效率的提高。

同一施氮量条件下，冬小麦的灌溉水利用效率表现为 W_0 处理显著高于 W_1 处理；而冬小麦的降水利用效率则是相反的结果。这说明水分亏缺对提高冬小麦的灌溉水利用效率有利，但降低了冬小麦对自然降雨的吸收利用。在相同的水分处理下，冬小麦的灌溉水利用效率及降水利用效率均表现为 $N_1 > N_0 > N_2$，其中 N_1 处理显著高于其他处理。这说明氮肥的施用量过多或过少均不利于冬小麦对灌溉水及降水的吸收利用。

表 2-16 所示为不同水氮处理对冬小麦氮素利用的影响。从表 2-16 中可以看出，在同一灌水处理下，籽粒氮素积累量表现为 $N_1 > N_2 > N_0$，其中 N_1W_1 处理的籽粒氮素积累量达到最高，N_2 处理籽粒氮素积累量反而降低，且 N_1、N_2、N_0 处理间的差异显著。对于同一施氮量，籽粒氮素积累量均表现为 $W_1 > W_0$，且差异达到显著水平，说明灌水能够增加籽粒的氮素积累。

表 2-16 不同水氮处理下冬小麦的氮素利用

处理	籽粒氮素积累量（g/箱）	氮素总积累（g/箱）	氮素利用效率（kg/kg）	氮肥偏生产力（kg/kg）	氮素收获指数（%）
N_0W_0	8.44±0.06f	13.42±0.35d	30.51±0.22a	82.73±0.59b	62.86±0.45a
N_0W_1	8.89±0.07e	17.34±0.69c	25.37±0.2b	88.89±0.7a	51.24±0.41e
N_1W_0	11.73±0.09b	20.29±1.15b	21.48±0.16e	33.03±0.25d	57.79±0.43c
N_1W_1	14.12±0.09a	23.71±1.13a	22.48±0.15c	40.38±0.27c	59.57±0.4b
N_2W_0	9.72±0.08d	18.33±0.91bc	22.1±0.17cd	22.31±0.17e	53.04±0.42d
N_2W_1	11.24±0.1c	19.38±0.53bc	21.8±0.19de	23.28±0.21e	58±0.52c

注：同列不同小写字母表示同一品种不同处理在 0.05 水平上差异显著

由表 2-16 可知，在充分灌水条件下，氮素利用效率表现为 $N_0 > N_1 > N_2$，且 N_0、N_1、N_2 间差异显著；在水分亏缺条件下则表现为 $N_0 > N_2 > N_1$，且 N_0、N_1、N_2 间的差异达到显著水平；其中 N_0W_0 处理的氮素利用效率最高。同一施氮量条件下，除 N_0 处理外，均表现出 W_1 处理的氮素利用效率显著高于 W_0 处理，说明增加灌水有利于冬小麦氮素的利用。氮肥偏生产力的变化表现为 $N_0W_1 > N_0W_0 > N_1W_1 > N_1W_0 > N_2W_1 > N_2W_0$，说明高的氮肥施用量并不能提高植株的氮肥偏生产力，增加灌水有利于提高植株的氮肥偏生产力。

2.2.2.3 讨论与小结

根系统显著影响作物生长和产量，并在植物土壤生态系统中扮演重要角色。因此，研究冬小麦根系分布及生长状况，对提高冬小麦水分利用，促进环境与农业协调发展具有重要意义。本研究中，冬小麦的根重密度、根长密度、根平均直径、根表面积于抽穗期达到最大值，拔节期次之，灌浆期小麦根系的各参数最低。抽穗期和灌浆期，充分灌水处理下，根重密度均表现为 $N_1 > N_0 > N_2$，其中 N_1 分别高于 N_0、N_2 处理 8.7%、18.19%（抽穗期）和 9.1%、14.1%（灌浆期）。不同土层中的根系分布差异较大，在表层土壤中根系的量大，而在深层土壤中则较少，增施氮肥可以增加总根量，并增加根系在垂直方向上的分布递减率，表层根量增加，深层根量减少。本研究中，在 30～40cm 土层，根重密度有小幅的回升，这可能是由于根箱深度的限制，下扎的根系堆积在根箱的底层。在拔节期到抽穗期深层土壤（20～40cm）的根重密度占整个土层的比例表现为 $N_0 > N_1 > N_2$。

灌水对冬小麦的根系生长同样能产生显著影响。各处理间的根重密度表现出 W_1 处理高于 W_0 处理。先前的研究表明，水分亏缺导致了根系向深层土壤的生长，或土壤表层侧根数量的增加以吸收更多的水分。但是，本研究灌浆期深层土壤的根重密度所占比例表现为 $N_0W_0>N_0W_1$，N_1、N_2 处理下不同的水分处理间无显著差异。这说明水氮互作对小麦根系的生长起到了互补效果，适量施氮可以平衡水分亏缺的不利影响。

不同生育时期各处理的 SPAD 值均表现为 $N_1>N_2>N_0$，说明适量的施用氮肥可以提高冬小麦叶片的叶绿素含量，降低叶片的衰老速度。开花期、成熟期的 SPAD 值表现为充分灌水处理高于水分亏缺处理，说明充分的水分供应能够增加叶片的叶绿素含量，对叶片的衰老起到延缓作用。在同一施氮量的情况下，冬小麦群体干物质积累量均表现为 W_1 处理大于 W_0 处理，说明在本试验条件下，适量增加灌水量能够提高冬小麦群体干物质积累。在充分灌水条件下，冬小麦群体干物质积累量表现为 $N_1>N_0>N_2$，而在水分亏缺条件下则表现为 $N_1>N_2>N_0$，说明过少或过多的施用氮肥不利于冬小麦干物质的积累。其中，处理 N_1W_0 的营养器官花前干物质的运转量、运转率及对籽粒的贡献率均是最高的；对于花后干物质积累的同化量及对籽粒的贡献率则是以 N_0W_1 处理最大。

本研究条件下，N_1W_1 处理产量最高。不同施氮量处理小麦产量表现为 $N_1>N_0>N_2$；且同一施氮量条件下，W_1 处理的产量均高于 W_0，其中在水分亏缺条件下，N_0、N_1 处理的产量分别比 N_2 处理高 1.11%、7.65%，而在充分灌水条件下则分别提高 4.14%、26.15%。这表明在本试验条件下适量施用氮肥、增加灌水可以提高小麦的产量。本研究在相同的水分条件下，不同施氮量处理的冬小麦水分利用效率、灌溉水利用效率及降水利用效率均表现为 $N_1>N_0>N_2$，其中 N_1 处理显著高于 N_0、N_2 处理；在充分灌水条件下，氮素利用效率表现为 $N_0>N_1>N_2$；在水分亏缺条件下则表现为 $N_0>N_2>N_1$。同一施氮量条件下，各处理的氮素利用效率和降水利用效率表现出 W_1 处理显著高于 W_0 处理；而灌溉水利用效率则相反。这说明增加灌水虽有利于冬小麦对氮素和降水的利用，却降低了冬小麦的灌溉水利用效率。

2.2.3　玉米地上地下协同优化

2.2.3.1　材料与方法

试验于 2012~2013 年在山东农业大学黄淮海区域玉米技术创新中心（36°09′N，117°09′E）和作物生物学国家重点实验室进行。供试材料为氮高效玉米品种'郑单 958'（ZD958，郑 58/ 昌 7-2）和氮低效玉米品种'秀青 73-1'（XQ73-1，永 35-1/ 永 35-2），两品种氮素特性是经多年田间试验筛选而得出的结果，且夏播生育期基本一致。采用大田种植，试验采用裂区设计，主区设 N_0（0kg/hm²）与 N_1（315kg/hm²）两个氮素水平，其中 30% 的氮肥拔节期施入，50% 大喇叭口期追肥，20% 抽雄期追施，施肥采用开沟填埋的方式（施于玉米行中间），所施肥料为尿素；裂区为不同氮效率玉米品种，种植密度为 67 500 株 /hm²，行距 60.0cm，株距 24.7cm，小区面积 150m²（长 12.50m× 宽 12m），小区之间设置 1m 的缓冲带，重复 4 次。2012 年于 6 月 14 日播种、10 月 4 日收获，2013 年于 6 月 11 日播种、10 月 2 日收获，玉米生长期给予良好管理并保证水分供应。

2.2.3.2　结果与分析

ZD958 和 XQ73-1 根系总干重随生育时期均呈单峰曲线变化，二者根系总干重分别于 R2 期和 VT 期达最大值，说明 ZD958 根系在开花后仍可继续生长。整个生育期 ZD958 根系总干重均显著高于 XQ73-1，抽雄后优势更为明显（图 2-60）。施氮后两个品种根系干重显著提高，ZD958 提高幅度大于 XQ73-1。与最大根系干重相比，R6 期 ZD958 两个氮素水平下，两年降幅分别为 23.22%、22.03% 和 17.80%、16.71%，而 XQ73-1 分别为 30.32%、25.44% 和 26.76%、24.13%，这说明施氮有利于维持后期较大的根系生物量，延缓根系衰老，对 ZD958 的调控作用大于 XQ73-1。

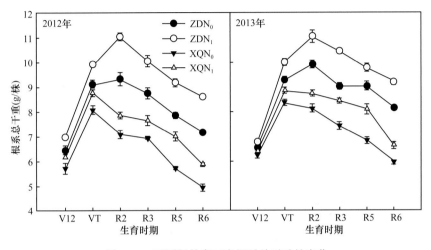

图 2-60　不同氮效率玉米根系总干重的变化

两品种 80% 以上根系分布于 0～20cm 土层（表 2-17）。ZD958 两种氮素水平下 0～20cm 表层土壤中根系所占比例显著低于 XQ73-1，而深层土壤（20～100cm）根系所占比例则显著高于 XQ73-1，说明 ZD958 比 XQ73-1 根系生长的空间更大，这有利于扩充其可利用的肥水空间。

表 2-17　不同土层根系干重占总根系干重的比例　　　　　　（单位：%）

生育时期	处理	0～20cm	20～40cm	40～60cm	60～80cm	80～100cm
V12	ZDN_0	84.78	9.13	3.57	1.82	0.70
	ZDN_1	83.96	9.00	3.74	2.08	1.22
	XQN_0	88.54	7.77	2.39	1.03	0.27
	XQN_1	88.75	7.92	1.65	1.38	0.29
VT	ZDN_0	87.83	6.54	3.20	1.42	1.01
	ZDN_1	85.53	8.92	3.06	1.46	1.03
	XQN_0	88.88	6.71	2.80	1.05	0.56
	XQN_1	87.97	7.22	2.95	1.25	0.61
R3	ZDN_0	81.74	8.21	4.06	3.41	2.58
	ZDN_1	79.09	9.42	3.89	4.78	2.82
	XQN_0	87.14	4.63	3.69	2.92	1.62
	XQN_1	86.09	5.43	3.65	3.02	1.81

续表

生育时期	处理	0～20cm	20～40cm	40～60cm	60～80cm	80～100cm
R6	ZDN_0	81.24	8.34	4.27	3.48	2.67
	ZDN_1	78.03	9.35	3.87	5.26	3.49
	XQN_0	85.43	5.74	3.84	3.27	1.72
	XQN_1	85.03	5.10	3.88	3.98	2.01

两品种根长密度随生育时期推进呈先升后降的趋势，均在 VT 期达到最大值（图 2-61）。整个生育期 ZD958 根长密度均显著高于 XQ73-1。施氮显著提高了各土层根长密度，且 ZD958 提高幅度大于 XQ73-1，ZD958 和 XQ73-1 的 VT 期两年分别提高 8.44%、3.80% 和 5.79%、3.39%。与 VT 期根长密度相比，ZD958 的 R6 期 N_0 和 N_1 水平下两年降幅分别为 40.70%、37.12% 和 31.88%、27.14%，低于 XQ73-1 的 48.00%、47.04% 和 47.89%、43.30%，说明施氮后玉米在生育后期获得较大的根长密度。

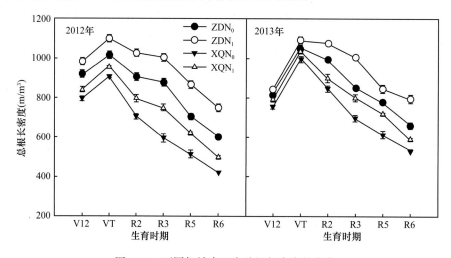

图 2-61　不同氮效率玉米总根长密度的变化

两品种各土层的根长密度随生育时期均呈单峰曲线变化（表 2-18），0～40cm 以 VT 期最高，40～100cm 以 R3 期最高；ZD958 在两个氮素水平下各土层的根长密度均显著高于 XQ73-1。施氮显著提高了各土层的根长密度，与 N_0 相比，VT 期和 R6 期 N_1 处理的 0～60cm 土层 ZD958 和 XQ73-1 平均分别提高 9.99%、7.07%（VT 期）和 24.52%、22.98%（R6 期），而 60～100cm 土层增幅大于 0～60cm 土层，ZD958 和 XQ73-1 两生育期增幅分别为 16.67%、17.29% 和 26.48%、39.26%。

表 2-18　不同土层根长密度变化　　　　　　　　　（单位：m/m³）

生育时期	处理	0～20cm	20～40cm	40～60cm	60～80cm	80～100cm
V12	ZDN_0	3508.23b	688.83b	219.29b	101.07b	76.74b
	ZDN_1	3708.10a	749.81a	250.35a	134.32a	79.52a
	XQN_0	3228.68d	412.80d	183.36d	82.94c	66.75c
	XQN_1	3305.11c	535.89c	202.10c	95.55b	75.56b

续表

生育时期	处理	0~20cm	20~40cm	40~60cm	60~80cm	80~100cm
VT	ZDN0	3544.15b	1017.18b	250.65b	165.79b	101.56b
	ZDN1	3731.53a	1192.57a	269.33a	200.13a	114.38a
	XQN0	3284.20c	826.28d	212.70d	133.92d	71.91d
	XQN1	3448.90b	865.13c	237.12c	154.25c	85.86c
R3	ZDN0	2666.07b	895.13b	423.35b	271.07b	142.63b
	ZDN1	2857.77a	1067.10a	610.75b	313.46a	171.77a
	XQN0	1725.90d	517.14d	391.13c	220.73c	126.14c
	XQN1	2307.63c	628.78c	416.52b	262.00b	138.10b
R6	ZDN0	2052.02b	504.00b	199.76b	168.81b	87.37c
	ZDN1	2575.97a	604.17a	256.01a	196.94a	119.08a
	XQN0	1511.18d	283.41d	144.11c	89.66d	78.72d
	XQN1	1718.40c	354.68c	187.46b	136.79c	99.17b

注：同列不同小写字母表示同一品种不同处理在 0.05 水平上差异显著

由图 2-62 可知，ZD958 和 XQ73-1 总根表面积随生育时期推进呈先增加后降低的趋势，均在 VT 期达到最大值；整个生育期，ZD958 根表面积均显著高于 XQ73-1。施氮显著提高了 0~100cm 土层根表面积，ZD958 在 VT 期和 R6 期两年分别提高 10.62%、19.17%（2012 年）和 7.61%、15.49%（2013 年），XQ73-1 在 VT 期和 R6 期两年分别提高 3.79%、9.13%（2012 年）和 4.62%、9.96%（2013 年），这说明施氮有利于维持两个玉米品种生长后期较大的根表面积。

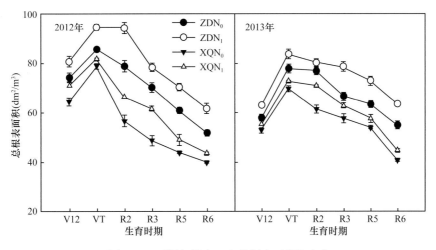

图 2-62　不同氮效率玉米总根表面积的变化

由表 2-19 可以看出，两种氮素水平下，两品种各土层的根表面积随生育时期均呈先升后降的趋势，0~40cm 土层以 VT 期为高，40~100cm 土层以 R3 期为高；在整个生育期，ZD958 各层根表面积均显著高于 XQ73-1（$P < 0.05$）。施氮显著提高了各土层的根表面积，与 N0 相比，VT 期和 R6 期 N1 处理的 0~40cm 土层两品种分别提高 9.36%、4.10% 和 17.23%、13.93%，而 40~100cm 土层两品种分别提高 20.73%、12.85% 和 19.52%、13.52%。

表 2-19　不同土层根表面积变化　　　　　　（单位：dm²/m³）

生育时期	处理	0~20cm	20~40cm	40~60cm	60~80cm	80~100cm
V12	ZDN₀	275.22b	50.73b	24.76b	13.33b	7.02b
	ZDN₁	284.26a	66.69a	28.42a	15.47a	8.33a
	XQN₀	252.29c	34.30d	18.37d	10.88b	5.45c
	XQN₁	272.90b	44.57c	19.41c	11.66c	6.65b
VT	ZDN₀	311.47b	66.76b	26.62b	14.04b	8.87b
	ZDN₁	338.77a	73.41a	33.66a	17.47a	9.87a
	XQN₀	294.22d	57.71d	22.87c	12.39c	6.29d
	XQN₁	300.51c	61.21c	25.73b	13.68b	7.27c
R3	ZDN₀	222.12b	57.91b	35.70b	21.25b	13.26b
	ZDN₁	243.23a	72.59a	37.97a	21.79a	15.69a
	XQN₀	150.87d	37.94d	24.82d	17.89d	10.85d
	XQN₁	206.95c	43.88c	25.62c	18.75c	12.64c
R6	ZDN₀	180.83b	27.31b	24.92b	14.62b	10.56b
	ZDN₁	217.36a	31.20a	29.22a	16.14a	13.83a
	XQN₀	139.27d	18.89d	18.84d	12.78d	8.41d
	XQN₁	146.03c	24.37c	22.44c	14.07c	9.36c

注：同列不同小写字母表示同一品种不同处理在 0.05 水平上差异显著

　　根系氯化三苯基四氮唑（TTC）还原总量是根系活性与数量的综合体现，能更好地反映整个根系的性能。由图 2-63 可知，ZD958 和 XQ73-1 根系 TTC 还原总量分别于 R2 期和 VT 期达最大值，之后逐渐下降。在整个生育期，ZD958 根系 TTC 还原总量均显著高于 XQ73-1。与不施氮相比，施氮后两品种根系 TTC 还原总量均显著提高，其中 ZD958 提高幅度大于 XQ73-1，说明施氮对氮高效品种根系 TTC 还原总量的作用更大。

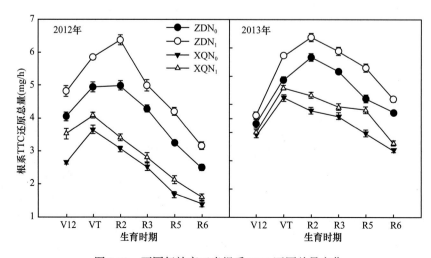

图 2-63　不同氮效率玉米根系 TTC 还原总量变化

由表 2-20 可知，0～20cm 土层根系 TTC 还原量所占比例均在 73% 以上。ZD958 两种氮素水平下 0～40cm 土层根系 TTC 还原量所占比例低于 XQ73-1，而 40～100cm 土层根系 TTC 还原量所占比例则呈相反趋势，说明 ZD958 具有更大的深层根系 TTC 还原量。施氮后两品种在 0～40cm 土层根系 TTC 还原量所占比例下降，而 40～100cm 土层根系 TTC 还原量所占比例升高，说明施氮提高了玉米深层根系 TTC 还原量在整个根系中的比例。

表 2-20　不同土层根系 TTC 还原量占根系 TTC 还原总量的比例　　　（单位：%）

生育时期	处理	0～20cm	20～40cm	40～60cm	60～80cm	80～100cm
V12	ZDN_0	78.36	11.71	7.57	1.98	0.38
	ZDN_1	77.71	11.08	8.48	2.07	0.66
	XQN_0	79.78	13.27	5.16	1.55	0.24
	XQN_1	77.43	12.98	7.69	1.60	0.30
VT	ZDN_0	77.91	12.40	7.01	2.00	0.68
	ZDN_1	77.57	11.08	7.67	2.84	0.84
	XQN_0	80.14	13.32	4.53	1.47	0.54
	XQN_1	79.10	13.11	5.46	1.73	0.60
R3	ZDN_0	75.48	10.38	6.57	5.42	2.15
	ZDN_1	73.87	9.85	6.90	6.71	2.67
	XQN_0	80.21	8.27	6.22	3.34	1.96
	XQN_1	79.39	7.93	6.83	3.69	2.16
R6	ZDN_0	78.58	7.65	6.41	3.60	2.76
	ZDN_1	78.00	7.45	7.36	3.98	3.21
	XQN_0	80.26	8.50	5.32	3.48	2.44
	XQN_1	78.67	8.71	5.97	3.74	2.91

两品种单株叶面积随生育时期均呈现先升高后下降的趋势，且均在 VT 期达到最大值；两种氮素水平下，ZD958 单株叶面积均显著高于 XQ73-1。施氮显著提高了两个品种的单株叶面积，ZD958 在 VT 期和 R6 期两年分别提高 11.37%、12.75% 和 7.48%、17.18%，XQ73-1 在 VT 期和 R6 期两年分别提高 2.47%、11.82% 和 2.50%、10.30%，说明施氮延缓了叶片的衰老，且对 ZD958 叶面积的作用显著大于 XQ73-1（图 2-64）。

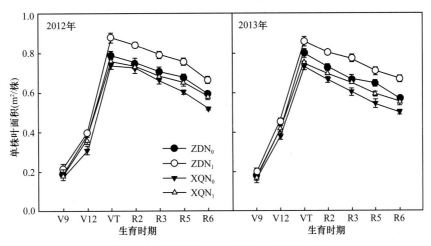

图 2-64　不同氮效率玉米单株叶面积的变化

ZD958 两种氮素水平下光合势均显著高于 XQ73-1。施氮显著提高了两品种的光合势，ZD958 和 XQ73-1 花后光合势和总光合势分别提高 12.16%、7.41% 和 11.74%、7.12%，说明施氮对增加 ZD958 叶片光合势的作用大于 XQ73-1（表 2-21）。

表 2-21　不同氮效率玉米叶片光合势的变化　　　　　　［单位：（m²·d）/m²］

处理	花前				花后					总和
	VE-V9	V9-V12	V12-VT	总和	VT-R2	R2-R3	R3-R5	R5-R6	总和	
ZDN$_0$	20.87b	15.53b	39.76b	76.16b	57.20b	59.12b	70.16b	89.86b	276.34b	352.50b
ZDN$_1$	24.14a	16.63a	43.19a	83.96a	63.99a	66.30a	78.60a	101.05a	309.94a	393.90a
XQN$_0$	20.22b	13.25c	35.52c	68.99c	53.45d	53.83c	62.62c	79.78c	249.68c	318.67c
XQN$_1$	20.46b	14.76b	37.95b	73.17b	55.60c	57.45b	67.58b	87.56b	268.19b	341.36b

注：同列不同小写字母表示同一品种不同处理在 0.05 水平上差异显著

两品种单株生物量随生育时期推进均呈增加趋势（图 2-65）。两个氮素水平下，整个生育期内 ZD958 单株生物量均显著高于 XQ73-1。施氮显著提高了两个品种的单株生物量，且 ZD958 提高幅度大于 XQ73-1，ZD958 在 VT 期和 R6 期两年分别提高 14.49%、10.46% 和 8.96%、8.33%，XQ73-1 在 VT 期和 R6 期两年分别提高 2.84%、4.96% 和 8.45%、5.44%。

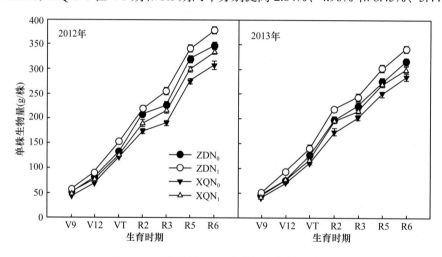

图 2-65　不同氮效率玉米单株生物量的变化

两个氮素水平下，ZD958 各器官干物质积累量均显著高于 XQ73-1；施氮显著提高了两品种各器官的干物质积累量，R2 期 ZD958 和 XQ73-1 茎秆＋穗轴＋雄穗、叶片＋苞叶、叶鞘干物质分别提高 6.67%、4.23%、5.62% 和 9.52%、7.96%、1.51%；R6 期 ZD958 和 XQ73-1 籽粒、根系干物质积累量分别提高 12.96%、21.65% 和 9.39%、18.86%（表 2-22）。

表 2-22　不同生育时期夏玉米干物质积累与分配

器官	处理	干物质积累量（g/株）				干物质分配比例（%）			
		VT	R2	R3	R6	VT	R2	R3	R6
茎秆＋穗轴＋雄穗	ZDN$_0$	52.08b	88.15b	86.95b	73.76b	39.03	42.51	38.77	21.08
	ZDN$_1$	57.12a	94.03a	90.09a	75.16a	40.00	42.43	35.43	19.97
	XQN$_0$	48.26c	75.52d	74.43d	70.03c	39.74	43.25	39.73	22.61
	XQN$_1$	52.56b	82.71c	81.70c	71.62c	41.68	43.53	37.98	21.58

器官	处理	干物质积累量（g/株）				干物质分配比例（%）			
		VT	R2	R3	R6	VT	R2	R3	R6
叶片＋苞叶	ZDN0	51.81b	79.67b	66.39b	61.91b	38.82	38.43	29.61	17.69
	ZDN1	53.60a	83.04a	74.61a	62.58a	37.54	37.47	29.34	16.63
	XQN0	46.00c	64.84d	62.21c	53.11d	37.88	37.13	33.21	17.15
	XQN1	45.19c	70.00c	65.47b	54.47c	35.83	36.84	30.43	16.41
叶鞘	ZDN0	20.43b	22.60b	22.31b	19.77c	15.31	10.90	9.95	5.65
	ZDN1	22.14a	23.87a	23.32a	20.65a	15.50	10.77	9.17	5.49
	XQN0	19.10c	21.85c	21.80c	20.33b	15.73	12.51	11.64	6.56
	XQN1	19.59c	22.18b	22.13b	20.45b	15.53	11.67	10.29	6.16
籽粒	ZDN0		7.59b	39.84b	185.28b		3.66	17.77	53.53
	ZDN1		9.61a	56.19a	209.30a		4.34	22.10	55.61
	XQN0		5.32c	21.98c	161.27d		3.04	11.73	52.08
	XQN1		7.25b	38.20c	176.42c		3.81	17.75	54.07
根	ZDN0	9.13b	9.33b	8.75b	7.16b	6.84	4.50	3.90	2.05
	ZDN1	9.93a	11.04a	10.05a	8.71a	6.95	4.98	3.95	2.31
	XQN0	8.08d	7.08d	6.93d	4.93d	6.65	4.06	3.70	1.59
	XQN1	8.76c	7.86c	7.65c	5.86c	6.95	4.14	3.56	1.77

注：同列不同小写字母表示同一品种不同处理在 0.05 水平上差异显著

如表 2-22 所示，两品种茎秆＋穗轴＋雄穗干物质所占比例呈先升高后降低的趋势，至 R2 期达最大值；叶片＋苞叶、叶鞘、根所占比例一直下降，而籽粒所占比例一直升高。整个生育期，ZD958 茎秆＋穗轴＋雄穗、叶鞘干物质所占比例均低于 XQ73-1，而叶片＋苞叶、籽粒、根所占比例高于 XQ73-1；施氮后两品种茎秆＋穗轴＋雄穗、叶片＋苞叶、叶鞘干物质所占比例明显下降，而籽粒和根所占比例明显升高。

两品种各营养器官干物质的转运量和对籽粒的贡献率中，叶片＋苞叶最大，其次为茎秆＋穗轴＋雄穗；转运率中，根最大，其次为叶片＋苞叶、茎秆＋穗轴＋雄穗、叶鞘（表 2-23）。ZD958 两个氮素水平下茎秆＋穗轴＋雄穗、叶片＋苞叶、叶鞘、根干物质的转运量、转运率和对籽粒贡献率均明显高于 XQ73-1；施氮后两品种茎秆＋穗轴＋雄穗、叶片＋苞叶、叶鞘干物质的转运量、转运率和对籽粒贡献率升高，表明施氮促进了茎秆、叶片和叶鞘中碳水化合物向生长中心的转移；但是，施氮以后根干物质转运量、转运率和对籽粒贡献率却降低。

表 2-23 不同器官干物质的转运

器官	处理	转运量（g/株）	转运率（%）	贡献率（%）
茎秆＋穗轴＋雄穗	ZDN0	14.38b	16.32	7.68
	ZDN1	18.87a	20.06	9.01
	XQN0	5.49d	7.27	3.40
	XQN1	11.09c	13.40	6.18

续表

器官	处理	转运量（g/株）	转运率（%）	贡献率（%）
叶片＋苞叶	ZDN₀	17.76b	22.30	9.49
	ZDN₁	20.45a	24.63	9.77
	XQN₀	11.73d	18.09	7.27
	XQN₁	15.53c	22.19	8.66
叶鞘	ZDN₀	2.83b	12.54	1.51
	ZDN₁	3.22a	13.50	1.54
	XQN₀	1.52d	6.97	0.94
	XQN₁	1.73c	7.80	0.96
根	ZDN₀	2.37a	24.83	1.28
	ZDN₁	2.22b	20.51	1.06
	XQN₀	1.74c	24.62	1.08
	XQN₁	1.53d	20.43	0.87

注：同列不同小写字母表示同一品种不同处理在 0.05 水平上差异显著

　　由表 2-24 可见，在两个氮素水平下，氮高效品种 ZD958 的穗粒数、生物量和单株籽粒产量均显著高于氮低效品种 XQ73-1，收获指数也较高。施氮显著提高了两品种的单株籽粒产量，且 ZD958 增产幅度高于 XQ73-1，ZD958 两年分别增产 12.96% 和 13.37%，而 XQ73-1 两年分别增产 9.39% 和 9.98%，增产幅度显著小于 ZD958；施氮显著提高了 XQ73-1 的收获指数，而对 ZD958 收获指数无显著影响。

表 2-24　产量及其构成因素

年份	处理	实际穗数（×10⁴/hm²）	穗粒数	千粒重（g）	单株籽粒产量（g/株）	单株生物量（g/株）	收获指数
2012	ZDN₀	6.63b	551.79a	342.24b	185.28b	346.28b	0.54a
	ZDN₁	6.70a	555.76a	356.68a	209.30a	377.31a	0.55a
	XQN₀	6.56b	495.71b	341.27b	161.27d	307.81d	0.52b
	XQN₁	6.60b	500.58b	360.64a	176.42c	333.82c	0.53b
2013	ZDN₀	6.56b	532.54a	330.15b	175.94b	315.47b	0.56a
	ZDN₁	6.63a	537.80a	343.72a	199.47a	341.76a	0.58a
	XQN₀	6.52b	473.96b	331.51b	151.73c	284.71d	0.53b
	XQN₁	6.56b	478.86b	343.53a	166.87b	300.48c	0.56a

注：同列不同小写字母表示同一品种不同处理间相关性状在 5% 水平下差异显著

2.2.3.3　讨论与小结

　　氮高效玉米品种 ZD958 整个生育期的根系干重、根长密度、根表面积、根系 TTC 还原量及其深层土壤所占的比例均较高；施氮后根系各指标均显著提高，且 ZD958 根系各指标提高幅度大于 XQ73-1。由此可见，氮高效玉米品种 ZD958 根系总量大，且深层土壤根系分布多，空间分布合理，根系活力高且持续期长。氮高效玉米品种 ZD958 单株叶面积、叶片光合势高；施氮条件下优势更加明显，且对 ZD958 各指标的作用显著大于 XQ73-1，说明氮高效品种叶片具有较强大的光合功能，施氮条件下更是延缓了叶片的衰老。氮高效玉米品种 ZD958 干物质积累总量、各器官干物质积累量（茎秆、叶、叶鞘、根、籽粒）大，干物质转运量、转运率和籽粒贡献率高。施氮条件下优势更加明显，具有较高的干物质积累量、转运量、转运率和籽粒贡献率；高的物质生产和转运，是获得高产的物质基础。从产量及其构成来看，氮高效品种 ZD958 具有较高的单株籽粒产量和生物产量；施氮后两品种的单株籽粒产量和生物产量均显著提高，且 ZD958 的增产幅度高于 XQ73-1，原因在于氮高效品种产量构成因素中穗粒数优势显著，收获指数也较高，且施肥以后千粒重显著增加，因而增产明显。

2.3　可持续高产栽培的籽粒协同灌浆理论

水稻、小麦和玉米是世界上种植面积最广的三大主粮作物，增加它们的产量是农业生产的重大目标。产量的高低决定于籽粒库容的大小和灌浆的充实程度（Kato and Takeda，1996）。水稻、小麦和玉米等禾谷类作物的粒重因其在穗上着生位置的不同而有较大差异。一般来说，将灌浆充实好、粒重高的籽粒称为强势粒；将灌浆慢、充实差和粒重低的籽粒称为弱势粒（Nagato，1941；Langer and Hanif，1973；Lesch et al.，1992；任亚梅等，2005；戴忠民，2008）。弱势粒充实差和粒重低不仅限制作物产量潜力的发挥，还会严重影响籽粒品质（董明辉，2006；蔡瑞国等，2010；殷春渊等，2013）。弱势粒在分化和生长过程中需要消耗大量养分和水分，因而弱势粒充实差还会严重影响作物养分和水分的高效利用。因此，了解弱势粒灌浆充实差的生理与分子机制并提出促进弱势粒灌浆的调控技术，对于进一步提高作物产量具有重要意义。关于水稻、小麦和玉米等作物弱势粒灌浆差的原因，国内外做了大量的研究，存在着多种假设，包括同化物限制（Wang，1981；Murty P S S and Murty K S，1982）、库容限制（Kato，2004；Yang et al.，2006）、库活性低（Yang et al.，2003，2004；Ishimaru et al.，2005）、同化物运输不畅（李木英和潘晓华，2000；黄升谋等，2005）等。近年来，研究者又开展了大量关于籽粒胚乳淀粉粒显微结构及分布特性的研究（戴忠民等，2009；陆大雷等，2011；谭秀山等，2012；Li et al.，2013；张蕊等，2014），结果表明，强、弱势粒中的淀粉粒度分布特性存在明显差异。因此，深入研究水稻、小麦和玉米三大主粮作物强、弱势粒灌浆差异机制，以及促进弱势粒灌浆的调控途径与技术，可为挖掘作物高产潜力提供理论依据。

2.3.1　水稻籽粒的协同灌浆

2.3.1.1　材料与方法

试验在扬州大学江苏省作物栽培生理重点实验室实验农场进行。供试品种为'两优培九'（两系杂交籼稻）和'扬粳 4038'（粳稻），种植于土培池。自抽穗（50% 穗伸出剑叶叶鞘）至成熟，设置 3 种灌溉方式处理：①常规灌溉（conventional irrigation，CI），保持浅水层，生育中期搁田，收获前一周断水；②轻干 - 湿交替灌溉（alternate wetting and moderate drying irrigation，AWMD），自浅水层自然落干至土壤水势达 -20kPa 时，灌水 1~2cm，再自然落干至土壤水势为 -20kPa，再上浅层水，如此循环；③重干 - 湿交替灌溉（alternate wetting and severe drying irrigation，AWSD），自浅水层自然落干至土壤水势达

-40kPa 时，灌水 1～2cm，再自然落干至土壤水势为 -40kPa，再上浅层水，如此循环。每处理重复 3 次，随机区组排列。小区面积为 4.8m×1.6m，土壤含有机质 3.03%，有效氮 107.5mg/kg，速效磷 31.2mg/kg，速效钾 68.6mg/kg。5 月 10～11 日播种，6 月 9～10 日移栽。株、行距为 15cm×25cm，每穴 2 株苗。小区内安装土壤水分张力计（由中国科学院南京土壤研究所研制）以监测土壤深度 15～20cm 处水势。下雨时用塑料薄膜挡雨。各小区灌溉水经过装有水表的水龙头以记录水稻生育期灌溉用水量。全生育期施尿素 420kg/hm^2，按基肥（移栽前 1d）∶分蘖肥（移栽后 7d）∶穗肥（叶龄余数 2.0）为 5∶2∶3 施用。基施过磷酸钙（含 P$_2$O$_5$ 13.5%）445kg/hm^2。分别在移栽前 1d 和拔节期（叶龄余数 3.0）施用氯化钾（含 K$_2$O 62.5%）90kg/hm^2 和 60kg/hm^2。其余田间管理同当地常规高产栽培。

于各小区抽穗期选择穗型大小基本一致的穗子 200 个并挂上纸牌，标记开花日期。自开花至成熟每隔 4d，取标记穗 15 个，用于测定强、弱势粒的重量。强势粒为穗上最先 2d 开花的颖花，着生在穗顶部一次枝梗；弱势粒为穗上最后 2d 开花的颖花，着生在穗基部二次枝梗。将摘取的强、弱势粒在 70℃条件下烘干称重，用 Richard 生长方程 $W=A/(1+Be^{-Kt})^{1/N}$ 并按朱庆森等（1988）方法对籽粒灌浆过程进行拟合计算灌浆速率，其中，W 为粒重（mg），A 为最终粒重（mg），t 为花后天数，B、K、N 为回归方程所确定的参数。

2.3.1.2　结果与分析

强势粒的平均灌浆速率、活跃灌浆期和粒重在 3 种灌溉方式处理间无显著差异（表 2-25）。与常规灌溉（CI）相比，轻干－湿交替灌溉（AWMD）显著增加了弱势粒的平均灌浆速率，重干－湿交替灌溉（AWSD）则显著降低了弱势粒的平均灌浆速率。AWSD 显著缩短了弱势粒活跃灌浆期，而 AWMD 对其影响较小。AWMD 处理显著增加了弱势粒粒重，AWSD 则显著降低了弱势粒粒重，两品种结果趋势一致。

表 2-25　花后干－湿交替灌溉对水稻强、弱势粒平均灌浆速率、活跃灌浆期及粒重的影响

品种	处理	平均灌浆速率［mg/（粒·d）］		活跃灌浆期（d）		粒重（mg）	
		强势粒	弱势粒	强势粒	弱势粒	强势粒	弱势粒
扬粳 4038	CI	1.57a	0.631b	15.9a	35.1a	29.2a	24.3b
	AWMD	1.58a	0.706a	16.0a	34.6a	28.8a	26.2a
	AWSD	1.58a	0.595c	15.7a	31.2b	28.3a	20.1c
两优培九	CI	1.52a	0.559b	15.8a	34.6a	26.6a	21.5b
	AWMD	1.56a	0.635a	15.6a	33.4a	27.0a	23.6a
	AWSD	1.54a	0.530c	15.3a	31.2b	26.2a	18.4c

注：同列不同小写字母表示同一品种不同处理间相关性状在 5% 水平下差异显著

在不同灌溉方式处理条件下，弱势粒中淀粉合成相关酶 SuS、AGP、StS 和 SBE 活性表现出相同变化趋势。在 AWMD 处理的土壤落干期（D1、D2），即水势达到 -20kPa 时，与 CI 处理相比，弱势粒中 SuS、AGP、StS 和 SBE 活性均无显著差异；在复水期（W1、W2），AWMD 处理显著增加了弱势粒上述 4 种关键酶活性；无论在土壤落干期还是复水期，AWSD 处理均显著降低了弱势粒中 4 种淀粉合成相关酶活性。3 种灌溉方式处理之间强势粒中 SuS、AGP、StS 和 SBE 活性均无显著差异（图 2-66）。

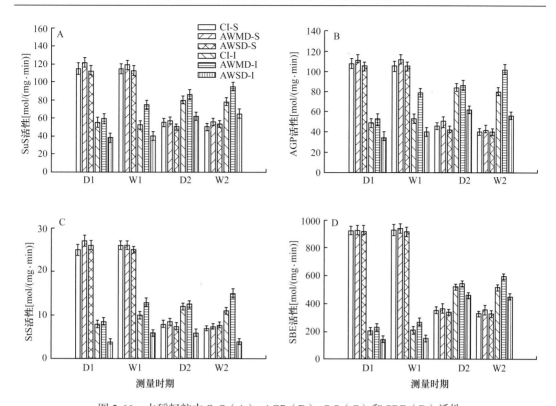

图 2-66　水稻籽粒中 SuS（A）、AGP（B）、StS（C）和 SBE（D）活性

CI. 常规灌溉；AWMD. 轻干 - 湿交替灌溉；AWSD. 重干 - 湿交替灌溉；S. 强势粒；I. 弱势粒；D1 和 D2 分别
是处理后的第 10 天和第 20 天，此时轻干 - 湿交替灌溉土壤水势为 -20kPa，重干 - 湿交替灌溉土壤水势为 -40kPa。
本章图 2-68～图 2-71 同此

由荧光定量 PCR 扩增图谱（图 2-67）可以看出，随着循环数增加，荧光强度呈现由基线期、指数增长期、线性增长期到平台期的变化过程，S 形荧光定量动力学曲线各区间均较明显，为理想的扩增曲线。各基因的熔解曲线均呈单一峰（图 2-67），说明引物特异性较好，在 PCR 扩增过程中没有非特异性扩增和引物二聚体产生，定量 PCR 扩增所获得的数据结果准确可靠。

弱势粒中蔗糖合酶基因表达量的变化与蔗糖合酶活性变化趋势一致。与 CI 相比，在 AWMD 处理土壤落干期（D1、D2），弱势粒中蔗糖合酶基因 *SuS2* 和 *SuS4* 的表达量无显著差异，但在复水期（W1、W2），弱势粒中 *SuS2* 和 *SuS4* 基因的表达量显著增加。无论是在土壤落干期（D1、D2）还是复水期（W1、W2），AWSD 处理都显著降低弱势粒中 *SuS2* 和 *SuS4* 基因的相对表达量（图 2-68）。

与 CI 相比，AWMD 处理对土壤落干期（D1、D2）弱势粒中腺苷二磷酸葡萄糖焦磷酸化酶基因 *AGPL2*、*AGPL3* 和 *AGPS2* 的表达量没有显著影响，但显著增加复水期（W1、W2）弱势粒中 *AGPL2*、*AGPL3* 和 *AGPS2* 的表达量（图 2-69B～D）。无论是在土壤落干期（D1、D2）还是复水期（W1、W2），AWMD 处理对腺苷二磷酸葡萄糖焦磷酸化酶基因 *AGPL1* 的表达量均无显著影响（图 2-69A）。AWSD 处理显著降低弱势粒中腺苷二磷酸葡萄糖焦磷酸化酶各同工型基因（*AGPL1*、*AGPL2*、*AGPL3* 和 *AGPS2*）的表达量（图 2-69）。

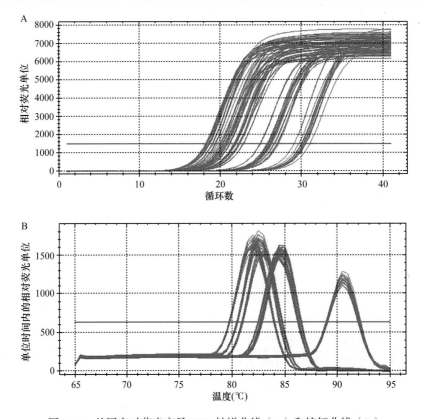

图 2-67　基因实时荧光定量 PCR 扩增曲线（A）和熔解曲线（B）

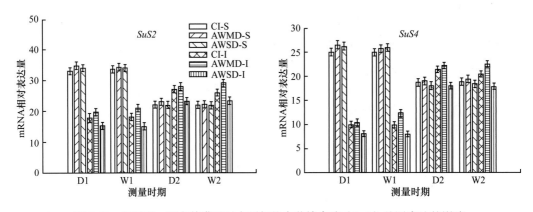

图 2-68　花后干－湿交替灌溉对水稻籽粒中蔗糖合酶（SuS）基因表达的影响

强势粒中蔗糖合酶基因 *SuS2*、*SuS4*，腺苷二磷酸葡萄糖焦磷酸化酶基因 *AGPL1*、*AGPL2*、*AGPL3* 和 *AGPS2*，淀粉合酶基因 *SSI*、*SSIIa*、*SSIIc* 和 *SSIIIa*，淀粉分支酶基因 *SBEI*、*SBEIIb* 的相对表达量在 3 种灌溉方式处理之间没有显著差异。

弱势粒中淀粉合酶基因和淀粉分支酶基因表达量的变化与淀粉合酶活性和淀粉分支酶活性的变化趋势一致，即 AWMD 处理显著增加复水期（W1、W2）淀粉合酶基因 *SSI*、*SSIIa*、*SSIIc*、*SSIIIa* 和淀粉分支酶基因 *SBEI* 的表达量，AWSD 则显著降低落干期（D1、D2）淀粉合酶和淀粉分支酶各同工型基因的表达量（图 2-70，图 2-71）。

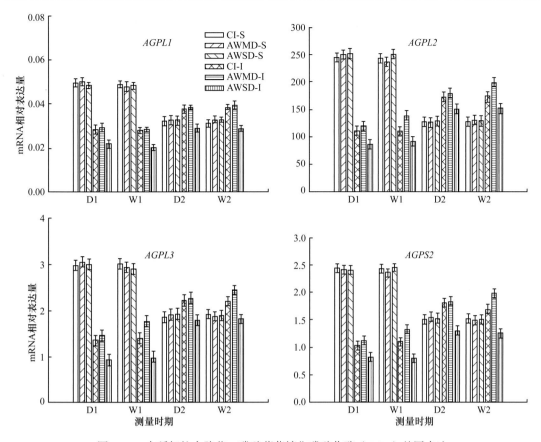

图 2-69　水稻籽粒中腺苷二磷酸葡萄糖焦磷酸化酶（AGP）基因表达

2.3.1.3　讨论与小结

与常规灌溉相比，花后轻干 - 湿交替灌溉显著增加弱势粒灌浆速率和粒重，而重干 - 湿交替灌溉显著降低弱势粒灌浆速率和粒重。花后轻干 - 湿交替灌溉显著增加了弱势粒中与淀粉合成相关酶包括蔗糖合成酶、腺苷二磷酸葡萄糖焦磷酸化酶、淀粉合成酶和淀粉分支酶 SBEI 的活性和基因的相对表达量，而花后重干 - 湿交替灌溉显著降低上述 4 种酶活性和基因的相对表达量。在花后轻干 - 湿交替灌溉条件下，弱势粒中与淀粉合成相关酶活性显著增强和基因表达的显著提高是其灌浆速率快、粒重高的重要原因。花后重干 - 湿交替灌溉显著降低了弱势粒中淀粉合成相关酶活性和基因的表达，导致灌浆速率慢、粒重轻。

2.3.2　小麦籽粒的协同灌浆

2.3.2.1　材料与方法

试验在河北吴桥县中国农业大学吴桥实验站进行。供试小麦品种为'济麦22'和'石麦15'，以品种为主区，各品种下设 2 种节水灌溉模式（W_1、W_2）和 2 个施氮水平（N_1、N_2）的组合处理。在适墒播种基础上，设置的 2 种节水灌溉模式，即春浇一水（W_1，拔节水）和春浇二水（W_2，拔节水＋开花水）；2 个施氮水平，即纯氮 192kg/hm² （N_1，底

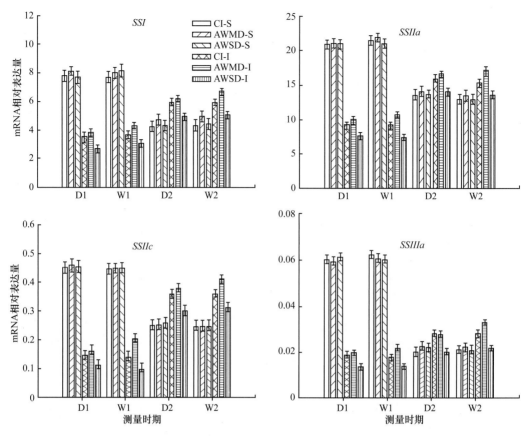

图 2-70 花后干－湿交替灌溉对水稻籽粒淀粉合酶（StS）基因表达的影响

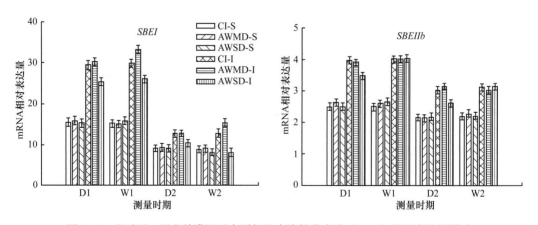

图 2-71 花后干－湿交替灌溉对水稻籽粒中淀粉分支酶（SBE）基因表达的影响

施 123kg/hm²，追施 69kg/hm²）和纯氮 270kg/hm²（N₂，底施 123kg/hm²，追施 147kg/hm²）。处理组合为 W₁N₁、W₁N₂、W₂N₁、W₂N₂。小区面积为 54m²（6m×9m），重复 4 次。于开花期选取株高、穗型大小基本一致及同一日开花的麦穗挂牌标记。自开花至成熟期每隔 7d 取标记穗 20 个，每穗从基部 3～12 个小穗分别摘下强势粒和弱势粒，每小穗结实 3～4 粒，第 1、2 位籽粒为强势粒，第 3、4 位籽粒为弱势粒。

2.3.2.2　结果与分析

由表 2-26 可以看出，在 W_1 水平下，'济麦 22'的 N_1 与 N_2 处理籽粒产量无显著差异，而'石麦 15'的 N_1 处理籽粒产量显著高于 N_2 处理；在 W_2 水平下，两品种 N_1 处理籽粒产量均明显高于 N_2 处理。在两种限水灌溉模式下，N_2 处理使两小麦品种穗粒数降低，'济麦 22'粒重增加，而'石麦 15'粒重下降。在相同施氮量水平下，两小麦品种籽粒产量均表现为 W_2 处理高于 W_1 处理，同时千粒重和穗粒数有所增加。'石麦 15'和'济麦 22'的 W_2N_1 处理籽粒产量为 9349.04kg/hm^2 和 9557.48kg/hm^2，品种间有较大差异。在不同水氮模式下，'济麦 22'籽粒产量均高于'石麦 15'，产量差异主要体现在粒重上。

表 2-26　不同水氮模式下冬小麦产量及其构成因素

品种	处理	穗数（$\times 10^4$/hm^2）	穗粒数	千粒重（g）	籽粒产量（kg/hm^2）
济麦 22	W_1N_1	732.9a	35.4b	47.33b	8459.31b
	W_1N_2	748.3a	34.7c	47.56b	8762.20b
	W_2N_1	756.5a	36.4a	48.70a	9557.48a
	W_2N_2	760.5a	35.5b	49.47a	9152.84ab
	均值	749.55	35.50	48.27	8982.96
石麦 15	W_1N_1	740.2a	34.8b	43.97b	8367.59b
	W_1N_2	750.9a	34.1b	41.69c	7943.74c
	W_2N_1	760.5a	36.7a	46.12a	9349.04a
	W_2N_2	768.7a	34.7b	45.74a	8596.77b
	均值	755.08	35.08	44.38	8564.29

注：同列不同小写字母表示同一品种不同处理在 0.05 水平上差异显著

由图 2-72 可以看出，在不同水氮模式下，两小麦品种强、弱势粒粒重均呈"慢-快-慢"的变化趋势，且强势粒的粒重显著大于弱势粒。在同一限水灌溉水平下，在花

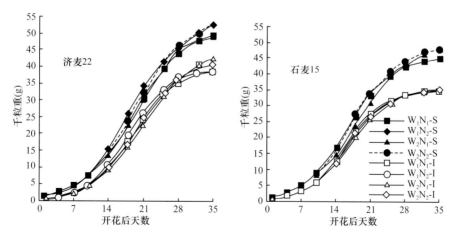

图 2-72　不同水氮模式下强势粒、弱势粒籽粒增重曲线

S. 强势粒；I. 弱势粒

后 14～28d，N_2 处理强、弱势粒千粒重均高于 N_1 处理；在花后 35d，N_1 处理强、弱势粒千粒重显著高于 N_2 处理。说明在籽粒灌浆后期 N_1 处理有利于提高两小麦品种的粒重。在相同施氮量水平下，花后 14～21d，W_1 处理强、弱势粒千粒重显著高于 W_2 处理；花后 28～35d，W_2 处理强、弱势粒千粒重显著高于 W_1 处理。说明，在限水灌溉水平下（W_2），适量施氮（N_1）有利于光合产物向籽粒的转移和贮藏，能有效地提高两小麦品种灌浆后期粒重。由图 2-72 还可以看出，品种间比较，不同水氮模式下，在籽粒灌浆后期，'济麦22'强、弱势粒粒重均明显高于'石麦15'。说明粒重是'济麦22'籽粒产量显著高于'石麦15'的最主要原因。

　　由图 2-73 可知，在整个灌浆期，两小麦品种强、弱势粒灌浆速率呈现"抛物线"变化趋势，'济麦22'强、弱势粒灌浆速率均在花后 21d 达到峰值，而'石麦15'总体在花后 14d 达到最高；且强势粒的灌浆速率均高于弱势粒。在相同灌溉水平下，在花后 7～14d，两小麦品种强、弱势粒灌浆速率总体表现为 N_2 处理高于 N_1 处理；在花后 28～35d，N_1 处理强、弱势粒灌浆速率高于 N_2 处理。在相同施氮量水平下，在花后 7～14d，W_1 处理强、弱势粒灌浆速率高于 W_2 处理；在花后 21～35d，W_2 处理强、弱势粒灌浆速率高于 W_1 处理。表明在限水灌溉水平（W_2）下，N_1 处理显著提高了两小麦品种灌浆后期强、弱势粒的灌浆速率，同时保持较高的灌浆速率，有利于粒重的提高，从而提高小麦籽粒产量。由图 2-73 还可以看出，两小麦品种强、弱势粒灌浆速率差异显著，'济麦22'强、弱势粒灌浆速率高于'石麦15'，是其粒重高的主要原因。

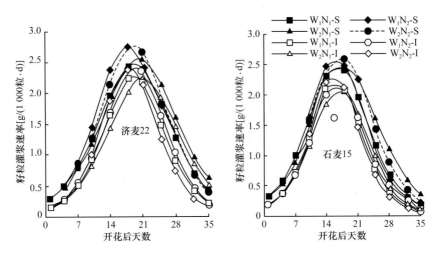

图 2-73　不同水氮模式下强势粒、弱势粒灌浆速率的动态变化
S. 强势粒；I. 弱势粒

　　在不同水氮模式下，两小麦品种籽粒灌浆特征参数变化见表 2-27。由粒位可以看出，与弱势粒相比，强势粒最大灌浆速率和平均灌浆速率较高，灌浆持续期延长。在相同灌溉水平下，N_2 处理强、弱势粒最大灌浆速率和平均灌浆速率均高于 N_1 处理，而最大灌浆速率到达时间和灌浆持续天数低于 N_1 处理。在 N_1 或 N_2 水平下，W_2 处理强、弱势粒最大灌浆速率到达时间和灌浆持续天数均高于 W_1 处理。

表 2-27　不同水氮模式下强势粒、弱势粒灌浆参数

品种	粒位	处理	灌浆参数									
			T_m	V_m	T	V_a	T_1	T_2	T_3	V_1	V_2	V_3
济麦 22	强势粒	W_1N_1	19.07	2.48	31.36	1.65	12.18	13.77	17.14	0.90	2.17	0.61
		W_1N_2	17.56	2.77	26.91	1.85	11.65	11.81	14.70	0.90	2.43	0.68
		W_2N_1	20.27	2.56	32.86	1.71	13.06	14.43	17.96	0.91	2.25	0.63
		W_2N_2	19.02	2.78	28.92	1.85	12.68	12.70	15.80	0.89	2.44	0.68
	弱势粒	W_1N_1	19.07	2.27	26.07	1.51	13.35	11.45	14.25	0.62	1.99	0.56
		W_1N_2	18.11	2.41	24.49	1.61	12.73	10.75	13.38	0.65	2.11	0.59
		W_2N_1	21.08	2.24	30.55	1.49	14.38	13.41	16.69	0.67	1.96	0.55
		W_2N_2	19.38	2.42	25.84	1.61	13.71	11.34	14.12	0.64	2.12	0.59
石麦 15	强势粒	W_1N_1	16.43	2.47	27.76	1.65	10.34	12.19	15.17	0.94	2.17	0.61
		W_1N_2	16.17	2.61	26.14	1.74	10.43	11.48	14.28	0.92	2.29	0.64
		W_2N_1	18.31	2.39	31.09	1.60	11.48	13.65	16.99	0.91	2.10	0.59
		W_2N_2	17.36	2.59	28.31	1.73	11.15	12.43	15.47	0.93	2.27	0.64
	弱势粒	W_1N_1	16.09	2.22	23.68	1.48	10.89	10.39	12.94	0.68	1.95	0.55
		W_1N_2	15.74	2.32	22.48	1.55	10.80	9.87	12.28	0.68	2.03	0.57
		W_2N_1	17.01	2.07	25.98	1.38	11.30	11.41	14.19	0.67	1.82	0.51
		W_2N_2	16.54	2.17	24.57	1.44	11.14	10.79	13.43	0.67	1.90	0.53

注：T_m 表示最大灌浆速率到达时间；V_m 表示最大灌浆速率；T 表示灌浆持续天数；V_a 表示平均灌浆速率；T_1 表示灌浆前期；T_2 表示灌浆中期；T_3 表示灌浆后期；V_1 表示灌浆前期的灌浆速率；V_2 表示灌浆中期的灌浆速率；V_3 表示灌浆后期的灌浆速率

　　两小麦品种强、弱势粒阶段灌浆特征参数可以看出（表 2-27），同一品种强势粒中、后期灌浆持续天数高于弱势粒，而强势粒前期灌浆持续天数要小于弱势粒；强、弱势粒前、中、后期灌浆持续天数总体呈增加趋势。强势粒前、中、后期灌浆速率均高于弱势粒，强、弱势粒各阶段的灌浆速率均以中期最高，前期次之，后期最低。在相同灌溉水平下，N_1 处理强、弱势粒前、中、后期灌浆持续天数和灌浆速率均高于和低于 N_2 处理。在相同施氮量水平下，W_2 处理强、弱势粒前、中、后期灌浆持续天数和灌浆速率总体高于 W_1 处理。

　　从强、弱势粒比较来看，在不同水氮模式下，强势粒最大灌浆速率和平均灌浆速率均高于弱势粒，其灌浆持续天数延长。强势粒中、后期灌浆持续天数高于弱势粒，而强势粒前期灌浆持续天数要小于弱势粒。强势粒前、中、后期灌浆速率均高于弱势粒。上述结果说明，在灌浆中、后期，W_2N_1 处理延长了强、弱势粒的灌浆持续期，灌浆速率均得到了提高，从而使籽粒在灌浆中、后期获取较多的营养物质，粒重增加。

2.3.2.3　讨论与小结

　　研究表明，在相同灌溉水平下，N_2 处理使两个小麦品种强、弱势粒达到最大灌浆速率的时间提前，最大灌浆速率和平均灌浆速率均较高；在相同施氮水平下，W_2 处理使两个小麦品种强、弱势粒达到最大灌浆速率的时间延迟，最大灌浆速率和平均灌浆速

率均较高。在不同水氮模式下，强势粒的最大灌浆速率和平均灌浆速率均高于弱势粒。籽粒灌浆特征方面，在籽粒灌浆期，相同灌溉水平下，N_2 处理使两小麦品种强、弱势粒灌浆持续天数缩短，灌浆速率总体得到了提高；在相同施氮水平下，W_2 处理使两小麦品种强、弱势粒灌浆持续天数延长，灌浆速率总体降低。综合研究认为，不同水氮模式对小麦籽粒灌浆特性具有调控作用，但强、弱势粒的灌浆速率和灌浆持续天数均差异显著，在保持一定灌浆持续期的前提下，注重提高强、弱势粒前、后期灌浆速率，促进强、弱势粒均衡灌浆，进而促进籽粒中营养元素均衡分配，对提高粒重和品质具有重要作用。

2.3.3　玉米籽粒的协同灌浆

2.3.3.1　不同种植密度对夏玉米籽粒灌浆的影响

1. 材料与方法

2011～2014 年在山东农业大学黄淮海区域玉米技术创新中心（36°10′19″N，117°09′03″E）进行大田试验。设置 3 个不同的密度，分别为 60 000 株 /hm^2、75 000 株 /hm^2 和 90 000 株 /hm^2。行距 60cm，株距分别为 24.7cm、22.2cm 和 18.5cm。试验采用裂区设计，密度为主区，品种为裂区。小区面积 90m^2（长 15m，宽 6m），重复 3 次。纯氮、P_2O_5 和 K_2O 施用量分别为 150kg/hm^2、127.5kg/hm^2 和 75kg/hm^2。30% 的氮肥和全部的磷肥、钾肥作为基肥在整地前施入，其他氮肥有 50% 在大喇叭口期施入，20% 在开花期施入。播种时按照设定密度每穴 2 粒人工播种，于 5 叶期定苗至设定密度。生育期间给予良好管理。

从授粉之日起，灌浆前期每隔 5d、后期每隔 10d 取样一次，每处理取 3 株。取果穗中部籽粒 100 粒，称鲜重（FW），用排水法测籽粒体积（V），后于 105℃杀青 30min，在 75℃条件下烘干至恒重测定籽粒干重（DW），用于籽粒灌浆进程分析。

籽粒灌浆过程用 Richard 生长方程模拟：

$$W=A/(1+Be^{-Kt})^{1/N} \tag{2-10}$$

籽粒灌浆速率：

$$G=AKBe^{-Kt}/(1+Be^{-Kt})^{(N+1)/N} \tag{2-11}$$

式中，W 为粒重（g），A 为最终粒重（g），t 为花后天数。B、K、N 为回归方程所确定的参数，活跃灌浆期定义为 W 达到最终粒重 A 的 5%（t_1）和 95%（t_2）所经历的时间，平均灌浆速率（G_{mean}）由 t_1 到 t_2 时间计算而得，并按朱庆森等（1988）方法算得最大灌浆速率（G_{max}）和籽粒起始生长势（R_0）。

2. 结果与分析

籽粒粒重取决于两个方面，一是籽粒中胚乳细胞数的多少，二是单个细胞的充实状况。籽粒中胚乳细胞数的多少决定库容的大小。Richard 生长方程中 A 值表示籽粒最大胚乳细胞数。从图 2-74 可以看出各处理的胚乳细胞增殖动态呈 S 形曲线，有明显的"缓慢增长期"和"快速增长期"，可用 Richard 生长方程拟合。在吐丝授粉后前 5d，胚乳细胞分化较少，之后胚乳细胞快速分裂至花后 15～20d，之后增加缓慢。随密度增加，各品种胚乳细胞数目降低，在 D2、D3 密度下相比 D1 密度，DH661、ZD958 和 ND108 胚乳细胞数目降幅分别为 8.39%、9.93%，5.31%、14.93%，12.61%、17.13%。不同密度间胚乳细胞数目差异主要表现在花后 15d 之后。

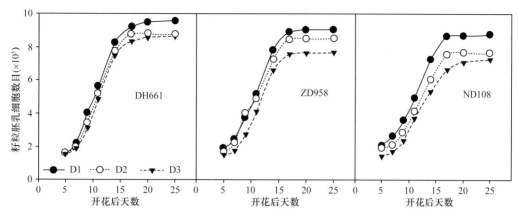

图 2-74　种植密度对夏玉米籽粒胚乳细胞数目的影响

由表 2-28 可知，随种植密度增加，ZD958 和 ND108 起始分裂势呈现增加趋势，DH661 表现降低趋势，与 D1 密度相比，D2 和 D3 密度下分别变化了 0.00%、5.56%，0.00%、28.57%，12.00%、12.00%，DH661 最大增殖速率随种植密度增加而增加，与 D1 密度比较增幅分别为 0.87%、1.32%，而 ZD958 和 ND108 表现相反趋势，降幅分别为 1.14%、4.69% 和 11.18%、28.43%。DH661、ZD958 和 ND108 平均增殖速率随种植密度增加逐渐降低，与 D1 密度相比，D2 和 D3 密度下降幅分别为 1.59%、1.71%，1.88%、5.89%，12.00%、22.89%。DH661 和 ZD958 活跃分裂期随种植密度增加均表现不同程度的缩短，在 D2、D3 密度下比在 D1 密度下缩短的天数分别为 0.96d、1.34d 和 0.58d、1.55d，而 ND108 表现先略有缩短后增加，变化天数分别为 0.04d 和 1.34d。

表 2-28　种植密度对夏玉米品种籽粒胚乳细胞增殖参数的影响

品种	种植密度	起始分裂势 （细胞／粒）	最大增殖速率 ［细胞／（粒·d）］	平均增殖速率 ［细胞／（粒·d）］	活跃分裂期 （d）
DH661	D1	0.25	97 539.96	62 910.30	15.19
	D2	0.22	98 389.46	61 910.10	14.23
	D3	0.22	98 831.42	61 837.16	13.85
ZD958	D1	0.18	93 235.26	57 256.40	15.77
	D2	0.18	92 172.22	56 182.06	15.19
	D3	0.19	88 860.45	53 881.52	14.22
ND108	D1	0.14	86 112.12	50 844.21	17.17
	D2	0.14	76 484.57	44 743.04	17.13
	D3	0.18	61 627.49	39 205.33	18.51

由图 2-75 可见，随生育进程的推进，各品种的籽粒干重均呈 S 形曲线变化，开花前 10d 粒重增加缓慢，花后 15～40d 几乎直线增长，至 40d 时籽粒重量为最大干重的 75% 左右，40d 以后粒重增加速率减缓，至花后 60d 左右达到最大粒重。随种植密度增加，粒重的差异主要表现在后期，尤其是花后 40d 以后。不同品种百粒重对密度的响应不同，ND108、ZD958 和 DH661 在 D2、D3 密度下相比 D1 密度下收获时百粒重降幅分别为

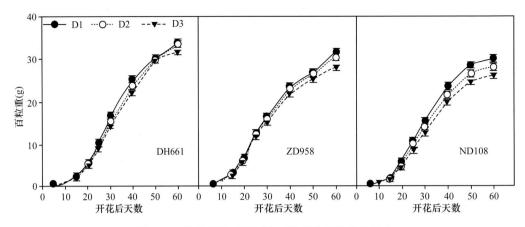

图 2-75　种植密度对不同夏玉米品种百粒重的影响

4.43%、6.60%，3.47%、10.96% 和 5.98%、12.88%，百粒重降低幅度大小顺序为 ND108＞ZD958＞DH661。在同一密度下，3 个品种的百粒重表现为 DH661 最大，其次是 ZD958 和 ND108。

各处理的灌浆速率在整个籽粒发育过程中均呈抛物线形变化，可用 Richard 生长方程较好地模拟。随着密度的增大，最大灌浆速率降低，但各密度处理最大灌浆速率出现的时间基本一致，均为花后 25～30d。不同密度处理之间的灌浆速率差异，主要表现在灌浆中、后期，DH661 随密度增大，最大灌浆速率变化略大于 ZD958，但当密度由 D2 增加到 D3 时，DH661 的灌浆速率降幅减缓，而 ZD958 则急剧下降。ND108 随密度的增大，灌浆速率的下降主要变现在花后 20～40d。DH661、ZD958 和 ND108 平均灌浆速率在 D2、D3 密度下相比在 D1 密度下降低幅度分别为 4.70%、7.71%，2.57%、7.26% 和 6.83%、14.67%，最大灌浆速率降幅分别为 2.00%、6.65%，0.62%、2.84% 和 8.90%、15.30%，降幅均表现为 ND108＞DH661＞ZD958（图 2-76）。

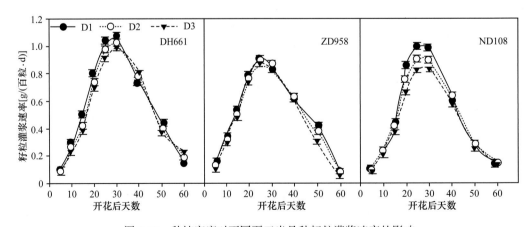

图 2-76　种植密度对不同夏玉米品种籽粒灌浆速率的影响

由表 2-29 可见，随种植密度增大，起始灌浆势逐渐减小，最大灌浆速率出现时间延迟，最大灌浆速率和平均灌浆速率减小。DH661、ZD958 和 ND108 在 D2、D3 密度下相比在 D1 密度下起始灌浆势分别下降 18.03%、18.03%，3.37%、4.49% 和 15.48%、42.86%，差异表现在最大灌浆速率上，分别为 3.70%、7.41%、0.00%、2.22% 和 8.00%、14.00%，平均灌浆速率降幅与最大灌浆速率变化类似，分别为 2.74%、6.85%、0.00%、1.64% 和 8.82%、14.71%。最大灌浆速率出现的时间一般为花后 25～30d，DH661、ZD958 和 ND108 在 D2、D3 密度下相比 D1 密度分别延迟了 0.84d、1.41d，0.16d、0.13d 和 0.55d、1.08d。DH661 和 ND108 活跃灌浆期随密度增加而增加，与 D1 密度比较，D2、D3 密度下活跃灌浆期延长 0.33d、2.17d 和 1.47d、1.11d，而 ZD958 则随密度增加，活跃灌浆期缩短，中、高密度与低密度相比分别缩短了 1.31d 和 2.06d。

表 2-29　种植密度对夏玉米品种籽粒灌浆参数的影响

品种	种植密度	起始灌浆势 （g/ 百粒）	最大灌浆速率 [g/（百粒·d）]	平均灌浆速率 [g/（百粒·d）]	最大灌浆速率出现的时间 （d）	活跃灌浆期 （d）
DH661	D1	0.61	1.08	0.73	28.32	48.70
	D2	0.50	1.04	0.71	29.16	49.03
	D3	0.50	1.00	0.68	29.73	50.87
ZD958	D1	0.89	0.90	0.61	25.86	53.15
	D2	0.86	0.90	0.61	26.02	51.84
	D3	0.85	0.88	0.60	25.99	51.09
ND108	D1	0.84	1.00	0.68	26.68	46.42
	D2	0.71	0.92	0.62	27.23	47.89
	D3	0.48	0.86	0.58	27.76	47.53

图 2-77 表示夏玉米品种在不同密度下籽粒发育过程中籽粒体积的动态变化，均呈现 S 形曲线变化。在花后 15d 至花后 30d，籽粒体积急剧增加，之后增加速率减慢，至花后 50d 左右达到最大值。各品种最大籽粒体积在 28.758～36.272cm³ 变化。各品种随密度增大籽粒体积减小，由 D1 增加至 D2、D3 时，DH661 籽粒体积降低幅度分别为 9.05% 和 11.59%，在 D3 密度下籽粒体积为 36.27cm³，ZD958 和 ND108 籽粒体积降低幅度分别为 3.10%、11.82% 和 8.72%、17.73%，种植随密度增加，体积下降幅度为 ND108＞DH661＞ZD958。各品种不同密度间籽粒体积差异主要在花后 30d 显现出来。

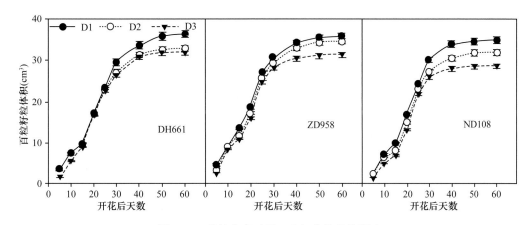

图 2-77　种植密度对夏玉米籽粒体积的影响

由图 2-78 可以看出籽粒水分含量呈单峰曲线，由缓慢到快速增加至峰值，后逐渐下降，各处理均于花后 30d 达到最大水分含量。随密度增加，含水量下降，各品种表现一致。D3 密度与 D1 密度相比，DH661、ZD958 和 ND108 最终水分含量降幅分别为 6.64%、11.97% 和 28.04%。这 3 个品种的最大籽粒含水量为 15.65%～19.15%。处理间的差异主要表现在后期失水速率。

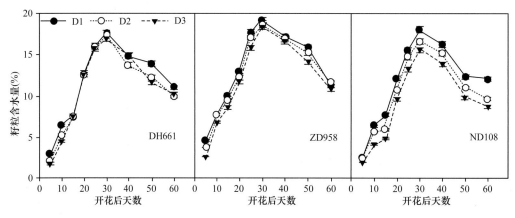

图 2-78　种植密度对夏玉米籽粒水分含量的影响

3. 讨论与小结

本研究中，种植密度通过影响起始分裂势、增殖速率和活跃分裂期来决定处理的胚乳细胞数目。通过调整种植密度可显著影响籽粒中的激素含量与比例，进而调控籽粒发育。适宜群体的高产夏玉米内源激素含量高，可显著提高籽粒胚乳细胞增殖与籽粒灌浆，有利于产量的提高。

2.3.3.2　不同种植密度对春玉米籽粒灌浆的影响

1. 材料与方法

试验于 2013～2014 年在中国农业科学院作物科学研究所公主岭试验站（43°31′38″N，124°48′32″E）进行。试验站位于吉林公主岭市，所在区域属温带大陆性季风气候区，全年无霜期 120～140d，总日照 1220h 左右，年降水量 562mm。玉米生长季有效积温 3006.2℃（＞10℃），降水量 332.7mm，日照时数 940.3h。2013 年供试品种为'中单 909'（ZD909，中穗型品种）和'吉单 209'（JD209，大穗型品种），2014 年大穗型品种则更换为特征更为明显的'内单 4 号'（ND4）。试验设 4.50 万株 /hm²、6.75 万株 /hm²、9.00 万株 /hm²、11.25 万株 /hm² 和 13.50 万株 /hm² 共 5 个密度，裂区设计。品种为主区，密度为副区。每个处理重复 3 次，共 30 个小区，小区面积 108m²。

2013 年和 2014 年分别于 5 月 6 日和 4 月 27 日人工播种，每穴播种 3 粒，于三叶期按设计密度定苗。施肥总量为 300kg N/hm²，75kg P₂O₅/hm² 和 120kg K₂O/hm²，磷、钾肥于播种前一次性施入。氮肥分两次施入，其中底肥占 1/3，拔节期追施其余 2/3 氮肥。其他田间管理措施与当地大田高产栽培技术措施一致。试验站玉米全生育期无灌溉。以吐丝后天数（t）为自变量，吐丝后测得的百粒重为因变量（W），用 Richard 生长方程 $W=A/(1+Be^{-Kt})$ 对籽粒灌浆过程进行拟合。其中，W 为百粒干重，A 为理论百粒重最大值，t 为吐丝后天数，b、K 为性状参数，由方程的一阶导数和二阶导数推导出灌浆参数，达到最大灌浆速率的天数 $t_{max}=(\ln B)/K$，将 t_{max} 代入方程即得到最大灌浆速率 G_{max}，$G_{mean}=AK/6$，活跃灌浆期 $P=A/G_{mean}$，线性灌浆开始时间，即第一个拐点 $t_1=-\ln\left(\dfrac{4+\sqrt{12}}{B}\right)\Big/K$，线性灌浆结束的时间，即第二个拐点 $t_2=-\ln\left(\dfrac{4-\sqrt{12}}{B}\right)\Big/K$，假设灌浆达到理论百粒重最大值的 99%时为实际灌浆终止期 t_3，$t_3=-\ln\left(\dfrac{\frac{100}{99}-1}{B}\right)\Big/K$。上述参数和拟合方程均采用 Curve Expert 1.4 软件进行计算。

2. 结果与分析

种植密度对产量及其相关性状的影响显著，两年的结果基本一致（表 2-30）。单位面积籽粒产量随密度提高先增后降，但单株及单穗产量和双穗率呈直线下降趋势，空秆率和倒伏率均呈直线增加趋势。虽然 3 个品种的变化趋势基本一致，但各自受密度影响的程度差异显著，中穗型品种 ZD909 各指标所受影响显著小于大穗型品种 JD209 和 ND4。ZD909 在 9.00 万株 /hm² 时获得最高产量（14.2×10³kg/hm²），JD209 和 ND4 在 6.75 万株 /hm² 时取得最大产量，分别为 11.7×10³kg/hm² 和 10.2×10³kg/hm²。大穗型品种的空秆率和倒伏率随密度的变化幅度显著高于中穗型品种，JD209 在 9.00 万株 /hm²、11.25 万株 /hm²、13.50 万株 /hm² 的密度下，其空秆率分别比 ZD909 高 0.1%、2.5% 和 3.8%，倒伏率分别高 2.2%、3.1% 和 7.1%。

表 2-30 种植密度对产量及其相关性状的影响

品种	密度 （万株 /hm²）	籽粒产量 （×10³kg/hm²）	单株产量 （g/ 株）	单穗籽粒产量 （g/ 穗）	双穗率 （%）	空秆率 （%）	倒伏率 （%）
ZD909 2013	4.50	10.4b	232.0a	238.6a	35.7a	0.0d	4.6d
	6.75	11.0b	162.9b	193.4b	14.9b	0.0d	9.0c
	9.00	13.1a	145.5b	182.5b	7.1c	3.6c	11.3b
	11.25	11.4b	101.7c	135.2c	4.6d	4.4b	15.7a
	13.50	11.4b	84.1d	139.6c	2.3e	9.5a	16.6a
JD209 2013	4.50	9.1c	201.9a	237.2a	18.6a	1.1e	3.3e
	6.75	11.7a	172.7b	195.5b	5.8b	2.3d	6.6d
	9.00	10.4b	115.2c	150.4c	4.6c	3.7c	13.5c
	11.25	10.1b	89.8d	136.3d	3.5d	6.9b	18.8b
	13.50	9.9bc	73.1e	238.6a	2.8d	13.3a	23.7a
ZD909 2014	4.50	13.2a	294.3a	279.3a	47.4a	0.0b	0.0b
	6.75	13.8ab	204.1b	263.6a	12.9b	2.1b	0.4b
	9.00	14.2ab	157.9c	219.3c	3.8b	3.1b	1.8b
	11.25	12.8bc	113.5d	181.5b	2.0b	8.5a	8.3a
	13.50	11.9c	87.9e	160.4d	1.3b	10.0a	8.3a
ND4 2014	4.50	10.2a	225.5a	290.1a	0.6a	3.2d	1.3d
	6.75	10.2a	150.7b	220.1b	0.4a	7.0d	4.1cd
	9.00	8.0b	88.4c	182.3c	0.7a	24.1c	9.1bc
	11.25	7.2b	68.6d	159.5d	0.5a	32.1b	14.1b
	13.50	7.4b	54.8d	152.2d	0.0a	37.1a	26.5a

注：同列不同小写字母表示同一品种不同处理在 0.05 水平上差异显著

最大叶面积指数（LAI$_{max}$）随着种植密度的增高呈增大的趋势（图 2-79），但 3 个品种中，ZD909 和 JD209 对种植密度的响应趋势一致，ND4 对种植密度的响应与两个品种差异显著。ZD909 和 JD209 的 LAI$_{max}$ 均随着密度的增高而显著增大，ND4 在 9.00 万株 /hm^2 以下时随着密度的增高而显著增大，在 9.00 万株 /hm^2 以上时各密度间 LAI$_{max}$ 没有显著差异，甚至 13.5 万株 /hm^2 下的 LAI$_{max}$ 略有减小。

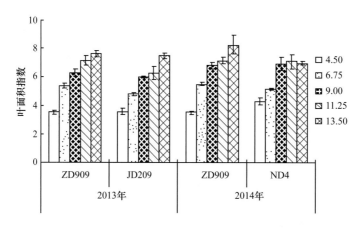

图 2-79　种植密度对最大叶面积指数的影响

图例中的 4.50、6.75、9.00、11.25、13.50 均表示种植密度，单位为万株 /hm^2；下同

因此，中穗型品种在高密度时仍有较强的同化能力，但是大穗型品种超过一定密度后群体最大同化能力已没有提升空间。

种植密度对单株收获指数（HI）没有显著影响（图 2-80A），但对群体 HI 有显著影响（图 2-80B）。随着种植密度的增高，群体 HI 显著降低，3 个品种 HI 的变化趋势一致，但响应幅度差异显著。增密对大穗型品种 JD209 和 ND4 的群体 HI 的不利影响显著大于中穗型品种 ZD909。例如，在 9.00 万株 /hm^2、11.25 万株 /hm^2 和 13.50 万株 /hm^2 时，ZD909 的群体 HI 比 JD209 分别高 9.6%、5.0% 和 3.9%，比 ND4 分别高 17.4%、14.3% 和 14.1%。

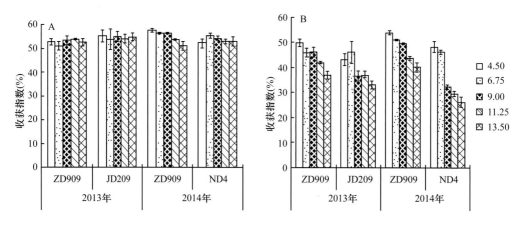

图 2-80　种植密度对单株（A）和群体（B）收获指数的影响

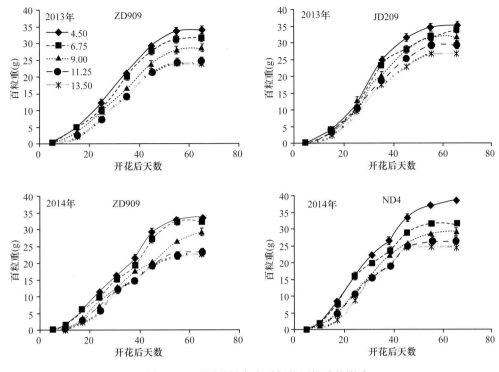

图 2-81　不同种植密度对籽粒百粒重的影响

从图 2-81 可以看出，不同种植密度下的籽粒百粒重均呈 S 形曲线变化，密度增大显著降低百粒重。在 2013 年，随种植密度增大，ZD909 的最终粒重在 6.75 万株 /hm²、9.00 万株 /hm²、11.25 万株 /hm²、13.50 万株 /hm² 下比 4.50 万株 /hm² 下分别降低 7.2%、16.2%、27.9% 和 30.3%，JD209 分别降低 4.1%、9.8%、17.1% 和 23.6%；2014 年 ZD909 分别降低 4.0%、13.6%、30.8% 和 31.8%，ND4 分别降低 18.1%、23.7%、31.2% 和 36.1%。密度提高对籽粒重的影响，品种间差异不显著。

在不同种植密度下，灌浆速率均呈单峰曲线变化趋势，灌浆速率先增后减（图 2-82）。各个品种的最大灌浆速率均随着密度的提高而降低，2013 年 ZD909 最大灌浆速率在 6.75 万株 /hm²、9.00 万株 /hm²、11.25 万株 /hm²、13.50 万株 /hm² 下比 4.50 万株 /hm² 下分别降低 4.5%、20.5%、25.9% 和 21.4%，JD209 分别降低 7.6%、16.4%、24.2% 和 28.7%；2014 年 ZD909 分别降低 5.1%、23.1%、19.1% 和 22.1%，ND4 分别降低 11.8%、14.8%、19.7% 和 18.9%。灌浆后期中穗型品种 ZD909 的灌浆速率显著高于大穗型品种 JD209 和 ND4。

利用 Richard 生长方程拟合不同种植密度下的玉米籽粒灌浆过程，其决定系数均大于 0.99，说明 Richard 生长方程可以较好地反映玉米籽粒灌浆过程（表 2-31）。由表 2-31 可知，随着种植密度的增高，不同种植密度间达到最大灌浆速率的时间（t_{max}）差异不明显。最大灌浆速率（G_{max}）、平均灌浆速率（G_{mean}）呈现随种植密度的增高而减小的趋势，线性灌浆开始时间（t_1）随着种植密度的增高而延迟，而线性灌浆终止时间（t_2）在

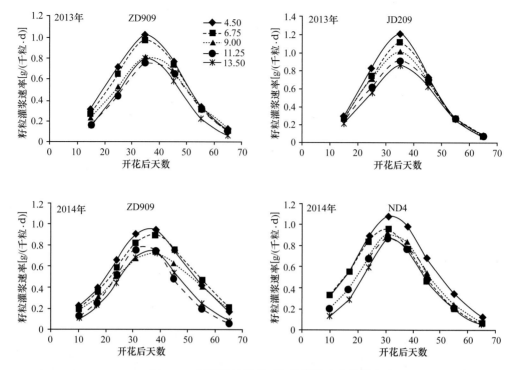

图 2-82　不同种植密度对籽粒灌浆速率的影响

不同密度间差异并不是很大。在各个密度下中穗型品种 ZD909 的 t_{max} 都晚于 JD209 和 ND4，2013 年，ZD909 在 4.50 万株 /hm²、6.75 万株 /hm²、9.00 万株 /hm²、11.25 万株 /hm² 和 13.50 万株 /hm² 下比 JD209 分别晚 1.4d、0.9d、2.5d、2.6d 和 0.5d，2014 年，ZD909 比 ND4 分别晚 3.3d、7.0d、4.3d、2.1d 和 2.3d。ZD909 的活跃灌浆天数在 4.50 万株 /hm²、6.75 万株 /hm²、9.00 万株 /hm²、11.25 万株 /hm² 和 13.50 万株 /hm² 下与 JD209 分别相差 7.8d、5.5d、6.4d、0.0d、−2.1d，与 ND4 分别相差 0.1d、6.7d、11.8d、−2.5d 和 3.8d。t_1 除 JD209 外均随着密度的增大而延后，从变异系数来看，ZD909 大于 JD209，但小于 ND4。ZD909 的 t_2 随着密度的增高先增后减，JD209 和 ND4 不同种植密度间差异不大，且 ZD909 的 t_2 在各个密度下均晚于 JD209 和 ND4。ZD909 和 JD209 的 t_3 随着密度的增高先延迟后提前，ND4 随密度的增高而提前，ZD909 在各密度下的 t_3 基本都晚于 JD209 和 ND4。

3. 讨论与小结

本研究结果表明，在对东北玉米进行增密增产时，选择中小穗耐密型品种，并配套耕作栽培管理措施，有利于降低高密条件下的空秆率、倒伏率。要注意后期肥水管理，保证其群体干物质积累量，提高粒重渐增期群体籽粒灌浆速率，促进籽粒灌浆。要配套深松保水措施，防止群体早衰，保证籽粒灌浆的持续时间，提高收获指数，从而进一步提高作物生产效率。

表 2-31　不同种植密度下籽粒灌浆特征参数

品种	密度（万株/hm²）	生长曲线方程	决定系数 R^2	灌浆参数						
				t_{max}（d）	G_{max}[g/（百粒·d）]	G_{mean}[g/（百粒·d）]	P（d）	t_1（d）	t_2（d）	t_3（d）
ZD909 2013	4.50	$y=34.74/(1+40.00e^{-0.12x})$	0.9989	30.60	1.05	0.70	49.78	13.93	35.78	68.73
	6.75	$y=32.37/(1+46.18e^{-0.12x})$	0.9989	30.92	1.00	0.67	48.41	14.70	35.96	68.00
	9.00	$y=29.54/(1+40.15e^{-0.11x})$	0.9986	32.37	0.84	0.56	52.60	14.75	37.84	72.66
	11.25	$y=25.36/(1+67.50e^{-0.13x})$	0.9986	33.14	0.81	0.54	47.20	17.32	38.04	69.29
	13.50	$y=24.24/(1+75.14e^{-0.14x})$	0.9991	31.31	0.84	0.56	43.50	16.74	35.84	64.63
CV（%）				3.34	12.12	12.12	6.94	9.43	3.12	4.19
JD209 2013	4.50	$y=35.26/(1+65.14e^{-0.14x})$	0.9994	29.23	1.26	0.84	41.99	15.16	33.60	61.39
	6.75	$y=33.16/(1+66.29e^{-0.14x})$	0.9978	29.99	1.16	0.77	42.91	15.62	34.45	62.86
	9.00	$y=32.14/(1+48.02e^{-0.13x})$	0.9968	29.83	1.04	0.70	46.23	14.34	34.63	65.23
	11.25	$y=29.71/(1+48.65e^{-0.13x})$	0.9981	30.53	0.95	0.63	47.16	14.73	35.43	66.65
	13.50	$y=27.15/(1+57.10e^{-0.13x})$	0.9979	30.77	0.89	0.59	45.64	15.48	35.52	65.73
CV（%）				2.02	14.26	14.26	4.96	3.51	2.27	3.38
ZD909 2014	4.50	$y=35.12/(1+35.73e^{-0.11x})$	0.9968	32.07	0.99	0.66	53.16	14.26	37.59	72.78
	6.75	$y=34.52/(1+34.85e^{-0.11x})$	0.9954	33.48	0.92	0.62	55.87	14.76	39.29	76.27
	9.00	$y=29.49/(1+29.21e^{-0.10x})$	0.9905	33.53	0.75	0.50	58.67	13.88	39.63	78.47
	11.25	$y=23.43/(1+70.91e^{-0.14x})$	0.9987	30.55	0.82	0.54	43.03	16.14	35.03	63.51
	13.50	$y=23.04/(1+74.03e^{-0.13x})$	0.9965	32.30	0.77	0.51	45.00	17.22	36.97	66.76
CV（%）				3.77	12.13	12.13	13.36	9.15	4.95	8.82
ND4 2014	4.50	$y=38.82/(1+26.00e^{-0.11x})$	0.9962	28.80	1.10	0.73	53.05	11.03	34.32	69.44
	6.75	$y=31.75/(1+25.30e^{-0.12x})$	0.9931	26.47	0.97	0.65	49.15	10.01	31.58	64.12
	9.00	$y=29.49/(1+42.08e^{-0.13x})$	0.9987	29.21	0.94	0.63	46.85	13.51	34.08	65.09
	11.25	$y=26.83/(1+42.52e^{-0.13x})$	0.9959	28.46	0.88	0.59	45.53	13.20	33.19	63.33
	13.50	$y=25.31/(1+78.28e^{-0.15x})$	0.9982	29.97	0.92	0.61	41.24	16.16	34.26	61.56
CV（%）				4.57	8.46	8.46	9.27	18.70	3.45	4.55

注：t_{max} 表示达到最大灌浆速率的时间；G_{max} 表示最大灌浆速率；G_{mean} 表示平均灌浆速率；P 表示活跃灌浆时间；t_1 表示线性灌浆开始时间；t_2 表示线性灌浆终止时间；t_3 表示灌浆终止时间

参 考 文 献

蔡瑞国, 张敏, 韩金玲, 等. 2010. 小麦植株不同部位籽粒的晶质差异. 河北科技师范学院学报, 24: 9-14.

陈建忠, 肖荷霞, 席国成. 1999. 黑龙港流域气象生态因子对夏玉米粒重的影响. 中国农业气象, 20(3): 19-23.

陈亮, 张宝石, 王洪山. 2007. 生态环境与种植密度对玉米产量和品质的影响. 玉米科学, 15(2): 88-93.

陈竹君, 刘春光, 周建斌, 等. 2001. 不同水肥条件对小麦生长及养分吸收的影响. 干旱地区农业研究, 19(3): 30-35.

崔立, 王春玲, 李改琴, 等. 2010. 濮阳市夏玉米产量与气象因子的关系分析. 中国农学通报, 26(16): 341-344.

戴忠民. 2008. 喷施 6-BA 和 ABA 对冬小麦籽粒胚乳细胞增殖和淀粉积累的影响. 麦类作物学报, 28: 484-489.

戴忠民, 尹燕枰, 郑世英, 等. 2009. 不同供水条件对小麦强、弱势籽粒中淀粉粒度分布的影响. 生态学报, 29: 6534-6543.

丁一汇. 2003. IPCC 第三次评估报告的新结果 // 吕学都. 全球气候变化研究: 进展与展望. 北京: 气象出版社: 23-26.

丁一汇, 任国玉, 石广玉, 等. 2006. 气候变化国家评估报告 (Ⅰ): 中国气候变化的历史和未来趋势. 气候变化研究进展, 2(1): 3-8.

董明辉. 2006. 水稻穗上不同粒位籽粒品质的差异及其影响因素的研究. 扬州: 扬州大学博士学位论文.

高蓓, 栗珂, 李艳丽. 2006. 陕西夏玉米产量与气象条件的关系. 成都信息工程学院学报, 21(3): 429-434.

高明, 车福才, 魏朝富. 1998. 垄作免耕稻田根系生长状况的研究. 土壤通报, 29(5): 236-238.

河南小麦品种志编审委员会. 1983. 河南小麦品种志. 郑州: 河南科学技术出版社.

侯云先. 1994. 产量预报中滑动平均法的改进. 河南农业大学学报, 28(3): 417-422.

黄川容, 刘洪. 2011. 气候变化对黄淮海平原冬小麦与夏玉米生产潜力的影响. 中国农业气象, 32(S1): 118-123.

黄升谋, 邹应斌, 刘春林. 2005. 杂交水稻两优培九强、弱势粒结实生理研究. 作物学报, 3: 102-107.

贾亮, 翟丙年, 胡兆平, 等. 2014. 不同水肥调控对冬小麦群体动态及产量的影响. 中国农学通报, (9): 175-179.

姜文顺. 2008. 玉米根系间相互作用对产量影响的生理基础. 泰安: 山东农业大学硕士学位论文.

金善宝. 1982. 中国小麦品种志 (1962—1982). 北京: 农业出版社.

金善宝. 1997. 中国小麦品种志 (1983—1993). 北京: 中国农业出版社.

金善宝, 刘定安. 1964. 中国小麦品种志 (1949—1961). 北京: 农业出版社.

居辉, 熊伟, 许吟隆, 等. 2005. 气候变化对我国小麦产量的影响. 作物学报, 31: 1340-1343.

李木英, 潘晓华. 2000. 两系杂交稻穗部解剖特征及其与结实关系的研究. 江西农业大学学报, 22: 147-151.

李树岩, 方文松, 马志红. 2012. 河南省夏玉米生长季农业气候资源变化分析. 河南农业科学, 41(7): 21-26.

林而达, 许吟隆, 李玉娥, 等. 2006. 气候变化国家评估报告 (Ⅱ): 气候变化的影响与适应. 气候变化研究进展, 2(2): 51-56.

刘胜群, 宋凤斌, 王燕. 2007. 玉米根系性状与地上部性状的相关性研究. 吉林农业大学学报, 29(1): 1-6.

刘淑云, 董树亭, 胡昌浩, 等. 2005. 玉米产量和品质与生态环境的关系. 作物学报, 31(5): 571-576.

刘颖杰, 林而达. 2007. 气候变暖对中国不同地区农业的影响. 气候变化研究进展, 3(4): 229-233.

陆大雷, 郭换粉, 董策, 等. 2011. 普通、甜、糯玉米果穗不同部位籽粒淀粉理化特性和颗粒分布差异. 作物学报, 37: 331-338.

马树庆. 1996. 吉林省农业气候研究. 北京: 气象出版社.

马雅丽, 王志伟, 栾青, 等. 2009. 玉米产量与生态气候因子的关系. 中国农业气象, 30(4): 565-568.

秦大河. 2003. 气候变化事实与影响及对策. 中国科学基金, (1): 1-3.

屈佳伟, 高聚林, 王志刚, 等. 2016. 不同氮效率玉米根系时空分布与氮素吸收对氮肥的响应. 植物营养与肥料学报, (5): 1212-1221.

任国玉, 徐铭志, 初子莹, 等. 2005. 近 54 年中国地面气温变化. 气候与环境研究, 10(4): 717-727.

任亚梅, 刘兴华, 袁春龙, 等. 2005. 乳熟期鲜食玉米穗不同部位碳水化合物的变化. 食品与生物技术学报, 24: 66-70.

史岚, 王翠花, 李雄, 等. 2003. 中国近 50a 来日最低气温的时间演变特征. 气象科学, 23(3): 300-307.

苏玉杰, 周景春, 张存岭. 2007. 濉溪县夏玉米生产与气象因子关系分析. 玉米科学, 15(增1): 165-168.

孙宏勇, 张喜英, 陈素英, 等. 2009. 气象因子对华北平原夏玉米产量的影响. 中国农业气象, 30(2): 215-218.

谭秀山, 毕建杰, 王金花, 等. 2012. 冬小麦不同穗位籽粒淀粉差异及其与粒重的相关性. 作物学报, 38: 1920-1929.

唐国利, 任国玉. 2005. 近百年来中国地表气温变化趋势的再分析. 气候与环境研究, 10(4): 281-288.

屠其璞. 2000. 中国气温异常趋于异常特征研究. 气象学, 58(3): 288-290.

王斌, 顾蕴倩, 刘雪, 等. 2012. 中国冬小麦种植区光热资源及其配比的时空演变特征分析. 中国农业科学, 45(2): 228-238.

王才林. 2009. 江苏省稻麦品种志. 北京: 中国农业科学技术出版社.

王绍武, 龚道溢. 2000. 全新世纪几个特征时期的中国气温. 自然科学进展, 10(4): 325-332.

王遵娅, 丁一汇, 何金海, 等. 2004. 近 50 年来中国气候变化特征的再分析. 气象学报, 62(2): 228-236.

魏凤英. 1999. 现代气候统计诊断与预测技术. 北京: 气象出版社: 85-91.

邬定荣, 刘建栋, 刘玲, 等. 2012. 华北地区冬小麦生产潜力数值模拟. 干旱地区农业研究, 30(05): 7-14.

武继承, 杨永辉, 郑惠玲, 等. 2015. 水肥互作对小麦－玉米周年产量及水分利用率的影响. 河南农业科学, 44(7): 67-72.

许吟隆, 黄晓莹, 林而达, 等. 2005. 中国 21 世纪气候变化情景的统计分析. 气候变化研究进展, 1(2): 80-83.

杨明达. 2014. 不同氮肥基追比例对冬小麦调亏灌溉效应的影响. 新乡: 河南师范大学硕士学位论文.

杨青华, 黄勇, 马二培, 等. 2007. 不同质地土壤对高油玉米籽粒灌浆特性及产量的影响. 玉米科学, (3): 71-74, 79.

姚永明, 陈玉琪, 张启祥, 等. 2009. 淮北夏玉米生育期气候资源特点和增产栽培技术. 中国农业气象, 30(增 2): 205-209.

叶彩华, 栾庆祖, 胡宝昆, 等. 2010. 北京农业气候资源变化特征及其对不同种植模式玉米各生育期的影响. 自然资源学报, 25(8): 1351-1363.

殷春渊, 王书玉, 刘贺梅, 等. 2013. 氮肥施用量对超级粳稻新稻 18 号强、弱势籽粒灌浆和稻米品质的影响. 中国水稻科学, 27: 503-510.

余卫东, 赵国强, 陈怀亮. 2007. 气候变化对河南省主要农作物生育期的影响. 中国农业气象, 28(1): 9-12.

翟盘茂. 1999. 中国降水极值变化趋势检测. 气象学报, 57(2): 208-216.

张海艳, 董树亭, 高荣岐. 2007. 不同类型玉米籽粒灌浆特性分析. 玉米科学, (3): 67-70.

张晶晶, 陈爽, 赵昕奕. 2006. 近 50 年中国气温变化的区域差异及其与全球气候变化的联系. 干旱区资源与环境, 20(4): 1-6.

张蕊, 丁艳锋, 李刚华, 等. 2014. 水稻强弱势粒间淀粉粒和蛋白体积累的差异. 南京农业大学学报, 37: 15-20.

张守华, 孙克仕, 李毅, 等. 2008. 玉米灌浆异常原因分析及防止措施. 现代农业科技, (24): 221.

赵全志, 乔江方, 刘辉, 等. 2007. 水稻根系与叶片光合特性的关系. 中国农业科学, 40(5): 1064-1068.

周巧富, 吴绍洪, 戴尔阜, 等. 2011. 近年来我国粮食生产的时空格局变化及其对策研究. 安徽农业科学, 39(8): 4925-4927, 4937.

周小平, 张岁岐, 杨晓青, 等. 2008. 玉米根系活力杂种优势及其与光合特性的关系. 西北农业学报, 17(4): 84-90.

朱德峰, 林贤青, 曹卫星. 2001. 水稻深层根系对生长和产量的影响. 中国农业科学, 24(4): 429-432.

朱庆森, 曹显祖, 骆亦其. 1988. 水稻籽粒灌浆的生长分析. 作物学报, 14: 182-193.

Goldblum D. 2009. Sensitivity of corn and soybean yield in Illinois to air temperature and precipitation: the potential impact of future climate change. Physical Geography, 30(1): 27-42.

Houghton J T, Jenkins G J, Ephraums J J, et al. 2009. Climate Change: The IPCC Science Assessment. Cambridge: Cambridge University Press: 365.

Hu Q, Buyanovsky G. 2003. Climate effects on corn yield in Missouri. Journal of Applied Meteorology, 42(11): 1626-1635.

IPCC. 2007. Impacts, Adaptation and Vulnerability. Contribution of Working Group II to the Fourth Assessment Report of the Intergovernmental Panel on Climate Change. Cambridge, UK: Cambridge University Press.

Ishimaru T, Hirose T, Matsuda T, et al. 2005. Expression patterns of genes encoding carbohydrate-metabolizing enzymes and their relationship to grain filling in rice (Oryza sative L.): comparison of caryopses located at different positions in a panicle. Plant and Cell Physiology, 46: 620-628.

Kato T. 2004. Effect of spikelet removal on the grain filling of Kenosha, a rice cultivar with numerous spikelets in a panicle. The Journal of Agricultural Science, 142: 177-181.

Kato T, Takeda K. 1996. Associations among characters related to yield sink capacity in space-planted rice. Crop Science, 36: 1135-1139.

Kendall M G, Gibbons J D. 1990. Rank Correlation Methods. 5th ed. London: Edward Arnold.

Langer R H M, Hanif M. 1973. A study of floret development in wheat (Triticum aestivum L.). Annals of Botany, 37: 743-751.

Lesch S M, Grieve C M, Mass E V, et al. 1992. Kernel distributions in main spikes of salt-stressed wheat: a probabilistic modeling approach. Crop Science, 32: 704-712.

Li W, Yan S, Wang Z. 2013. Effect of spikelet position on starch proportion, granule distribution and related enzymes activity in wheat grain. Plant Soil and Environment, 59: 568-574.

Liu Y, Wang E, Yang X, et al. 2010. Contributions of climatic and crop varietal changes to crop production in the North China Plain, since 1980s. Global Change Biology, 16(8): 2287-2299.

Lobell D B, Schlenker W, Costa-Roberts J. 2011. Climate trends and global crop production since 1980. Science, 333(6042): 616-620.

Milly P C, Wetherald R T, Dunne K A, et al. 2002. Increasing risk of great floods in a changing climate. Nature, 415: 514-517.

Murty P S S, Murty K S. 1982. Spikelet sterility in relation to nitrogen and carbohydrate contents in rice. Indian Journal of Plant Physiology, 25: 40-48.

Nagato K. 1941. Differences in grain weight of spikelets located at different positions within a rice panicle. Japanese Journal of Corp Science, 13: 156-169 (in Japanese).

Peng S B, Huang J L, Sheehy J E, et al. 2004. Rice yields decline with higher night temperature from global warming. Proceedings of the National Academy of Sciences, 101(27): 9971-9975.

Peng S, Laza R C, Visperas R M, et al. 2000. Grain yield of rice cultivars and lines developed in the Philippines since 1966. Crop

Science, 40(2): 307-314.

Sheehy J E, Mitchell P L, Ferrer A B. 2006. Decline in rice grain yields with temperature: models and correlations can give different estimates. Field Crops Research, 98: 151-156.

Tao F L, Yokozawa M, Xu Y L, et al. 2006. Climate changes and trends in phonology and yields of field crops in China, 1981-2000. Agricultural and Forest Meteorology, 13(8): 82-92.

Tao F, Zhang S, Zhang Z. 2012. Spatiotemporal changes of wheat phenology in China under the effects of temperature, day length and cultivar thermal characteristics. European Journal of Agronomy, 43: 201-212.

Tao F, Zhang Z, Shi W, et al. 2013. Single rice growth period was prolonged by cultivars shifts but yield was damaged by climate change during 1981-2009 in China, and late rice was just opposite. Global Change Biology, 19(10): 3200-3209.

Tubiello F N, Soussana J, Howden S M. 2007. Crop and pasture response to climate change. Proceedings of the National Academy of Sciences, 104(50): 19686-19690.

Wang J, Wang E, Yang X, et al. 2012. Increased yield potential of wheat-maize cropping system in the North China Plain by climate change adaptation. Climatic Change, 113(3-4): 825-840.

Wang Y. 1981. Effectiveness of supplied nitrogen at the primordial panicle stage on rice characteristics and yields. International Rice Research Newsletter, 6: 23-24.

Welch J R, Vincent J R, Auffhammer M, et al. 2010. Rice yields in tropical/subtropical Asia exhibit large but opposing sensitivities to minimum and maximum temperatures. Proceedings of the National Academy of Sciences, 107(33): 14562-14567.

Xiao D, Tao F, Liu Y, et al. 2013. Observed changes in winter wheat phenology in the North China Plain for 1981-2009. International Journal of Biometeorology, 57(2): 275-285.

Yang J C, Zhang J H, Wang Z Q, et al. 2003. Activities of enzymes involved in sucrose-to-starch metabolism in rice grains subjected to water stress during filling. Field Crops Research, 81: 69-81.

Yang J C, Zhang J H, Wang Z Q, et al. 2004. Activities of key enzymes in sucrose-to-starch conversion in wheat grains subjected: to water deficit during grain filling. Plant Physiology, 135: 1621-1629.

Yang J C, Zhang J H, Wang Z Q, et al. 2006. Post-anthesis development of inferior and superior spikelets in a panicle in rice in relation to abscisic acid and ethylene. Journal of Experimental Botany, 57: 149-160.

Zhai P M, Pan X H. 2003. Trends in temperature extremes during 1951-1999 in China. Geophysical Research Letters, 30(17): 169-172.

第3章 三大主粮作物可持续高产栽培的关键技术

3.1 作物个体群体均衡调控技术

合理的作物群体结构，应具有优质的形态空间结构和生理功能，可以保证植株个体与群体的协调，同时可以使生育后期功能叶片具有较高的净光合速率，避免群体内光环境的恶化，进而获得高产（赵会杰等，1999；凌启鸿等，2007）。作物群体类型会直接影响群体内部植株个体的发育状况，而植株个体在田间的分布状态直接影响单株的产量潜力，进而影响作物群体的产量。国内外针对群体类型对作物个体生长状况的影响的研究报道较少。有研究表明，小麦的抽穗期与单穗生产力显著相关，通过栽培措施缩短抽穗延续时间，可提高单株生产力，使产量进一步提升（杨永光等，1985）。行内和行间植株个体分布的均匀程度同样也会影响作物的群体结构，张维城等（1995）的研究表明，行内植株的非均匀分布导致群体株数、叶面积指数、群体干物质积累量、净同化率、群体生长率、收获穗数、穗粒数、千粒重、生物产量和籽粒产量等指标下降；在一定范围内，籽粒产量随植株非均匀分布状况加剧而降低；当非均匀分布超过一定程度以后，经济系数的降低会成为小麦群体大幅度减产的主要原因。Dornbusch 等（2011）认为，群体密度的增加会使植株幼叶和叶鞘伸长，进而缩短成株的叶片和叶鞘，而合理的行距配置有利于构建良好的群体冠层结构，可以改善冠层内的光照、温度、湿度和 CO_2 等微环境，调节群体的光合效率和作物产量（Megowan et al.，1991；张永科等，2006；吕丽华等，2008）。因此，探索水稻、小麦和玉米三大主粮作物个体群体均衡调控技术，可为粮食作物可持续高产栽培提供技术支撑。

3.1.1 水稻个体群体均衡调控技术

3.1.1.1 材料与方法

试验包括增密减氮模式试验和种植密度与基蘖肥施氮量的两因素小区试验。增密减氮模式（DR）试验于 2012～2013 年进行，采用完全随机区组设计，重复 3 次，小区面积为 24m²。以当地常规高产模式为对照（CK），设置 4 个增密减氮处理。通过提高每穴苗数来增加种植密度，通过减少基肥和分蘖肥来实现氮肥减量，穗肥用量与对照相同。常规高产模式的每穴栽插 3 株苗，基蘖肥施氮量为 202.5kg N/hm^2。4 个增密减氮模式的每穴苗数分别增加到 4 株、5 株、6 株和 7 株苗，基蘖肥施氮量分别降低到 162.0kg N/hm^2（DR$_1$）、121.5kg N/hm^2（DR$_2$）、94.5kg N/hm^2（DR$_3$）和 40.5kg N/hm^2（DR$_4$）。在模式试验的基础上，为了进一步探讨增密减氮模式的作用机制，2013 年还设置了种植密度和基蘖肥施氮量的两因素小区试验。试验采用裂区设计，重复 3 次，小区面积 24m²。密度为主区，基蘖肥施氮量为副区。种植密度设每穴 3 株苗（D$_3$）、5 株苗（D$_5$）和 7 株苗（D$_7$）3 个水平，分别相当于模式试验中 CK、DR$_2$ 和 DR$_4$ 的种植密度。基蘖肥施氮量分别为 202.5kg N/hm^2

（总施氮量为270kg N/hm²，用 N_{270} 表示，下同）、121.5kg N/hm²（N_{189}）和40.5kg N/hm²（N_{108}），也与CK、DR_2 和 DR_4 模式的施氮量一致。各处理的栽插行株距和穗肥用量相同。两因素试验的小区和模式试验位于同一块试验地。

3.1.1.2　结果与分析

由表3-1可知，与常规高产模式（CK）相比，增密减氮模式下水稻叶面积指数（LAI）呈现下降趋势。分蘖期 DR_1、DR_2、DR_3 和 DR_4 的LAI分别比CK平均降低7.6%、16.0%、18.2%和22.5%；抽穗期则分别平均降低4.5%、11.08%、22.9%和29.1%。各试验中不同时期 DR_1 和 DR_2 的LAI较CK的降幅都在10%以内，且差异不显著（2013年辽星1号除外）；而 DR_3 和 DR_4 则导致了LAI的显著下降。

表3-1　不同增密减氮模式下水稻叶面积指数和地上部生物量

年份	品种	处理	叶面积指数（LAI）		地上部生物量（g/m²）		
			分蘖期	抽穗期	分蘖期	抽穗期	成熟期
2012	辽星1号	CK	1.96a	6.37a	224.5a	970.4a	1848.3a
		DR_1	1.92ab	6.23a	210.9ab	896.8ab	1707.3b
		DR_2	1.83ab	5.87a	219.0ab	889.7ab	1652.1b
		DR_3	1.77ab	4.73b	208.6ab	790.3bc	1587.4b
		DR_4	1.71b	4.16b	164.1b	711.5c	1622.6b
2012	盐粳48	CK	2.50a	6.59ab	232.0a	921.0a	1741.8a
		DR_1	2.47a	6.02ab	234.2a	878.0ab	1616.0a
		DR_2	2.12ab	5.58bc	216.0a	872.1ab	1546.1a
		DR_3	2.13ab	5.12c	211.5a	807.2bc	1611.2a
		DR_4	1.71b	3.99d	171.5b	722.7c	1581.0a
2013	辽星1号	CK	3.50a	6.75a	369.5a	1128.9a	1929.9a
		DR_1	2.82b	6.58ab	331.6ab	1116.7a	1808.4a
		DR_2	2.93b	6.07bc	329.5ab	1046.3a	1888.0a
		DR_3	2.45b	5.36d	312.6ab	1030.3a	1742.8a
		DR_4	2.69b	5.86cd	286.1b	1008.4a	1705.1a

注：同一列中，相同年份和品种的不同小写字母表示处理间差异达到显著水平（$P<0.05$）

由表3-2可知，与常规密度相比，增密趋于增加不同氮处理的LAI。例如，在分蘖期，D_5 和 D_7 的LAI分别比常规密度 D_3 平均提高6.1%和22.9%，而在抽穗期则平均提高6.1%和12.7%。与常规氮处理相比，减氮导致各个时期不同密度处理LAI的下降。

表3-2　不同种植密度和基蘖肥施氮量处理下水稻叶面积指数和地上部生物量

处理	叶面积指数		地上部生物量（g/m²）		
	分蘖期	抽穗期	分蘖期	抽穗期	成熟期
D_3N_{270}	3.50b	6.75b	369.5a	1128.9abc	1929.9a
D_3N_{189}	2.66bc	6.07c	280.0bc	1121.7abc	1726.3bc

处理	叶面积指数		地上部生物量（g/m²）		
	分蘖期	抽穗期	分蘖期	抽穗期	成熟期
D_3N_{109}	2.23c	4.90d	252.5c	874.4d	1601.5c
平均值	2.80	5.91	300.7	1041.7	1752.6
D_5N_{270}	3.36b	6.72b	344.0ab	1189.7a	1952.5a
D_5N_{189}	2.93bc	6.35bc	329.5abc	1046.3abc	1888.0ab
D_5N_{109}	2.63bc	5.73c	278.2bc	990.6cd	1703.0bc
平均值	2.97	6.27	317.2	1075.5	1847.8
D_7N_{270}	4.63a	7.39a	400.1a	1165.7ab	1986.1a
D_7N_{189}	3.00bc	6.73b	349.8ab	1138.9abc	1816.7ab
D_7N_{109}	2.69bc	5.86c	286.1bc	1008.4bcd	1705.1bc
平均值	3.44	6.66	345.3	1104.3	1836.0
D	*	**	*	*	NS
N	**	**	**	**	*
D×N	NS	NS	NS	NS	NS

注：同一列中的不同小写字母表示处理间差异达到显著水平（$P<0.05$）；* 和 ** 分别表示在 $P=0.05$ 和 $P=0.01$ 水平上有显著差异，NS 表示无显著差异

与 CK 相比，增密减氮模式下植株地上部生物量呈现下降趋势（表 3-1）。分蘖期 DR_1、DR_2、DR_3 和 DR_4 的地上部生物量分别比 CK 平均降低 5.8%、6.7%、10.4% 和 25.2%；抽穗期分别平均降低 4.4%、7.0%、13.2% 和 19.6%，成熟期则分别平均降低 7.1%、8.0%、10.4% 和 11.0%。与 LAI 类似，不同时期 DR_1 和 DR_2 的地上部生物量较 CK 的降幅在 10% 以内，且差异不显著（2012 年辽星 1 号除外）；而 DR_3 和 DR_4 则导致地上部生物量的显著下降。由表 3-2 可知，与常规密度相比，增密都趋于提高不同氮处理的地上部生物量。在分蘖期，D_5 和 D_7 的地上部生物量分别比 D_3 平均提高 5.5% 和 14.8%，抽穗期的增幅分别为 3.2% 和 16.0%，成熟期则分别为 5.4% 和 4.8%。与常规氮处理相比，减氮降低不同密度处理各个时期的地上部生物量。

由表 3-3 可知，与 CK 相比，增密减氮模式下水稻群体高峰苗数呈现下降趋势。综合分析发现，DR_1、DR_2、DR_3 和 DR_4 的高峰苗数分别比 CK 平均降低 7.7%、13.0%、20.5% 和 23.2%。其中 2012 年'辽星 1 号'增密减氮处理高峰苗数较 CK 的下降幅度明显小于'盐粳 48'。由表 3-4 可知，与常规密度相比，增密可提高不同氮处理的高峰苗数，其中 D_5 和 D_7 的高峰苗数分别比 D_3 平均提高 6.7% 和 12.6%。与常规氮处理相比，减氮导致不同密度处理的高峰苗数的显著下降。

表 3-3　不同增密减氮模式下水稻高峰苗数、成穗率、SPAD 值和粒叶比

年份	品种	处理	高峰苗数（株/m²）	成穗率（%）	SPAD 值	粒叶比
2012	辽星 1 号	CK	382.7a	81.7b	45.9a	7.43c
		DR_1	356.8bc	80.9b	45.3ab	7.39c
		DR_2	371.5ab	84.1a	45.2ab	7.90bc
		DR_3	319.8cd	84.2a	45.9a	8.92ab
		DR_4	315.1d	85.7a	44.1b	10.0a

年份	品种	处理	高峰苗数（株/m²）	成穗率（%）	SPAD值	粒叶比
2012	盐粳48	CK	673.1a	75.8c	41.0a	6.22b
		DR₁	599.9ab	78.7b	41.5a	6.32b
		DR₂	524.8b	83.3b	40.7a	6.36b
		DR₃	492.7c	88.2a	39.6a	7.14ab
		DR₄	464.7c	87.6ab	40.8a	7.97a
2013	辽星1号	CK	459.9a	76.8c	41.7a	7.81b
		DR₁	434.9ab	80.1bc	40.6a	8.43ab
		DR₂	395.3bc	83.5ab	38.8b	8.22ab
		DR₃	375.7c	87.2a	36.6c	9.42a
		DR₄	363.4c	87.1a	36.3c	8.52ab

注：同一列中的不同小写字母表示处理间差异达到显著水平（$P < 0.05$）

表3-4　不同种植密度和基蘖肥施氮量处理下水稻高峰苗数、成穗率、SPAD值和粒叶比

处理	高峰苗数（株/m²）	成穗率（%）	SPAD值	粒叶比
D_3N_{270}	459.9bc	76.8bc	41.7a	0.78abc
D_3N_{189}	395.2de	81.1abc	39.0bc	0.79abc
D_3N_{109}	331.7f	91.4a	38.1cd	0.95a
平均值	395.6	83.1	39.6	0.84
D_5N_{270}	504.9ab	70.3c	42.4a	0.79abc
D_5N_{189}	395.3de	83.5abc	38.8bc	0.77abc
D_5N_{109}	366.2ef	87.9ab	36.7cd	0.88ab
平均值	422.1	80.6	39.3	0.81
D_7N_{270}	533.2a	70.6c	40.9ab	0.68c
D_7N_{189}	439.9cd	82.7abc	38.2cd	0.73bc
D_7N_{109}	363.4ef	87.1ab	36.3d	0.80abc
平均值	445.5	80.1	38.5	0.74
D	*	NS	*	NS
N	**	**	**	**
D×N	NS	NS	NS	NS

注：同一列中的不同小写字母表示处理间差异达到显著水平（$P < 0.05$）

　　与CK相比，增密减氮模式下成穗率呈现上升趋势（表3-3），与高峰苗数的变化规律大致相反。综合分析发现，DR₁、DR₂、DR₃和DR₄的成穗率分别比CK平均提高3.0%、7.2%、11.0%和11.3%。不同品种相比，2012年'盐粳48'增密减氮模式下成穗率较CK的增幅比'辽星1号'更加明显。

　　由表3-4可知，与常规密度相比，增密可降低常规氮处理的成穗率，但不显著影响D_3

和 D_5 密度条件下减氮处理的成穗率。

与常规密度相比，减氮导致不同密度处理成穗率的增加。与 CK 相比，增密减氮模式下抽穗期顶 3 叶的 SPAD 值呈现下降趋势（表 3-3）。综合分析发现，DR_1、DR_2、DR_3 和 DR_4 的 SPAD 值分别比 CK 平均降低 1.7%、3.1%、5.2% 和 5.8%，其中 DR_1 的效应不显著。由表 3-4 可知，单纯增密和减氮都会导致叶片 SPAD 值的下降，其中 D_7 和 D_5 的叶片 SPAD 值分别比 D_3 平均降低 2.8% 和 0.8%。

与 CK 相比，增密减氮模式下水稻粒叶比呈现上升趋势（表 3-3）。综合分析发现，DR_1、DR_2、DR_3 和 DR_4 的粒叶比分别比 CK 平均提高 3.4%、4.6%、18.5% 和 23.9%。其中 DR_1 和 DR_2 的粒叶比与 CK 间的差异在不同试验中均不显著。由表 3-4 可知，与常规密度相比，增密对不同氮处理粒叶比的影响均不显著。与常规氮处理相比，减氮导致不同密度处理下粒叶比增加。

不同品种和年份的试验，增密减氮模式下产量与 CK 相比都无显著差异（表 3-5）。最高产量一般出现在 DR_1 或 DR_2 处理中。综合分析发现，DR_1 和 DR_2 的产量分别为 CK 的 97.1%～107.3% 和 97.2%～105.3%，而大部分 DR_3 和 DR_4 处理的产量都低于 CK，且 DR_4 的产量在不同试验中均最低。

表 3-5　不同增密减氮模式下水稻产量及其构成因子

年份	品种	处理	产量（Mg/hm²）	穗数（个/m²）	穗粒数	颖花数（×10⁴/m²）	结实率（%）	千粒重（g）	收获指数
2012	辽星1号	CK	9.04a	312.6a	150.4a	47.0a	71.6c	20.2b	0.43c
		DR_1	8.78a	292.6ab	157.0a	45.3ab	75.2b	20.7b	0.47b
		DR_2	9.08a	312.3a	147.7a	46.1a	75.5b	21.8a	0.49ab
		DR_3	8.59a	267.7b	156.7a	42.0b	77.8b	21.7a	0.48ab
		DR_4	8.53a	270.6b	151.3a	41.1b	81.5a	21.8a	0.51a
2012	盐粳48	CK	8.35a	510.0a	80.4a	39.4a	74.3c	23.0b	0.45b
		DR_1	8.29a	470.1ab	80.8a	36.9a	77.3b	24.0a	0.49ab
		DR_2	8.12a	436.7b	81.3a	35.4a	79.7ab	23.4ab	0.48ab
		DR_3	8.33a	434.5b	82.9a	36.0a	82.7a	23.6ab	0.50a
		DR_4	7.93a	426.0b	80.3a	35.4a	81.6ab	23.7ab	0.50a
2013	辽星1号	CK	9.18ab	353.0a	149.1a	52.6ab	72.8b	21.8bc	0.43b
		DR_1	9.85a	348.4a	159.2a	55.5a	73.2ab	21.9bc	0.46ab
		DR_2	9.67a	329.5ab	151.6a	50.0ab	77.0ab	21.5c	0.45b
		DR_3	9.21ab	327.5b	153.5a	48.6b	76.0ab	22.9a	0.46ab
		DR_4	8.84b	316.2b	148.5a	48.6b	80.5a	22.3ab	0.51a

注：同一列中的不同小写字母表示处理间差异达到显著水平（$P<0.05$）

由表 3-6 可知，常规氮处理下，适度增密（D_5）处理的产量更高，进一步增密（D_7）则导致产量下降；而在减氮处理下，增密可提高产量，其中 D_5 和 D_7 的产量分别比 D_3 平均提高 5.0% 和 3.8%。常规密度处理下，N_{270} 和 N_{189} 的产量非常接近，而 N_{109} 则降低了产量；而在增密处理下，N_{189} 的产量最高，N_{270} 的产量和 N_{109} 类似。与 CK 相比，增密减氮模式下单位面积穗数呈现下降趋势（表 3-5），不同品种和年份间表现一致。综合分析发现，DR$_1$、DR$_2$、DR$_3$ 和 DR$_4$ 的穗数分别比 CK 平均降低 5.2%、7.0%、12.1% 和 13.4%。其中 DR$_1$ 和 DR$_2$ 的穗数较 CK 的降幅一般在 10% 以内；而 DR$_3$ 和 DR$_4$ 则导致了穗数的显著下降。增密减氮模式对穗粒数的影响不显著。与 CK 相比，增密减氮模式降低颖花数，DR$_1$、DR$_2$、DR$_3$ 和 DR$_4$ 的颖花数分别比 CK 平均降低 5.2%、5.7%、9.0% 和 10.1%。可见 DR$_1$ 和 DR$_2$ 的颖花数与 CK 十分接近，而增密减氮幅度过高则导致颖花数的下降。增密减氮模式提高结实率和收获指数，其中 DR$_1$、DR$_2$、DR$_3$ 和 DR$_4$ 结实率的平均增幅分别为 3.2%、6.2%、8.1% 和 11.4%，收获指数的增幅则分别为 8.4%、8.4%、9.9% 和 16.1%。

表 3-6　不同种植密度和基蘖肥施氮量处理下水稻产量及其构成因子

处理	产量（Mg/hm^2）	穗数（个/m^2）	穗粒数	颖花数（×10^4/m^2）	结实率（%）	千粒重（g）	收获指数
D$_3$N$_{270}$	9.18abc	353.0ab	149.1abc	52.6a	72.8bc	21.8a	0.43c
D$_3$N$_{189}$	9.11abc	320.8ab	149.0abc	47.9a	76.5ab	22.2a	0.47abc
D$_3$N$_{109}$	8.61c	303.3b	153.6ab	46.5a	79.4ab	22.3a	0.49ab
平均值	8.97	325.7	150.6	49	76.2	22.1	0.46
D$_5$N$_{270}$	9.33abc	348.8ab	151.0abc	52.6a	67.6c	21.9a	0.44bc
D$_5$N$_{189}$	9.67ab	329.5ab	147.3abc	48.7a	77.0ab	21.5a	0.45bc
D$_5$N$_{109}$	9.25abc	321.6ab	156.2a	50.3a	77.5ab	22.4a	0.46abc
平均值	9.42	333.3	151.5	50.5	74	21.9	0.45
D$_7$N$_{270}$	9.09bc	361.8ab	138.0bc	49.9a	68.9c	21.5a	0.44c
D$_7$N$_{189}$	9.89a	363.4a	135.1c	49.1a	74.5abc	22.0a	0.47abc
D$_7$N$_{109}$	8.94abc	316.2ab	148.5abc	48.6a	80.5a	22.3a	0.51a
平均值	9.31	347.1	140.5	49.2	74.6	21.9	0.47
D	NS	NS	*	NS	NS	NS	NS
N	*	*	NS	NS	**	*	**
D×N	NS	NS	NS	NS	NS	NS	NS

注：同一列中的不同小写字母表示处理间差异达到显著水平（$P<0.05$）

由表 3-6 可知，与常规密度相比，增密对常规氮处理穗数的影响不显著，而显著提高减氮处理的穗数，其中 D$_5$ 和 D$_7$ 的穗数分别比 CK 平均提高 2.3% 和 6.6%。与常规氮处理相比，减氮均降低不同密度处理的穗数。不同氮处理下，密度从 D$_3$ 增加到 D$_5$，穗粒数无显著变化，密度进一步增加到 D$_7$ 时，穗粒数出现下降。与常规密度相比，增密导致常规氮处理结实率的下降，而不影响减氮处理下的结实率。同时，增密对不同氮处理的千粒重和收获指数的影响也不显著。与常规氮处理相比，减氮趋于提高不同密度处理的穗粒数、结实率、千粒重和收获指数。

3.1.1.3　讨论与小结

高产的水稻群体应具有优质的形态空间结构和生理功能，较高的光合生产积累能力和群体适宜的 LAI 是高产水稻群体的关键质量指标。在本研究中，适度增密减氮（DR$_1$ 和

DR$_2$）抽穗期的 LAI 略小于 CK，为 5.58～6.58，处于单季稻区适宜的 LAI 范围内。因此，DR$_1$ 和 DR$_2$ 具备较为充足的"源"，为高产奠定了基础。而 DR$_3$ 和 DR$_4$ 抽穗期的 LAI 多在 6 以下，可能达不到高产要求的 LAI 水平。足量的干物质积累是水稻高产的基础，采取合理的栽培措施来提高干物质积累量，这对高产具有重要意义。本研究表明，DR$_1$ 和 DR$_2$ 的地上部生物量在分蘖期、抽穗期和成熟期都与 CK 较为接近，而 DR$_3$ 和 DR$_4$ 则导致了地上部生物量的下降。从两因素试验的结果可知，相同氮处理下，密植可以提高地上部生物量，进而抵消一部分减氮导致的生物量损失，保证了增密减氮模式有充足的干物质积累。在本研究中，由于施入了与 CK 相同数量的穗肥，施穗肥后增密减氮模式地上部生物量较 CK 的降幅有所降低。特别是增密减氮模式的收获指数更高，这表明增密减氮模式的籽粒干物质积累能力更强。

群体茎蘖数由基本苗数和分蘖数共同决定，一般认为增加移栽密度可增加茎蘖数，而减小基蘖肥施氮量可降低植株氮吸收量，减少分蘖的发生，进而降低群体茎蘖数。在本研究中，增密减氮模式的群体茎蘖数低于 CK，说明增加基本苗不能完全抵消减氮对茎蘖数的负面影响。相对来看，减氮幅度较低的模式（DR$_1$ 和 DR$_2$）的群体茎蘖数比 CK 降低小，增密的补偿效应更加显著。而减氮幅度过高（DR$_3$ 和 DR$_4$），分蘖数下降过多，增密的补偿效应相对较小，因此导致茎蘖数的大幅下降。另外，在本研究中，高峰苗数对增密减氮的响应也因品种不同而存在差异。增密减氮模式下，'盐粳 48'的高峰苗数下降幅度显著高于'辽星 1 号'。从品种特性来看，'盐粳 48'的分蘖能力特别强，施氮对分蘖的促进效应强，增密对茎蘖数的补偿效应就相对变小。而'辽星 1 号'属分蘖力中等的品种，氮素对分蘖的促进效应相对更小，因此增密对茎蘖数的补偿效应相对更强。这导致'盐粳 48'的高峰苗数对增密减氮模式的响应比'辽星 1 号'显著。成穗率不仅影响单位面积穗数，也被认为是水稻群体的关键质量指标。提高成穗率可改善中后期群体中下部的光照条件，延长功能叶片寿命，提高花后群体光合效率，有利于高产。本研究表明，增密减氮模式的成穗率高于 CK，且这种增加效应随增密减氮幅度的递增呈上升趋势。本研究还发现，常规施氮量处理下增密降低了成穗率，但在减氮处理下，增密对成穗率无显著影响。在减氮条件下，无论密植还是稀植，植株氮含量都不高，因此分蘖能力较弱，无效分蘖少，成穗率差异也小。所以，由于减氮的作用，增密减氮模式下的成穗率更高。

3.1.2　小麦个体群体均衡调控技术

3.1.2.1　材料与方法

以'济麦 22'为材料，设置高效高产模式（春季灌拔节水＋开花水；氮肥为底施 8.2kg＋追施 4.6kg 纯氮；播期 10 月 17 日）和常规高产模式（春季灌起身水＋拔节水＋开花水＋灌浆水；氮肥为底施 8.2kg＋追施 9.8kg 纯氮；播期 10 月 10 日），考察产量构成、物质积累与分配特征。

3.1.2.2　结果与分析

高效高产模式和常规高产模式产量都超过了 600kg/亩，尤其高效高产模式产量高于 650kg/亩（表 3-7）。从产量构成来看，高效高产模式晚播增加了群体密度，收获穗数也明显增加，穗粒数和千粒重略低于常规高产模式。收获指数（HI）和氮素收获指数（NHI）

是高效高产模式高于常规高产模式。籽粒含氮量受氮肥影响较大，常规高产模式籽粒含氮量高于高效高产模式。

表 3-7　不同高产模式下群体产量及其构成

模式	实测产量 （kg/hm²）	穗数 （万/hm²）	穗粒数	千粒重（g）	HI	NHI	籽粒含氮量 （%）
高效高产	9955a	825a	29.8b	45.2b	0.48a	0.69a	2.2a
常规高产	9334b	709b	32.1a	47.1a	0.46b	0.68a	2.4a

注：同一列不同小写字母表示不同处理在 0.05 水平上差异显著

群体叶面积指数起身期后明显增加，孕穗期达最大，之后逐渐下降（图 3-1A）。拔节期群体叶面积指数是常规高产模式高于高效高产模式，而最大叶面积指数和平均叶面积指数是高效高产模式大于常规高产模式，主要由于高效高产模式增大了群体密度。

群体干物质积累量拔节期后开始迅速增加，开花前两种高产模式干物质积累量无显著差异，开花期后高效高产模式干物质积累量明显高于常规高产模式（图 3-1B）。高效高产模式花前花后干物质积累量比例为 6∶4。

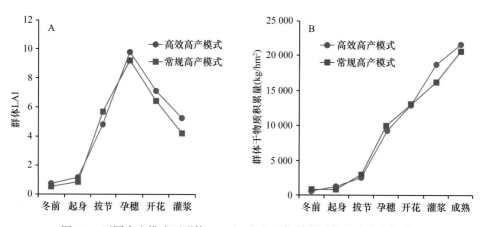

图 3-1　不同高产模式下群体 LAI（A）和干物质积累量的动态变化（B）

开花期各器官干物质积累量为茎鞘＞叶片＞穗颖（图 3-2A）。高效高产模式叶片、茎鞘、穗颖占地上部总干物质积累量的比例分别为 25.7%、59.8% 和 14.5%，在常规高产模式中，其比例分别为 31.5%、56.1% 和 12.5%。相对于常规高产模式，高效高产模式增大了开花期茎鞘和穗颖的干物质分配比例。不同层次间比较（图 3-2B），高效高产模式叶层干物质积累量从上向下逐渐降低，而常规高产模式倒二叶干物质积累量大于旗叶，之后随叶层降低而逐渐下降。两种模式茎鞘干物质积累量都为倒二茎＞倒一茎＞倒三茎＞倒四茎＞倒五茎。

成熟期地上部干物质积累量为籽粒＞茎鞘＞叶片＞穗颖（图 3-3A）。高效高产模式叶片、茎鞘、穗颖、籽粒占地上部干物质的比例分别为 12.9%、32.4%、7.3% 和 47.3%，在常规高产模式中，其比例分别为 14.7%、30.8%、9.3% 和 45.1%。常规高产模式水肥供应较多，成熟期叶片干重也较大，而高效高产模式增大了茎鞘和籽粒的干物质分配比例，降低了叶片和穗颖的干物质分配比例，这对产量提高是有利的。不同层次间干物质的变化趋势与开花期相近（图 3-3B），高效高产模式增大了旗叶的干物质积累量，常规高产模式增加了倒二茎的干物质积累量。

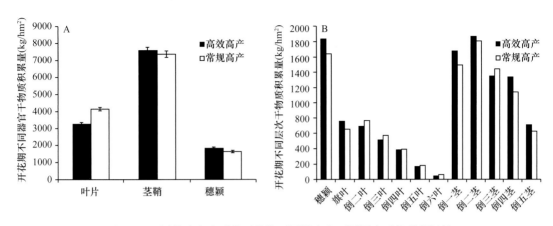

图 3-2　不同模式高产群体开花期不同器官和不同层次干物质积累量

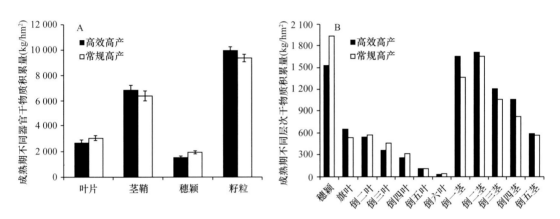

图 3-3　不同模式高产群体成熟期不同器官和不同层次干物质积累量

开花前干物质运转量（图3-4）：高效高产模式为茎鞘＞叶片＞穗颖，叶片中为倒三叶＞倒二叶＞倒四叶＞旗叶＞倒五叶＞倒六叶，茎鞘中为倒四茎＞倒二茎＞倒三茎＞倒五茎＞倒一茎；常规高产模式花前干物质运转量为叶片＞茎鞘，穗颖干物质没有转运，叶片中为倒二叶＞旗叶＞倒三叶＞倒四叶＞倒五叶＞倒六叶，茎鞘中为倒三茎＞倒四茎＞倒二茎＞倒一茎＞倒五茎。

开花前干物质运转对籽粒产量的贡献见图3-5，高效高产模式为茎鞘（7.7%）＞叶片（5.4%）＞穗颖（1.3%），叶片中为倒三叶＞倒二叶＞倒四叶＞旗叶＞倒五叶＞倒六叶，茎鞘中为倒四茎＞倒二茎＞倒三茎＞倒五茎＞倒一茎；常规高产模式花前干物质运转对籽粒产量的贡献为叶片（11.5%）＞茎鞘（10.5%），穗颖干物质没有转运，叶片中干物质运转对籽粒产量的贡献为倒二叶＞旗叶＞倒三叶＞倒四叶＞倒五叶＞倒六叶，茎鞘中为倒三茎＞倒四茎＞倒二茎＞倒一茎＞倒五茎。总的干物质运转对籽粒产量的贡献以常规高产模式大于高效高产模式。

相对于常规高产模式，高效高产模式灌水减少了，土壤贮水消耗量增加了，总耗水量降低了，水分利用效率提高了，氮素利用效率和氮肥偏生产力也提高了（表3-8）。

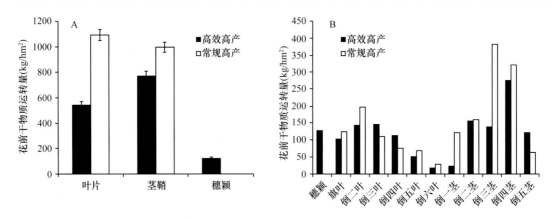

图 3-4　不同模式高产群体不同器官花前贮藏物质干物质运转量

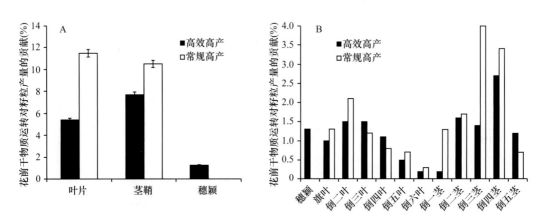

图 3-5　不同模式高产群体开花前干物质运转对籽粒产量的贡献

表 3-8　不同模式高产群体水氮利用特征

模式	土壤贮水消耗量（m³/hm²）	灌水量（m³/hm²）	降水量（m³/hm²）	总耗水量（m³/hm²）	水分利用效率（kg/m³）	施氮量（kg/hm²）	氮素利用效率（kg/kg）	氮肥偏生产力（kg/kg）
高效高产	2169	1650	624	4443	2.2	192	30.4	51.9
常规高产	1669	2700	624	4993	1.9	278	28.7	33.6

3.1.2.3　讨论与小结

综上所述，冬小麦高效高产模式通过适当晚播增密，增大了孕穗期之后的群体叶面积指数，增加了花后干物质积累量，增大了开花期茎鞘和穗颖干物质的分配比例，特别是增加了旗叶和穗下节干物质的分配比例，促进了穗颖、中下部叶片和茎鞘中贮存物的运转及对籽粒产量的贡献，最终产量提高了，同时水氮投入减少了，故水氮利用效率明显提高了。

因此，要实现冬小麦亩产 650kg 以上，关键在于调整群体结构和个体均匀性，要求亩穗数达 55 万左右，穗层整齐，个体穗粒重差异小，平均穗粒重 1.2g 以上。同时要求最大叶面积指数 7，上 3 叶叶面积指数 4～4.5，收获指数达到 0.45。

3.1.3　玉米个体群体均衡调控技术

3.1.3.1　夏玉米合理群体构建技术的研究

1. 材料与方法

试验在山东农业大学黄淮海区域玉米技术创新中心进行。采用山东登海种业股份有限公司选育的高产玉米新品种'登海 701'为试验材料。大田种植方式，设 3 个种植密度：67 500 株/hm²（D_1）、90 000 株/hm²（D_2）和 112 500 株/hm²（D_3）；4 种行距配置（cm＋cm）：等行距（60＋60），宽窄行（70＋50、80＋40、90＋30）。试验采用裂区设计，其中主区为密度处理，裂区为行距处理，重复 4 次。按照高产田进行田间管理，满足肥水供应。

2. 结果与分析

对玉米产量进行方差分析，结果表明，玉米产量在种植密度间、行距配置间和两者互作均存在显著差异（表 3-9），由此说明，种植密度和行距配置均能明显影响夏玉米的产量，而且种植密度和行距配置间存在明显的互作效应。

表 3-9　玉米籽粒产量的方差分析

变异来源	平方和	自由度	均方	F 值	显著水平
区组间	58 215.54	3	19 405.18		
密度	134 569 325.40	2	67 284 662.70	1 767.02	0.000 1
误差	228 468.14	6	38 078.02		
行距	26 312 726.48	3	8 770 908.83	184.69	0.000 1
密度 × 行距配置	10 990 552.61	6	1 831 758.77	38.57	0.003 7
误差	1 282 198.56	27	47 488.84		
总变异	173 441 486.70	47			

如表 3-10 所示，籽粒产量随种植密度增加而提高，3 个种植密度下每公顷产量的平均值分别为 12 697.6kg、14 986.4kg 和 16 790.6kg，与 D_1 相比，D_2 及 D_3 产量分别提高 18.0% 和 32.2%，这说明适当增加种植密度是获得高产的有效途径。3 个种植密度由低到高，单株籽粒产量平均值分别为 206.8g、177.9g 和 158.9g；千粒重分别为 351.1g、341.4g 和 335.6g；行粒数分别为 36.03、32.12 和 30.17。可见，随着密度增加，单株籽粒产量、行粒数和千粒重均降低，穗行数降低不显著。

表 3-10　种植密度和行距配置对玉米产量及产量性状的影响

密度	行距（cm＋cm）	产量（kg/hm²）	穗行数	行粒数	穗粒数	千粒重（g）	单株籽粒产量（g/株）
D_1	60＋60	12 842.0a	16.4a	35.99a	590.2ab	347.0c	204.8b
	70＋50	12 539.9b	16.3a	35.97a	586.3b	350.5c	205.5b
	80＋40	12 828.4a	16.3a	35.75a	582.7b	355.9a	207.4ab
	90＋30	12 579.9b	16.4a	36.39a	596.9a	351.1b	209.6a
	平均值	12 697.6	16.4	36.03	589.0	351.1	206.8

密度	行距 （cm+cm）	产量 （kg/hm²）	穗行数	行粒数	穗粒数	千粒重（g）	单株籽粒产量（g/株）
D₂	60+60	14 738.7b	16.2a	31.93b	516.0b	340.4b	175.6b
	70+50	14 783.9b	16.2a	32.11b	520.1b	342.5b	178.1b
	80+40	16 527.2a	16.3a	34.05a	555.0a	347.0a	192.6a
	90+30	13 895.9c	16.2a	30.40c	492.5c	335.6c	165.3c
	平均值	14 986.4	16.2	32.12	520.9	341.4	177.9
D₃	60+60	16 569.1b	15.9a	29.41b	467.6b	333.7b	156.0b
	70+50	16 741.4b	15.8a	30.06b	475.0b	337.8b	160.4b
	80+40	18 582.9a	15.8a	32.31a	508.9a	341.1a	173.6a
	90+30	15 269.0c	15.3b	28.90c	440.8c	329.9c	145.4c
	平均值	16 790.6	15.7	30.17	473.1	335.6	158.9

注：同一性状中的数值标以不同小写字母，表示在同一密度下不同行距配置处理在 0.05 水平上差异显著

在同一密度下相比较，可以看出，D₁密度下不同行距处理间差异较小，行距配置"60+60"与"80+40"间无显著差异，但二者显著高于其他两种行距配置。随着密度增加，不同行距配置间差异扩大。D₂密度下，配置"80+40"的产量分别比其他配置高 1788.5kg（60+60）、1743.3kg（70+50）和 2631.3kg（90+30）；D₃密度下，配置"80+40"的产量分别比其他配置高 2013.8kg（60+60）、1841.5kg（70+50）和 3313.9kg（90+30）。可见，在 D₂、D₃密度下，配置"80+40"的产量显著高于"60+60"和"70+50"，后二者又显著高于配置"90+30"。

对高密度条件下产量与其构成因素的相关性分析，结果表明（表 3-11），产量与穗行数无显著相关性（$r=0.667$），产量与行粒数和千粒重均呈显著正相关（$r=0.966^*$，$r=0.952^*$）。因此，"80+40"增产的原因主要是行粒数增加引起的穗粒数显著增加与千粒重的显著提高。

表 3-11　高密度条件下玉米产量与其构成因素相关性分析

性状	产量	穗行数	行粒数	穗粒数	千粒重
产量	1				
穗行数	0.667	1			
行粒数	0.966*	0.458	1		
穗粒数	0.998**	0.684	0.961*	1	
千粒重	0.952*	0.675	0.92	0.966*	1

* 表示在 0.05 水平显著相关，** 表示在 0.01 水平显著相关

如图 3-6 所示，单株干物质积累量均表现为先快后慢的增长趋势，且随密度增加单株干物质积累量降低，3 个种植密度下，成熟期 4 种行距的单株干物质积累量分别为 383.7g（D₁）、331.2g（D₂）和 285.8g（D₃），与开花期相比分别增加了 238.3g（D₁）、215.9g（D₂）和 168.9g（D₃），由此可见，随密度的增加，单株干物质积累量逐渐降低，且花后干物质生产力显著降低。

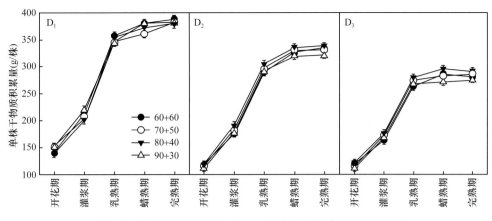

图 3-6 种植密度和行距配置对玉米单株干物质积累量的影响

D₁ 密度下，各行距配置之间无明显变化规律，仅"60+60"最终积累量略高于其余 3 种配置。随着密度增加，D₂ 与 D₃ 密度下，"80+40"配置的单株干物质积累量均高于其余 3 种配置，尤其是乳熟期以后表现更为明显。D₂ 密度下，完熟期"80+40"干物质积累量分别比其他处理高 6.0g（60+60）、3.4g（70+50）和 17.1g（90+30）；D₃ 密度下，完熟期单株干物质积累量比其他处理高 14.1g（60+60）、8.4g（70+50）和 20.2g（90+30）。由此可见，"80+40"配置更有利于玉米植株的生长发育，在高密度下表现更为突出。

如图 3-7 所示，群体干物质积累量随生育进程均表现为先快后慢的增长趋势，且随种植密度增加干物质积累量增加，3 个种植密度下，4 种行距配置的干物质积累量平均值的最高值分别为 2592.6g/m²（D₁）、2983.6g/m²（D₂）和 3191.8g/m²（D₃），与开花期相比分别增加了 163.9%（D₁）、187.5%（D₂）和 142.9%（D₃），由此可见，D₂ 密度下更有利于玉米花后群体干物质的积累。

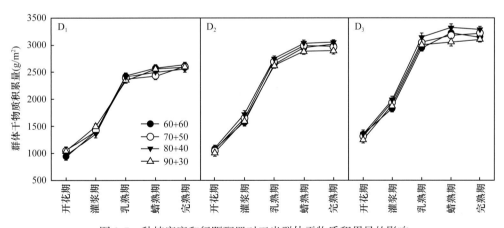

图 3-7 种植密度和行距配置对玉米群体干物质积累量的影响

D₁ 密度下，各行距配置之间无明显变化规律，仅"60+60"最高值略高于其余 3 种配置，随种植密度的增加，D₂ 与 D₃ 密度下，"80+40"配置的干物质积累量均高于其余 3 种配置，尤其是乳熟期以后表现更为明显。D₂ 密度下，完熟期"80+40"干物质积累量分别比其他处理高 30.9g/m²（60+60）、54.4g/m²（70+50）和 154.4g/m²（90+30）；D₃ 密度下，完熟期干物质积累量比其他处理高 101.2g/m²（60+60）、90.1g/m²（70+50）和

224.9g/m² (90＋30)，增幅大于 D_2 密度。由此可见，随着种植密度的增加，"80＋40"配置更有利于群体干物质积累量的增加。

如图 3-8 所示，不同层次的干物质积累量均随密度的增大而减小，尤其是 D_3 密度下，中下层干物质积累量显著降低。比较 150cm 以下干物质积累量可知，D_2 和 D_3 密度下，各行距配置的平均值分别比 D_1 密度下低 5.6%（D_2）和 33.3%（D_3），由此可见，中下层干物质积累量随密度的增加降低显著。

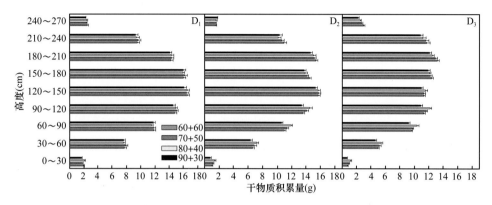

图 3-8　种植密度和行距配置对玉米植株不同层次干物质积累量的影响

比较相同密度下不同行距配置之间各层次干物质积累量可知，D_1 密度下（图 3-8），各行距配置之间不同层次干物质积累量均无显著差异，但是随着种植密度的增大，各行距配置之间开始出现差异。D_2 密度下，"80＋40"配置 90cm 以下各层干物质积累量均高于其他各行距配置，90cm 以下各层次干物质积累量的平均值分别比其他各行距配置多 2.3g（60＋60）、2.6g（70＋50）和 3.0g（90＋30）；D_3 密度下，"80＋40"配置分别比各其他配置高 3.4g（60＋60）、2.2g（70＋50）和 3.3g（90＋30）。由此可见，随着密度的增加，"80＋40"配置更有利于玉米植株中下层干物质积累量的增加，从而可以减小玉米因高密度引起倒伏的可能。

由图 3-9 可以看出，玉米植株不同层次的叶片干物质积累量随着密度的增加表现出不同的规律，180cm 以下，各层次叶片干物质积累量均随密度的增加而降低，与 D_1 密度相比，D_2 和 D_3 密度 180cm 以下各层次平均降低 0.98g 和 2.98g；180～210cm 各层次干物

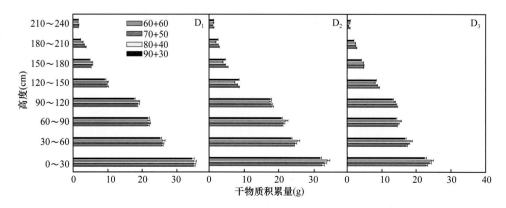

图 3-9　种植密度和行距配置对玉米植株不同层次叶片干物质积累量的影响

质表现为 D_2 密度下最高，而 210cm 以上各层次则随密度的增大而增加。与 D_1 密度比较，D_2 和 D_3 密度下整株叶片总干物质积累量分别下降 4.77g 和 17.34g，而 150cm 以下分别下降 3.90g 和 14.04g，可见，玉米 150cm 以下部分的叶片干物质积累量对玉米叶片总干物质积累量的变化起关键作用。

比较同一密度下各行距配置间不同层次叶片干物质积累量可知，D_1 密度下，各行距配置之间不同层次叶片干物质积累量无明显差异，但是随着种植密度的增加，在 D_2 和 D_3 密度下，不同层次之间表现出不同的趋势，150cm 以上各层次则表现为随着行距的增大而减小。150cm 以下各层次叶片干物质积累量表现为"80+40">"70+50">"60+60">"90+30"，尤其是 120cm 以下差异更为明显。D_2 密度下，"80+40"配置 120cm 以下各层次叶片干物质积累量比其他各配置分别高 2.95g（60+60）、1.57g（70+50）和 3.91g（90+30）；D_3 密度下分别高 2.47g（60+60）、1.51g（70+50）和 3.63g（90+30）。可见，在 D_2 密度下，"80+40"配置更有利于植株中下部叶片的生长发育，这与玉米群体内光合有效辐射（PAR）截获率的变化规律相吻合。

如图 3-10 所示，茎秆干物质积累量均随着植株高度的升高而降低。不同种植密度下比较可知，不同层次茎秆干物质积累量均随着密度的增加而降低，D_1 密度下，整株茎秆干物质积累量分别比 D_2 和 D_3 高 7.4g 和 34.6g，其中 120cm 以下分别高 4.8g 和 31.4g，由此可见，增加密度主要降低了 120cm 以下的茎秆干物质积累量，对 120cm 以上的茎秆干物质积累量影响较小。

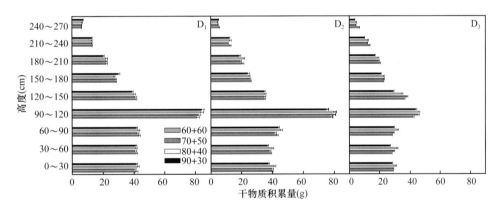

图 3-10 种植密度和行距配置对玉米植株不同层次茎秆干物质积累量的影响

相同密度下比较行距配置对茎秆干物质积累量的影响可知，在 D_1 密度下，各行距配置植株茎秆干物质积累量无明显差异，但是随着密度的增加，在 D_2 和 D_3 密度下，90cm 以下各行距配置之间植株茎秆干物质积累量表现为"80+40">"70+50">"60+60">"90+30"，而且随着密度的增大，"80+40"优势更为明显，而上部差异较小。由此表明，"80+40"配置在高密度下有利于增加下层茎秆干物质积累量，使植株更为强壮，从而有利于提高玉米的抗倒伏能力。

由图 3-11 可以看出，4 种行距配置下玉米穗位叶净光合速率均表现为随着密度的增大而减小，且随着生育期的推进逐步降低。3 个种植密度下，各行距配置的平均值分别为 30.1μmol CO_2/（$m^2 \cdot s$）、28.5μmol CO_2/（$m^2 \cdot s$）和 26.5μmol CO_2/（$m^2 \cdot s$），可见，随着密度的增大，穗位叶净光合速率呈降低趋势。

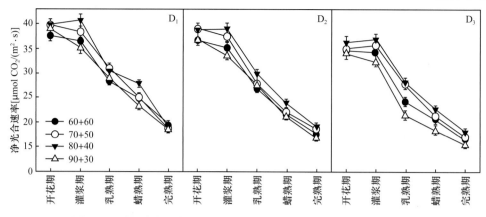

图 3-11　种植密度和行距配置对玉米穗位叶净光合速率（P_n）的影响

相同密度下比较各行距配置可知，"80＋40"配置在 3 个种植密度下均高于其他各配置，D_1 密度下，花后"80＋40"配置穗位叶净光合速率比其他配置分别高 7.5%（60＋60）、3.4%（70＋50）和 9.3%（90＋30）；D_2 密度下，比其他配置分别高 8.5%（60＋60）、3.8%（70＋50）和 10.7%（90＋30）；D_3 密度下，比其他配置分别高 8.9%（60＋60）、3.9%（70＋50）和 17.3%（90＋30）。由此可见，随着密度的增大，"80＋40"配置更有利于玉米穗位叶净光合速率高值持续期的延长，从而更有利于为玉米籽粒灌浆提供充足的光合产物。

如图 3-12 所示，穗位叶叶绿素含量随着生育期的推进呈单峰曲线变化，灌浆期达到最大值，完熟期达到最小值。3 个种植密度下，灌浆期和完熟期各行距配置平均值分别为 3.78mg/g 和 2.23mg/g（D_1），3.69mg/g 和 2.12mg/g（D_2），3.64mg/g 和 2.02mg/g（D_3），降幅分别为 41.0%（D_1）、42.5%（D_2）和 44.5%（D_3）。可见，随密度增大，穗位叶叶绿素含量下降，尤其在灌浆后期下降显著。

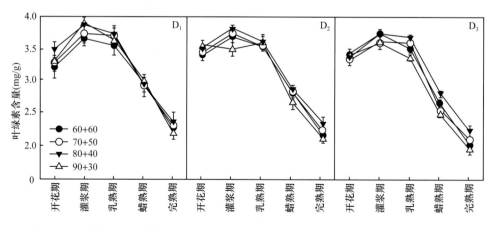

图 3-12　种植密度和行距配置对玉米穗位叶叶绿素含量的影响

3 个种植密度下，行距配置对叶绿素含量的影响表现出相同规律，"80＋40"高于其余 3 种配置，尤其是乳熟期以后。D_1 密度下，完熟期"80＋40"分别高出其他各配置 4.8%（60＋60）、3.9%（70＋50）和 8.9%（90＋30）；D_2 密度下，完熟期"80＋40"高出其他各配置 8.6%（60＋60）、5.1%（70＋50）和 11.5%（90＋30）；D_3 密度下，完熟期"80＋40"分别高出其他各配置 11.4%（60+60）、6.9%（70+50）和 16.0%（90+30），D_3 密度下"80+40"较其他配置增大的幅度大于 D_2 密度。由此可见，随着密度增加，"80+40"优势更加突出。

如图 3-13 所示，穗位叶 PEP 羧化酶活性随着生育期的推进呈单峰曲线变化。但在不同密度下，酶活性出现最高值的时间有所不同，低密度下，在花后 20d 出现；而高密度下在花后 10d 出现；而中密度下，不同行距配置 PEP 羧化酶活性峰值出现时间不同，"80+40"与"70+50"在花后 20d 出现，"60+60"及"90+30"则在 10d 出现。3 个种植密度下，PEP 羧化酶活性从最高值到最低值的降幅不同，降幅分别为 42.8%（D_1）、43.2%（D_2）和 47.6%（D_3），可见，随着密度的增加，PEP 羧化酶活性降低，尤其是在花后 20d 以后下降迅速。

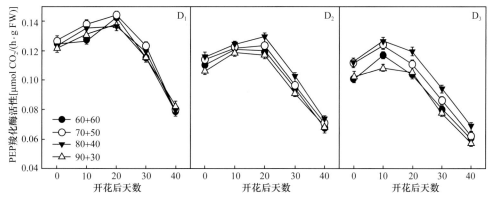

图 3-13 种植密度和行距配置对玉米穗位叶 PEP 羧化酶活性的影响

3 个种植密度下，行距配置对 PEP 羧化酶活性的影响不同，在 D_1 密度下，花后 20d 以后各处理之间无显著差异，但是在 D_2 和 D_3 密度下，"80+40"配置 PEP 羧化酶活性显著高于其他各配置，D_2 密度下，花后 20d 后"80+40"PEP 羧化酶活性平均值分别比其他各配置高 8.7%（60+60）、5.2%（70+50）和 11.3%（90+30）；D_3 密度下，花后 20d 后"80+40"PEP 羧化酶活性平均值分别比其他各配置高 24.7%（60+60）、18.2%（70+50）和 27.4%（90+30），由此可见，随着密度的增加，"80+40"配置的 PEP 羧化酶活性较其他配置更高，更有利于穗位叶光合作用的进行。

如图 3-14 所示，3 个种植密度下，RuBP 羧化酶活性均呈现出单峰曲线变化，均在

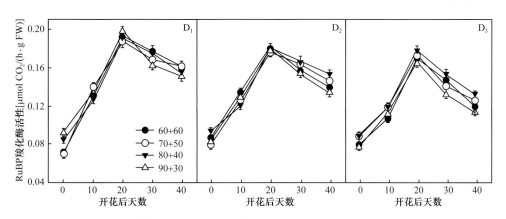

图 3-14 种植密度和行距配置对玉米穗位叶 RuBP 羧化酶活性的影响

花后 20d 达到最高值。花后 20d 以后，3 个种植密度下 RuBP 羧化酶活性的平均值分别为 0.175μmol CO$_2$/（h·g FW）、0.162μmol CO$_2$/（h·g FW）和 0.146μmol CO$_2$/（h·g FW），由此可见，随着密度的增加，RuBP 羧化酶活性呈降低趋势。不同密度下，花后 20d 以前各行距配置间无显著差异，但随着生育时期的推进，20d 以后各行距配置在不同密度下表现出差异，在 D$_1$ 密度下，各行距配置间无显著差异，D$_2$ 和 D$_3$ 密度下，"80+40" 显著高于其他各配置。花后 40d，D$_2$ 密度下，"80+40" 分别比其他各配置高 10.7%（60+60）、5.6%（70+50）和 16.2%（90+30）；D$_3$ 密度下，"80+40" 分别比其他各配置高 11.5%（60+60）、6.2%（70+50）和 18.1%（90+30），幅度大于 D$_2$ 密度。

F_v/F_m 是 PS Ⅱ 的最大光化学效率，它是在 PS Ⅱ 完全关闭后经饱和脉冲光的照射后测定的，在非胁迫条件下该参数的变化很小，但在胁迫条件下该参数会明显下降。由图 3-15 可以看出，各行距配置玉米穗位叶最大光化学效率（F_v/F_m）均表现为随密度的增大而减小，且均随着生育期的推进而降低，3 个种植密度下，各行距配置的平均值从开花期至完熟期分别降低 8.8%（D$_1$）、9.4%（D$_2$）和 11.3%（D$_3$），由此可见，随着密度的增大，玉米穗位叶最大光化学效率（F_v/F_m）下降更为迅速。

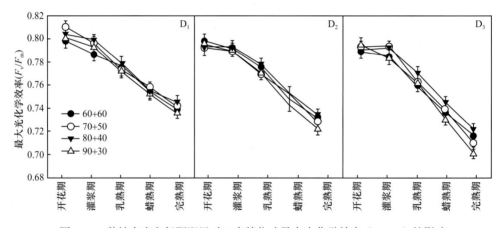

图 3-15　种植密度和行距配置对玉米穗位叶最大光化学效率（F_v/F_m）的影响

对相同密度下不同行距配置之间最大光化学效率分析可知，D$_1$ 密度下，后期各行距配置之间差异不显著，但随着密度的增大，D$_2$ 和 D$_3$ 密度下，"80+40" 配置的最大光化学效率高于其他各配置，D$_2$ 密度下，"80+40" 花后最大光化学效率平均值比其他各配置平均值分别高 0.6%（60+60）、1.0%（70+50）和 1.9%（90+30）；D$_3$ 密度下，"80+40" 花后最大光化学效率平均值比其他各配置平均值分别高 0.9%（60+60）、1.9%（70+50）和 3.3%（90+30），增幅大于 D$_2$ 密度。由此可见，"80+40" 配置更有利于 PS Ⅱ 最大光化学效率的提高，而且随着密度的增大，优势更为明显。

ΦPS Ⅱ 是 PS Ⅱ 的实际光化学效率，它反映 PS Ⅱ 反应中心在部分关闭情况下的实际原初光能捕获效率。如图 3-16 所示，玉米穗位叶实际光化学效率（ΦPS Ⅱ）随着密度的增大及生育进程的推进均呈降低趋势，3 个种植密度下的降幅分别为 15.1%（D$_1$）、16.8%（D$_2$）和 18.6%（D$_3$），说明实际光化学效率随着密度的增大降低更为迅速。

对相同密度下不同行距配置间比较可以看出，D$_1$ 密度下，各行距配置之间实际光化学效率无差异，但是在 D$_2$ 和 D$_3$ 密度下，"80+40" 配置高于其他各配置，D$_2$ 密度下，"80+40" 平均值分别比其他各配置高 0.5%（60+60）、1.3%（70+50）和 2.0%（90+30），D$_3$ 密度下，"80+40"

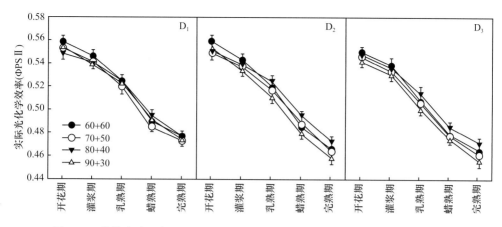

图 3-16　种植密度和行距配置对玉米穗位叶实际光化学效率（ΦPS Ⅱ）的影响

平均值分别比其他各配置高 0.9%（60＋60）、1.6%（70＋50）和 2.5%（90＋30），幅度大于 D_2 密度。由此可见，在高密度下，"80＋40"配置更有利于穗位叶实际光化学效率的提高。

如图 3-17 所示，3 个种植密度下总截获率平均值分别为 89.1%（D_1）、92.1%（D_2）和 95.4%（D_3）；上层截获率均值分别为 43.6%（D_1）、49.1%（D_2）和 58.0%（D_3）；而穗位叶层截获率分别为 37.8%（D_1）、36.6%（D_2）和 34.1%（D_3）；下层截获率分别为 7.7%（D_1）、6.3%（D_2）和 3.4%（D_3）。可见，随密度增加，群体内 PAR 总截获率相应增大，上层截获率增大，穗位叶层和下层截获率下降。由此可见，由密度增加引起的 PAR 总截获率增大，这主要是由上层截获率增大造成的。

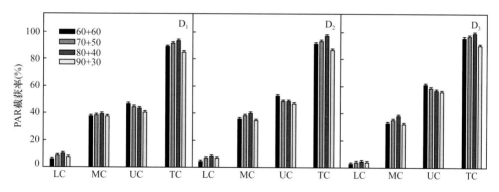

图 3-17　种植密度和行距配置对玉米灌浆期 PAR 截获率的影响

LC. 下层截获率；MC. 穗位叶层截获率；UC. 上层截获率；TC. 总截获率

4 种行距配置下，群体内不同层次 PAR 截获率均呈上强下弱的趋势，不同密度之间表现一致。3 个种植密度条件下 PAR 截获率上部均以"60＋60"最高，且随着行距的增大呈递减趋势；而穗位叶层和下层以"80＋40"最高。

在相同密度下，总截获率随着行距的增大先增大后减小，即"80＋40"配置最高。穗位叶作为籽粒产量的主要来源，其光截获率与产量密切相关，3 个种植密度下，"80＋40"配置穗位叶层的光截获率比"60＋60""70＋50""90＋30"3 种配置穗位叶层光截获率的平均值分别高 5.4%（D_1）、9.9%（D_2）和 15.9%（D_3）。由此可见，在高密度下，"80＋

40"配置更有利于穗位叶层光合有效辐射截获率的增加，从而为产量的增加奠定基础。

图 3-18 表明，LAI 随种植密度增加而增大，3 个种植密度下的 LAI_{max} 分别为 4.5（D_1）、5.8（D_2）和 7.2（D_3），但在不同密度下 LAI_{max} 出现的时间不同，D_1 及 D_2 密度下的 LAI_{max} 均出现在灌浆期，到完熟期平均值分别下降 25.3% 和 32.1%；D_3 密度下 LAI_{max} 在开花期出现，之后开始迅速下降，到完熟期平均值下降 34.1%，降幅大于 D_1 和 D_2 密度。由此表明，随密度增加，叶片间相互遮挡加重，后期植株间竞争加剧，叶片衰老加快。

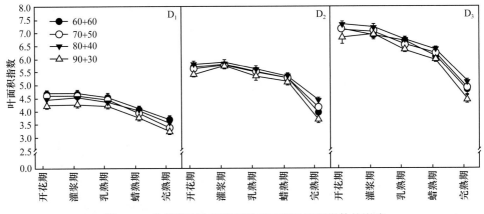

图 3-18　种植密度和行距配置对玉米叶面积指数的影响

不同密度下各行距配置 LAI 表现不同，D_1 密度下 "60＋60" 等行距 LAI 最高，花后其 LAI 平均值分别高出其他各配置 2.9%（70＋50）、3.5%（80＋40）和 9.4%（90＋30）；D_2 和 D_3 密度下，"80＋40" 叶面积指数均高于其余 3 种行距配置，开花以后 D_2 密度下其叶面积指数平均值分别比其他各配置高 3.4%（60＋60）、2.8%（70＋50）、7.5%（90＋30）；在 D_3 密度下分别高出其他配置 4.4%（60＋60）、2.8%（70＋50）、8.0%（90＋30）。由此可见，"80＋40" 配置更有利于在高密度条件下叶面积指数的维持，从而有利于光合源的扩大（图 3-18）。

群体光合速率（CAP）能够准确地描述单位土地面积上的光合生产能力，并且综合了基因型效应、叶片形态、冠层结构等因素，因此作物产量与群体光合速率的关系较单叶光合速率更为紧密。如图 3-19 所示，花后 CAP 随生育进程推进先升高后降低，灌浆期达到最高，且随密度增加群体光合速率相应升高。3 个种植密度下，花后各处理的平均值分别

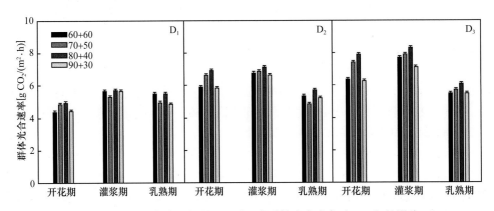

图 3-19　种植密度和行距配置对玉米群体光合速率（CAP）的影响

为 5.31g CO_2/（$m^2 \cdot h$）、6.37g CO_2/（$m^2 \cdot h$）和 7.06g CO_2/（$m^2 \cdot h$），与 D_1 密度相比，D_2 和 D_3 密度下 CAP 分别增加了 20.0% 和 33.0%。

3 个种植密度条件下，花后 CAP 平均值均表现为"80＋40"＞"70＋50"＞"60＋60"＞"90＋30"；D_1 密度下，"80＋40"配置与其他配置相比无显著差异，但在 D_2 和 D_3 密度下，各个生育时期"80＋40"配置均显著高于其他行距配置；D_2 密度下，"80＋40"配置各个时期的 CAP 平均值比其他各配置分别高 9.7%（60＋60）、7.4%（70＋50）和 11.5%（90＋30），D_3 密度下，"80＋40"配置各个时期的 CAP 平均值比其他各配置分别高 13.8%（60＋60）、6.1%（70＋50）和 18.5%（90＋30）。由此可见，随密度增加，"80＋40"配置更有利于群体光合速率的提高。

由图 3-20 可以看出，花后群体呼吸速率（CR）随着生育进程的推进呈现先降低后升高的变化趋势。不同生育期均表现为随密度增加而增大，灌浆期 D_1 密度下群体呼吸速率平均值较 D_2 和 D_3 密度下分别低 31.0% 和 43.9%，可见，CR 随密度增加而升高。

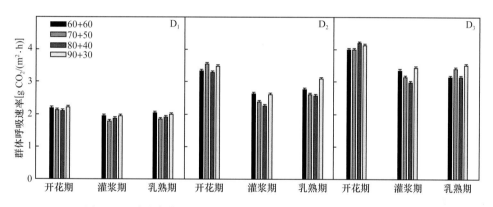

图 3-20　种植密度和行距配置对玉米群体呼吸速率（CR）的影响

比较相同密度下不同行距配置之间群体呼吸速率（CR）可知，D_1 密度下，各行距配置之间群体呼吸速率（CR）无显著差异，但随着密度的增大，D_2 和 D_3 密度下，"80＋40"配置 CR 在灌浆期以后显著低于其他各配置，D_2 密度下，灌浆期"80＋40"配置 CR 比其他各配置分别低 13.7%（60＋60）、3.6%（70＋50）和 12.3%（90＋30）；D_3 密度下，灌浆期"80＋40"配置 CR 比其他各配置分别低 11.4%（60＋60）、5.4%（70＋50）和 13.3%（90＋30）。由此可见，在高密度下，"80＋40"配置可以降低群体呼吸消耗，有利于干物质积累。

如图 3-21 所示，玉米群体呼吸速率与群体总光合的比例（CR/TCAP）随着生育进程的推进呈现先降低后升高的趋势，即在灌浆期比例最低。不同生育期均表现为随着密度增大而增加，D_1 密度下各生育时期 CR/TCAP 的平均值较 D_2 和 D_3 密度下分别低 14.0% 和 23.2%，由此可见，群体呼吸速率与群体总光合的比例随密度的增加而增大，从而光合产物用于干物质积累的部分的比例减小。

比较相同密度下 CR/TCAP 可以看出，3 个种植密度下，群体呼吸速率与群体总光合的比例均表现为"80＋40"低于其他各配置，D_1 密度下，"80＋40"配置各时期 CR/TCAP 的平均值分别比其他各配置的平均值低 6.7%（60＋60）、4.0%（70＋50）和 9.3%（90＋30）；D_2 密度下，"80＋40"配置各时期 CR/TCAP 的平均值分别比其他各配置的平均值低

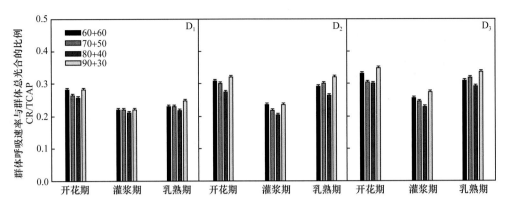

图 3-21　种植密度和行距配置对群体呼吸速率与群体总光合的比例（CR/TCAP）的影响

13.6%（60＋60）、11.1%（70＋50）和 18.5%（90＋30）；D₃ 密度下，"80＋40"配置各时期 CR/TCAP 的平均值分别比其他各配置的平均值低 8.9%（60＋60）、5.6%（70＋50）和 16.7%（90＋30）。由此可见，在 D₂ 密度下，"80＋40"配置 CR/TCAP 较其他各配置优势最大，即在 D₂ 密度下，"80＋40"配置光合产物用于呼吸的部分所占比例最低，从而更有利于干物质的积累。

3. 讨论与小结

玉米群体干物质积累量随密度的增大而增加，且在高密度下，"80＋40"配置干物质积累量高于其他配置，尤其在生育后期表现突出。而单株干物质积累量则随密度的增大而减小，高密度与低密度相比单株干物质积累量降低了近 1/3，主要表现在中下部（150cm 以下），而上层变化较小。中下部叶片和茎秆干物质积累量均降低，而 210cm 以上叶片干物质积累量随密度的增大而略有增加。可见，随密度的增大，干物质积累重心有上移的倾向。同一密度下，"80＋40"配置中下部总干物质积累量、叶片积累量和茎秆积累量均高于其他各配置，但是上部却表现为"80＋40"干物质积累量较低，这与"80＋40"配置群体内光分布特征相吻合。

玉米穗位叶叶绿素含量、净光合速率、最大光化学效率（F_v/F_m）、实际光化学效率（ΦPSⅡ）均随密度的增大而呈降低趋势，而且均在生育后期差异较显著，在前期无显著差异。光合作用关键酶 PEP 羧化酶和 RuBP 羧化酶活性同样呈降低趋势。由此表明，增大密度，加速了玉米叶片的衰老，不利于穗位叶光合作用的进行。玉米穗位叶叶绿素含量、P_n、F_v/F_m、ΦPSⅡ、PEP 羧化酶和 RuBP 羧化酶活性在低密度下无显著差异，但是在中高密度下，"80＋40"配置均高于其他配置，尤其是在生育后期差异较大。可见，"80＋40"配置有利于叶片功能期的延长。

LAI 随种植密度增加而增大，但在不同密度下 LAImax 出现的时间不同，中低密度下的 LAImax 均出现在灌浆期，高密度下在开花期出现，之后开始迅速下降，且在高密度下，LAI 随生育期下降的幅度大于中低密度。由此可见，随密度增加，叶片间相互遮挡加重，后期植株间竞争加剧，叶片衰老加快。在低密度下，等行距种植 LAI 最高，但是中高密度下，"80＋40"配置生育后期显著高于其他配置，由此可见，"80＋40"配置更有利于在高密度条件下提高叶面积指数，从而有利于光合源的扩大。花后 CAP 随生育进程推进先升高后降低，灌浆期达到最高，且随密度增加群体光合速率相应升高。同一密度下，各行距配置间表现为"80＋40"＞"70＋50"＞"60＋60"＞"90＋30"，且随着密度的增大差异变大。CR 在花后呈现先降低后升高的趋势。不同生育期均表现为随密度增加而增大。群体呼吸速率占群体总光合的比例（CR/TCAP）与群体呼吸相同。"80＋40"配置下，CR/TCAP 显著低于其他配置，且随密度增大表现更加突出。由此表明，"80＋40"配置可以减少植株群体呼吸消耗所占比例，有利于干物质积累。

随着种植密度的增大，玉米产量增加，穗粒数、行粒数和千粒重均显著降低，穗行数降低不显著。在低密度下，"80＋40"和等行距种植产量显著大于其他两种配置，随着密度的增大，"80＋40"产量显著高于其他 3 个行距配置，这主要是由"80＋40"的行粒数增大使穗粒数升高和千粒重的显著提高造成的。

3.1.3.2　春玉米合理群体构建技术的研究

1. 材料与方法

2008～2010 年，在辽宁台安县试验示范基地开展了行距配置对春玉米群体冠层环境与光合特性的影响。供试材料为'郑单958'，试验田为草甸棕壤土，前茬作物为玉米，土壤肥力均匀。试验设大垄双行种植模式（82.5～27.5cm）、双株紧靠种植模式（110～0cm）和等行距种植模式（55～55cm）3 个处理；种植密度均为 7.5 万株 /hm²。采用随机区组设计，小区面积 55m²，3 次重复。氮肥（尿素）用量为纯氮 225kg/hm²，分别于播种期和大喇叭口期按照质量比 1∶3 施用；磷肥（磷酸二铵）P_2O_5 75kg/hm²，钾肥（氯化钾）K_2O 180kg/hm²，于播种时作种肥一次性施用。按照高产田进行田间管理，肥水满足玉米生长需求。

2. 结果与分析

方差分析表明，不同行距配置下，籽粒产量、穗粒数和千粒重间的差异均达显著水平（$P<0.05$）。由表 3-12 可见，采用大垄双行种植模式的平均产量最高，达 12 740.9kg/hm²，显著高于其他种植模式（$P<0.05$），分别比双株紧靠和等行距种植模式高 3.33% 和 2.08%，后两者间产量无显著差异。在产量构成方面，各处理间穗行数和行粒数间的差异未达到显著水平，而大垄双行种植模式的穗粒数和千粒重均显著高于其他 2 个处理，与等行和双株紧靠种植相比，其穗粒数和千粒重分别增加 3.22%、3.79% 和 2.69%、3.19%。

表 3-12　行距配置对玉米产量及产量构成因素的影响

处理	籽粒产量 （kg/hm²）	穗行数	行粒数	穗粒数	千粒重（g）
110～0	12 330.5±166.0b	16.6±0.9a	32.4±1.8a	537.6±8.1b	325.6±5.6b
82.5～27.5	12 740.9±59.5a	16.2±1.5a	34.8±3.4a	558.0±6.4a	336.0±6.5a
55～55	12 481.4±130.9b	16.4±1.7a	33.2±3.7a	540.6±7.6b	327.2±6.9b

注：同列不同小写字母表示在 0.05 水平上差异显著

由表 3-13 可知，行距变化影响冠层内光的分布且处理间差异都达到显著水平（$P<0.05$）。双株紧靠种植模式是在保证相同密度的情况下，将原有 2 行并为一行，每行每穴留 2 株玉米，且这 2 株玉米要紧靠在一起。由于该模式的特殊性，其透光率在不同层次都显著高于其他处理，穗位叶以下表现得更加明显，结果漏光损失较大，降低了地面和穗位叶下部群体对光能的截获。等行距种植模式在穗位叶的透光率仅为 4.21% 和 7.43%，显著低于其他处理，使冠层内穗位叶以下的光照条件恶化，加剧下层叶片的衰老。大垄双

行处理既能保证透光率不过大而造成漏光损失，又能保证穗位叶层以下透光率不过小而造成光照条件恶化，对延缓下层叶片的衰老有一定作用。

表 3-13　不同行距玉米群体的透光率　　　　　　（单位：%）

测定位置	处理	地面	穗位叶下部	穗位叶层	穗位叶上部
宽行	110～0	33.35a	41.33a	59.21a	77.97a
	82.5～27.5	5.76b	12.27b	37.58b	65.29a
	55～55	4.21b	7.43c	28.36c	60.59a
窄行	110～0	33.35a	41.33a	59.21a	77.97a
	82.5～27.5	7.65b	9.84b	16.51c	57.92b
	55～55	4.21b	7.43db	28.36b	60.59b

注：同列不同小写字母表示在 0.05 水平上差异显著

灌浆初期于晴天测定地面、穗位叶下部、穗位叶层和穗位叶上部的胞间二氧化碳浓度（C_i）、温度及湿度的变化。结果表明（表 3-14），不同种植模式冠层内 C_i、温度及湿度差异均达到显著水平（$P<0.05$）。不同处理 C_i 的垂直分布皆表现为地面＞穗位叶下部＞穗位叶上部。双株紧靠模式由于行距最宽，有利于气流的扩散流通，CO_2 得以不断更新和补充，行间 C_i 在各层均显著高于其他处理；等行距种植由于行间距相对较小，穗位叶层 C_i 分别较双株紧靠和大垄双行模式低 4.33% 和 1.42%。不同处理灌浆初期冠层内温度在垂直方向表现为上层低、中低层高的变化特点。其中等行距种植穗位叶层的温度最高，分别较双株紧靠和大垄双行模式高 7.26% 和 3.68%。

表 3-14　不同行距玉米群体的 C_i、温度和湿度变化

项目	处理	地面	穗位叶下部	穗位叶层	穗位叶上部
C_i（μmol/mol）	110～0	355.82±0.05a	337.56±0.75a	327.32±0.28a	322.81±0.20a
	82.5～27.5	332.38±0.04b	325.38±0.39b	317.65±0.26b	320.55±0.18b
	55～55	332.55±0.18b	320.59±0.15c	313.15±0.25c	318.72±0.15c
温度（℃）	110～0	36.63±0.32a	35.11±0.04c	34.45±0.11c	34.23±0.23b
	82.5～27.5	34.84±0.07b	35.92±0.07a	35.64±0.06b	34.05±0.03c
	55～55	35.33±0.19b	35.35±0.33b	36.95±0.21a	34.85±0.25a
湿度（%）	110～0	29.27±0.03a	25.94±0.04c	24.66±0.041c	24.45±0.03c
	82.5～27.5	29.54±0.02a	27.74±0.03b	27.36±0.05b	26.65±0.04b
	55～55	30.15±0.03a	28.75±0.05a	27.46±0.02a	27.05±0.02a

注：同列不同小写字母表示在 0.05 水平上差异显著

湿度的变化与温度的变化类似，总的趋势为在垂直方向上表现为由上层至下层空气相对湿度逐渐升高，这可能是由于随着地面水分蒸发，地面层空气湿度较大，在地面水汽向上扩散的过程中，水汽逐渐蒸发减小。

不同处理间湿度的变化表现为等行距种植在各层的湿度显著高于其他处理，这可能由于在较高密度下，均衡配置株间竞争激烈，叶片总蒸腾量增加，同时群体内的风速降低，水汽不易扩散。双株紧靠由于行距较大的优势，表现为各层的湿度较低，大垄双行处理冠

层内湿度变化介于两者之间。

　　叶倾角和叶向值大小是群体结构的一个重要组成部分，是影响作物的受光状态等重要的光合作用参数。由表 3-15 可知，大垄双行种植模式穗位叶上部叶倾角小于其他 2 个处理，但处理间差异未达显著水平，而穗位叶下部叶倾角显著大于其他 2 个处理。

表 3-15　不同行距配置下叶片叶倾角和叶向值的变化

处理	叶倾角（°）			叶向值		
	穗位叶下部	穗位叶层	穗位叶上部	穗位叶下部	穗位叶层	穗位叶上部
110~0	23.57±0.49b	30.44±2.36a	14.08±5.25a	45.75±1.24a	38.15±6.79b	54.99±7.11b
82.5~27.5	27.66±0.17a	25.56±3.10b	10.60±1.56a	43.58±0.76a	49.61±0.94a	79.28±1.45a
55~55	22.77±0.74b	26.37±0.58ab	13.25±1.39a	46.82±2.46a	44.56±4.74ab	76.75±1.39a

注：同列不同小写字母表示在 0.05 水平上差异显著

　　叶向值不但能反映叶片的着生角度，也能反映出叶片的披垂情况。大垄双行和等行距种植模式穗位叶上部的叶向值显著高于双株紧靠种植模式，而穗位叶下部叶向值差异未达显著水平。

　　对花后不同阶段玉米穗位叶片叶绿素含量和群体 LAI 进行测定。由图 3-22 可见，始花期和花后 10d 各处理间叶绿素含量差异不大，自开花 20d 后，双株紧靠处理的叶绿素含量迅速下降，花后 40d 时双株紧靠处理的叶绿素含量相对大垄双行和等行距种植分别降低 33.45% 和 24.01%，而大垄双行和等行距种植模式叶绿素含量下降平缓，且后者变化更加明显。

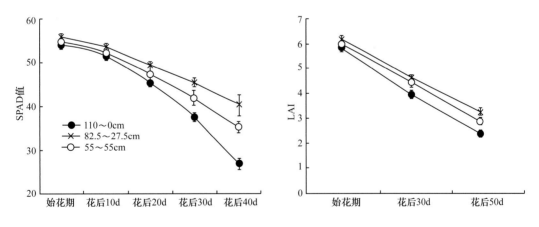

图 3-22　不同行距花后玉米叶片 SPAD 值和 LAI 的变化

　　不同栽培模式下，始花期 LAI 表现为大垄双行＞等行距＞双株紧靠，始花期以后随着生育期推进均下降，但下降幅度不同。花后 50d 双株紧靠和等行距种植模式群体 LAI 分别为 2.76 和 3.24，较大垄双行种植模式分别低 32.14% 和 12.74%。由此说明，合理的株行配置能够减缓叶片衰老，为后期籽粒的充实奠定物质基础。

　　于灌浆初期测定不同处理玉米功能叶的光合速率对光照强度的响应（图 3-23），在一定光照强度范围内，光合速率随着光照强度的增强而增大，当光照强度超过一定范围后，这种增大的趋势逐渐减弱。不同行距配置玉米皆呈现在低光照强度 [50~300μmol/（m²·s）] 下，净光合速率随光照强度的增加而呈近乎直线上升；在中、高光

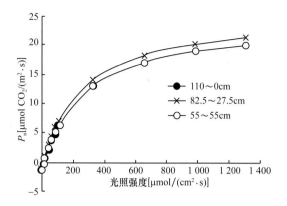

图 3-23 不同行距光合速率对光照强度的响应

照强度下［＞300μmol/（m²·s）］，净光合速率的增加变缓直至出现略有下降的趋势，但大垄双行种植模式的净光合速率显著高于双株紧靠和等行距种植模式（P＜0.05），随光照强度的增强表现更加明显，双株紧靠和等行距种植模式间差异不显著。

通过光合响应曲线还可以计算出光补偿点、表观量子效率、最大光合速率、暗呼吸速率等参数（表 3-16），表观量子效率和光补偿点是作物利用弱光能力的重要指标，光补偿点越小、表观量子效率越大，表明作物利用弱光的能力越强。大垄双行种植模式表观量子效率为 0.088μmol/（m²·s），显著高于其他 2 个处理（P＜0.05），分别较等行距和双株紧靠高 29.41% 和 60.00%，而光补偿点为 9.79μmol/（m²·s），显著低于其他 2 个处理（P＜0.05），分别比等行距和双株紧靠低 20.21% 和 31.49%。从上述分析可知，大垄双行种植模式对弱光的利用能力较强。大垄双行种植模式最大光合速率分别比双株紧靠和等行距种植模式高 6.79% 和 3.97%，而暗呼吸消耗分别低 52.86% 和 40.00%，为其高效的光合物质生产奠定基础。

表 3-16 不同行距配置下叶片光合特性的变化

处理	表观量子效率 ［μmol/（m²·s）］	最大光合速率 ［μmol/（m²·s）］	暗呼吸速率 ［μmol/（m²·s）］	光补偿点 ［μmol/（m²·s）］	R^2（n＝14）
110～0	0.055b	26.51a	2.10a	14.29a	0.992
82.5～27.5	0.088a	28.31a	0.99a	9.79b	0.995
55～55	0.068b	27.23a	1.65a	12.27a	0.994

注：数据由拟合方程计算得到，为 2 个重复平均值

由图 3-24 可见，大垄双行 0～600μmol/（m²·s）的光能利用率显著高于另 2 种模式（P＜0.05），分别较双株紧靠和等行距种植模式高 20.83% 和 14.45%。这可能是光合作用

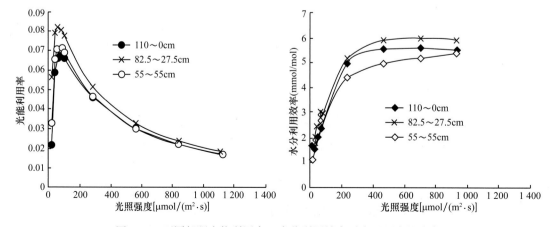

图 3-24 不同行距光能利用率、水分利用效率对光照强度的响应

反应底物 C_i 变化及表观量子效率的影响。在一定光照强度下，C_i 越高光合速率越大，大垄双行种植模式冠层内通风能力良好，CO_2 能够得到及时的补充；同时，其在低光照强度下光合速率较高。

玉米穗位叶片的水分利用效率（WUE）由测定田间穗位叶片光合速率与蒸腾速率的比值（P_n/T_r）表示。由图 3-24 可以看出，随光照强度增加，穗位叶片的 WUE 逐渐增强，在大于 $600\mu mol/（m^2 \cdot s）$ 光强度条件下，大垄双行种植模式叶片的 WUE 显著高于等行距和双株紧靠种植模式（$P<0.05$）。这可能是由于等行距种植模式净光合速率较低，且蒸腾速率较大，而大垄双行种植模式恰好与其相反。

3. 讨论与小结

行距配置导致作物群体冠层结构变化，从而影响太阳光的截获率，且通过影响冠层内的温度、湿度和二氧化碳等，最终影响群体的光合效率和作物产量。合理的玉米行距配置有利于形成一个理想的冠层结构，改善群体茎叶空间分布，使穗位上部叶片更加直立，而穗位下部叶片开张角相对较大，且叶片披垂，株型呈现"塔状"，有利于群体中后期的通风透光性，提高单位叶面积的光合效率，延长叶片持续光合时间。但是，过宽的行距配置可能造成群体叶片配置"空挡"，相对叶面积小，漏光损失严重。双株紧靠种植模式地面的透光率为 33.35%，显著高于其他模式；而等行距种植模式在高密度环境下，叶片相互重叠，中下部叶片荫蔽，穗位叶层 C_i 较大垄双行和双株紧靠低 1.42% 和 4.33%，而穗位叶层温度和湿度显著高于其他模式，从而影响光合生产。

群体结构的不同引起了 LAI、叶绿素含量、光合系统等的差异，最终对光合特性造成影响。在本研究中，大垄双行种植模式花后叶绿素相对含量及群体 LAI 随生育期下降平缓；该模式能发挥叶片的最大光合潜力，表观量子效率也显著高于其他处理，能更有效地利用弱光；叶片水平的光能利用率和水分利用效率都优于其他处理。因此，在高密度条件下，采用合理的行距配置，能改善冠层内微环境，提高群体的光合效率和作物产量。

3.2　作物水肥定量调控技术

水肥的大量投入是作物产量增加的主要原因，到 2010 年中国化肥用量已达到 5562 万 t（张福锁，2012），农业生产过程中氮肥过量施用已相当严重（张福锁等，2007；Ju et al.，2007）；但作物产量并未随着施氮量的增加而增加，而过量氮肥的施用导致氮肥利用效率降低和潜在的环境压力增大。朱兆良（2000）研究表明，农作物中水稻及麦类作物的氮肥利用效率仅为 28%～41%。而南方经济相对发达的水稻及华北地区的小麦-玉米轮作体系中传统施肥农田的氮肥利用效率甚至低于 20%（巨晓棠等，2002），山东冬小麦-夏玉米轮作体系中作物氮肥利用效率仅为 10%～20%（张福锁和马文奇，2000）。我国农业用水占总用水量的 80%，但灌溉用水的利用效率只有 40% 左右，不合理的灌溉亦是制约作物可持续生产的主要因素。

水分和肥料是农业生产中影响作物生长的两个重要因子，水分是作物吸收和运转营养物质及其他生理机能所不可缺少的主要生命物质，肥料可以提供作物生长过程中所需的营养物质，是提高产量和品质的必要措施（贾亮等，2014；武继承等，2015）。同时水分和养分也是一对互相作用的因子，形成了土壤-水分-养分-作物产量相互作用的链条。合适的水肥运筹能够提高植株对养分的吸收和运输，有助于协调植株的生长（陈竹君等，

2001）。水分和肥料之间相互影响，相互制约。在水分亏缺条件下，适量增施氮肥能够起到"以肥调水"的效用，减缓因干旱而发生的作物减产；但随着施氮量的增加，氮肥增强了作物对水分亏缺的敏感性，从而使作物的抗旱性降低，作物生长发育受到抑制，最终造成作物产量的降低（杨明达，2014）。因此，在农业生产中，要以肥调水、以水促肥，合理搭配水肥用量，使水肥充分发挥对作物的增产作用（仲爽等，2009）。

3.2.1　水稻水肥调控技术

3.2.1.1　材料与方法

1. 氮肥试验

试验在江苏东海农场进行。前茬作物均为小麦。供试的水稻品种为常规中粳水稻'连稻6号'和'连稻7号'。5月10日落谷，6月20日移栽，湿润育秧，秧田管理同当地高产田。行株距为25cm×15cm，每穴2～3株苗，每株苗3～4个分蘖。水分管理采取浅水活根，薄水分蘖，苗期放水烤田，拔节期浅水灌溉，齐穗后采取间歇灌溉，收获前一周断水，病虫草害防治同当地大田管理。

试验一：施氮量试验。设置7种施氮量处理，即0kg/hm²、60kg/hm²、120kg/hm²、180kg/hm²、240kg/hm²、300kg/hm²、360kg/hm²，施用尿素折合成纯氮。按照基肥：分蘖肥：保花肥：促花肥=5：1：2：2的比例施用。各处理磷肥、钾肥的施用量均分别为P_2O_5 120kg/hm²和K_2O 180kg/hm²。小区面积为12m²（3m×4m），重复3次。

试验二：施氮方法试验。设置以下4种处理。

（1）空白对照（CK）：不施氮肥，P_2O_5 100kg/hm²、K_2O 150kg/hm²全部基施。

（2）常规施肥法（conventional fertilizer practice，CFP）：本田期总施纯氮300kg/hm²、P_2O_5 100kg/hm²、K_2O 150kg/hm²；70%氮肥与全部的磷肥、钾肥基施，20%氮肥作返青肥（栽后7～10d施用），10%氮肥作穗肥（叶龄余数2～3叶时施用）。

（3）高产施肥法（high-yielding fertilizer practice，HYFP）：本田期总施纯氮300kg/hm²、P_2O_5 100kg/hm²、K_2O 150kg/hm²；60%氮肥、60%钾肥及全部的磷肥基施，10%氮肥作返青肥（栽后7～10d施用），30%氮肥作穗肥（叶龄余数2～3叶时施用），40%钾肥作拔节孕穗肥（叶龄余数3.5叶时施用）。

（4）实地氮肥管理（site-specific N management，SSNM），施氮量和施氮方式见表3-17。各处理小区面积5m×6m=30m²，重复3次。

表3-17　实地氮肥管理模式

总施肥量确定方法	应用Stanford公式确定总施氮量范围，氮肥总施用量（纯氮）270～390kg/hm²、P_2O_5 150kg/hm²、K_2O 210kg/hm²。磷肥、钾肥分基肥和拔节肥（促花肥）两次使用，前后两次的比例：磷7：3、钾6：4			
基肥	5000kg/hm²农家肥（纯氮0.5%、P_2O_5 0.5%、K_2O 0.4%）；总施氮量的50%，140～160kg/hm²纯氮			
追肥	施氮量范围（kg/hm²）	SPAD值	LCC值	施氮量（kg/hm²）
分蘖肥	45±15	≥42	≥4.0	30
		40<SPAD<42	3.5<LCC<4	45
		≤40	≤3.5	60
促花肥	75±30	≥40	≥3.5	45
		38<SPAD<40	3<LCC<3.5	75
		≤38	≤3	105

追肥	施氮量范围（kg/hm^2）	SPAD 值	LCC 值	施氮量（kg/hm^2）
		≥40	≥3.5	45
保花肥	60±15	38<SPAD<40	3<LCC<3.5	60
		≤38	≤3	75

注：LCC 为叶色卡

2. 灌溉试验

供试品种为'连稻 6 号'和'连稻 7 号'，种植于扬州大学江苏省省级作物栽培与生理重点实验室试验田。试验田 5 月 10～12 日播种，6 月 10～11 日移栽。行株距为 25cm×15cm，每穴 2 株苗。施用 P$_2$O$_5$ 120kg/hm^2、K$_2$O 180kg/hm^2，70% 磷肥和 50% 钾肥作基肥施用，30% 磷肥和 50% 钾肥在拔节期施用。除处理期外，其余时间均保持浅水层。

试验三：搁田试验。于主茎叶龄为 10～12 叶时，设置 5 种土壤水分处理，即 0kPa、−10kPa、−20kPa、−30kPa 和 −40kPa。小区面积为 18m^2，重复 3 次，各小区内安装真空表式土壤负压计（由中国科学院南京土壤研究所研制）监测土壤水势，各小区间埋设塑料薄膜包埂。

试验四：抽穗期灌溉方式试验。于抽穗期（二次枝梗分化期——抽穗）进行以下 3 种处理：①抽穗期保持水层（CK）；②抽穗期轻干 - 湿交替灌溉（T$_1$），从 2～3cm 浅水层落干至土壤水势 −15kPa，再灌 2～3cm 水，再落干，如此循环；③抽穗期重干 - 湿交替灌溉（T$_2$），从 2～3cm 浅水层落干至土壤水势 −30kPa，再灌 2～3cm 水，再落干，如此循环。小区面积为 30m^2，重复 3 次，安装真空表式土壤负压计监测土壤水势，各小区间埋设塑料薄膜包埂。

试验五：结实期干 - 湿交替灌溉试验。于结实期（花后 10d 至成熟）进行以下 3 种处理：①结实期保持浅水层（CK）；②轻干 - 湿交替灌溉（T$_1$），自浅水层自然落干至土壤水势 −20kPa，然后灌 1～2cm 水层再落干，如此循环；③重干 - 湿交替灌溉（T$_2$），自浅水层自然落干至土壤水势 −40kPa，然后灌 1～2cm 水层再落干，如此循环。小区面积为 30m^2，重复 3 次，安装真空表式土壤负压计监测土壤水势，各小区间埋设塑料薄膜包埂。

成熟期各小区取 12 穴用于拷种，考察穗粒数、结实率和千粒重。各小区按实收穴数计产。

3.2.1.2　结果与分析

1. 定量施肥对水稻产量的影响

图 3-25 为供试两个水稻品种分蘖期、穗分化始期与雌雄蕊形成期的 SPAD 值与产量的回归分析图。相关分析表明，3 个主要生育时期叶片的 SPAD 平均值与产量均呈明显的二次曲线关系，依据曲线方程可以算得水稻产量最高时各个主要生育阶段的 SPAD 平均值。由图 3-25 中二次曲线方程，可以分别计算出'连稻 6 号'和'连稻 7 号'两个品种分蘖期、穗分化始期和雌雄蕊形成期施氮的 SPAD 临界值，分别为 40～42、38～40、38～40。根据 SPAD 值与叶色卡（LCC）值的对应关系，LCC 临界值分别为 3.5～4.0、3.0～3.5、3.0～3.5（图 3-25）。

通过测定抽穗前心叶下一叶的 SPAD 值与 LCC 值，确定分蘖肥与穗粒肥的施用量。

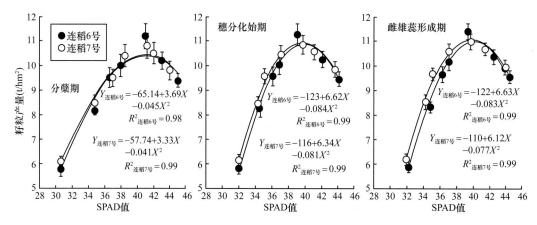

图 3-25　分蘖期、穗分化始期与雌雄蕊形成期叶片 SPAD 值与产量回归分析

CFP 与 HYFP 总施氮量均为 300kg/hm²。'连稻 6 号'和'连稻 7 号'SSNM 的施氮量分别为 285kg/hm²（基肥 150kg/hm²、分蘖肥 30kg/hm²、促花肥 45kg/hm²、保花肥 60kg/hm²）和 300kg/hm²（基肥 150kg/hm²、分蘖肥 30kg/hm²、促花肥 75kg/hm²、保花肥 45kg/hm²）。

从表 3-18 可知，2 个水稻品种的产量表现如下：SSNM 的产量最高，其次为 HYFP，再次为 CFP，产量最低的为 CK。'连稻 6 号'和'连稻 7 号'SSNM 的产量都超过了 11.25t/hm²，其中，'连稻 6 号'SSNM 比常规施肥法和高产施肥法分别高 3.23kg/hm² 和 2.12kg/hm²；'连稻 7 号'SSNM 比常规施肥法和高产施肥法分别高 2.11kg/hm² 和 1.45kg/hm²，与两者差异均达显著水平。

表 3-18　氮肥管理对水稻产量的影响

品种	处理	施氮量（t/hm²）	穗数（万/hm²）	千粒重（g）	穗粒数	结实率（%）	产量（t/hm²）
连稻 6 号	CK	0	214.8b	27.4	126.8c	94.2a	6.99d
	CFP	4.50	288.7a	27.2	145.4b	85.6b	9.33c
	HYFP	4.50	291.9a	27.4	150.6b	88.2b	10.44b
	SSNM	4.28	307.2a	27.6	158.5a	94.6a	12.56a
连稻 7 号	CK	0	274.2b	27.2	96.8c	94.8a	6.76c
	CFP	4.50	362.9a	27.0	108.2b	89.4b	9.21b
	HYFP	4.50	364.8a	27.1	110.6b	90.6b	9.87b
	SSNM	4.50	366.5a	27.2	118.9a	96.2a	11.32a

注：同一品种同列不同小写字母表示在 0.05 水平差异显著

从产量结构来看，相较于 CFP 和 HYFP，SSNM 可以显著地提高穗粒数和结实率，对单位面积穗数和千粒重的影响不大（表 3-18）。其主要原因有以下 3 点：一是 SSNM 可以有效减少无效分蘖的发生，促进群体健康发展，实践证明，SSNM 可以有效提高水稻的茎蘖成穗率，从而保证单位面积穗数的稳定；二是 SSNM 在穗分化期可以有效促进颖花分化和有效减少颖花退化，从而有利于大穗的形成；三是结实期根系活力与叶片的光合功能较强，保持了较强的灌浆优势，从而保证籽粒灌浆。

SSNM 氮肥利用效率的 4 个指标（吸收利用率、生理利用率、农学利用率与氮肥偏生产力）都显著高于 CFP、HYFP（表 3-19）。'连稻 6 号'SSNM 的上述 4 个指标平均分别 较 CFP、HYFP 增 加 了 11.7%、19.9kg/kg、11.7kg/kg、13.0kg/kg 和 8.9%、11.4kg/kg、8.0kg/kg、9.3kg/kg；'连稻 7 号'SSNM 的上述 4 个指标平均分别较 CFP、HYFP 增加了 9.8%、10.9kg/kg、7.0kg/kg、7.0kg/kg 和 6.7%、6.8kg/kg、4.8kg/kg、4.8kg/kg。

表 3-19　氮肥管理对氮肥利用效率的影响

品种	处理	吸收利用率（%）	生理利用率（kg/kg）	农学利用率（kg/kg）	氮肥偏生产力（kg/kg）
连稻 6 号	CFP	33.3b	23.4c	7.8c	31.1b
	HYFP	36.1b	31.9b	11.5b	34.8b
	SSNM	45.0a	43.3a	19.5a	44.1a
连稻 7 号	CFP	29.0b	28.3c	8.2c	30.7b
	HYFP	32.1b	32.4b	10.4b	32.9b
	SSNM	38.8a	39.2a	15.2a	37.7a

注：吸收利用率（%）＝（施氮区地上氮吸收量－空白区地上部氮的吸收量）/施氮量×100；生理利用率（kg/kg）＝（施氮区产量－空白区产量）/（施氮区地上氮吸收量－空白区地上部氮的吸收量）；农学利用率（kg/kg）＝（施氮区产量－空白区产量）/施氮量；氮肥偏生产力（kg/kg）＝施氮区产量/施氮量；同一品种同列不同小写字母表示在 0.05 水平差异显著

2. 定量灌溉对水稻产量的影响

从表 3-20 可知，10～11 叶期持续 5～7d 搁田，土壤水势保持在 -10kPa 的产量最高，'连稻 6 号'和'连稻 7 号'分别达到 11.50t/hm² 和 10.99t/hm²，较产量最低的 -40kPa 处理分别高出 2.13t/hm² 和 1.95t/hm²。产量位于第二的是处理 -20kPa。搁田处理 -10kPa 与 -20kPa 显著地改善了群体质量，显著提高了单位面积穗数，从而获得了较高产量。

表 3-20　搁田期土壤水势对产量及产量构成的影响

品种	处理	穗数（万/hm²）	穗粒数	结实率（%）	千粒重（g）	产量（t/hm²）
连稻 6 号	0kPa	290.4b	155.1	85.2	27.0	10.31b
	-10kPa	320.9a	156.5	84.6	27.2	11.50a
	-20kPa	313.7a	154.8	85.0	27.1	11.17a
	-30kPa	283.5bc	154.1	85.4	27.0	10.03b
	-40kPa	267.9c	153.5	84.9	26.9	9.37c
连稻 7 号	0kPa	351.0b	116.9	90.5	26.8	9.94b
	-10kPa	382.8a	118.6	90.0	27.0	10.99a
	-20kPa	366.2ab	118.7	91.0	27.1	10.69a
	-30kPa	327.8c	117.6	92.0	26.8	9.48bc
	-40kPa	314.7c	117.8	91.5	26.7	9.04c

注：同一品种同列不同小写字母表示在 0.05 水平差异显著

从表 3-21 可知，与对照相比，'连稻 6 号'和'连稻 7 号'抽穗期轻干－湿交替灌溉（T_1）产量最高，重干－湿交替灌溉（T_2）产量最低，两品种 T_1 较 T_2 和 CK 产量分别增加了 1.96t/hm²、0.95t/hm² 和 2.07t/hm²、1.39t/hm²。3 种土壤水势处理单位面积穗数、结实率与千粒重相差不显著，T₁产量高主要由其穗粒数的显著增加所致。抽穗期的轻干－湿交替灌溉增强了根系的代谢活性，有利于水稻穗分化期大穗的形成。

表 3-21　抽穗期土壤水势对产量及产量构成的影响

品种	处理	穗数（万/hm²）	穗粒数	结实率（%）	千粒重（g）	产量（t/hm²）
连稻 6 号	CK	327.0	138.1b	84.6	27.2	10.34b
	T₁	316.5	154.5a	85.2	27.4	11.29a
	T₂	321.0	125.6c	84.8	27.4	9.33c
连稻 7 号	CK	374.6	110.1b	88.5	27.0	9.81b
	T₁	379.8	124.2a	88.6	27.0	11.20a
	T₂	381.8	99.6c	89.5	26.9	9.13b

注：同一品种同列不同小写字母表示在 0.05 水平差异显著

由表 3-22 可知，与 CK 相比，'连稻 6 号'和'连稻 7 号'结实期轻干－湿交替灌溉（T₁）产量最高，重干－湿交替灌溉（T₂）产量最低，两品种 T₁ 较 T₂ 和 CK 产量分别增加了 2.03t/hm²、0.90t/hm² 和 2.04t/hm²、1.17t/hm²。3 种土壤水势处理单位面积穗数、穗粒数相差不显著，T₁产量高主要与其高的结实率和高的千粒重有关。结实期的轻干－湿交替灌溉有效地延缓了根系和高效叶的衰老，有利于提高水稻结实率和促进籽粒灌浆。

表 3-22　结实期土壤水势对产量及产量构成的影响

品种	处理	穗数（万/hm²）	穗粒数	结实率（%）	千粒重（g）	产量（t/hm²）
连稻 6 号	CK	296.3	155.4	85.1b	26.4b	10.29b
	T₁	294.5	156.2	88.9a	27.5a	11.19a
	T₂	289.7	152.7	82.6c	25.2c	9.16c
连稻 7 号	CK	383.6	110.2	89.6b	26.1b	9.85b
	T₁	390.8	112.5	92.4a	27.2a	11.02a
	T₂	398.3	108.7	84.3c	24.7c	8.98c

注：同一品种同列不同小写字母表示在 0.05 水平差异显著

3.2.1.3　讨论与小结

实现水稻高产是各项技术综合优化的结果，其中科学定量的肥水管理是重要的技术措施。在充分吸收前人在水稻高产方面所取得的成功经验的基础上，结合最新的栽培学科研究成果，将氮肥的实时定量管理技术与精确灌溉技术应用于水稻高产栽培。小区试验与大田生产的实践证明，肥水定量控制技术较以往的高产栽培措施更具科学性、操作性和精确性。本研究表明，与常规施肥与高产施肥相比，实地氮肥管理（SSNM）显著地增加了水稻的产量。应用精确灌溉技术指导搁田期和长穗期与结实期的水分管理，提高水稻产量10% 以上，较保持水层处理节水 30% 以上。

1. 关于高产水稻的养分管理技术

水稻高产养分管理技术曾有较多的报道并为指导生产实践发挥了积极的作用，但以往的水稻养分管理技术，多为经验性的施肥。近年来，国际水稻研究所以叶绿素快速测定仪

（SPAD）或叶色卡（LCC）作为叶色诊断手段，发展了实地氮肥管理模式（SSNM）。该施肥模式的要点：依据土壤养分的有效供给量、水稻产量和稻草对养分的吸收量，以及当地稻谷价格等参数，经综合分析后，为用户提供最为经济有效的施肥方案；依据叶片含氮量与光合速率及干物质增长的相关关系，确定水稻叶片含氮量的施肥阈值，利用 SPAD 或 LCC 观测叶片氮素情况并依此指导施肥，获得施肥时间和氮肥施用量与作物对氮素吸收的协调关系。这一模式在我国部分地区和东南亚国家示范推广，产量可增加 4%~12%，氮肥农学利用率可提高 50% 以上。但国际水稻研究所建立的 SSNM 模式主要适用于籼稻和中低产水平。针对粳型水稻高产的产量目标和生育特性，我们建立了适合粳稻高产的 SSNM 管理模式。与国际水稻研究所的 SSNM 模式相比，我们提出的高产 SSNM 模式的特点在于：①应用 Stanford 公式（依据土壤养分的有效供给量、水稻的目标产量和稻株对养分的吸收量、当季的氮肥利用效率）确定总施氮量范围；②增加磷肥、钾肥的施用比例，$N : P_2O_5 : K_2O$ 为 $1 : 0.5 : 0.7$；③调高施肥的 SPAD 或 LCC 阈值，本试验中分蘖期、穗分化始期和雌雄蕊形成期施氮的 SPAD 临界值分别为 40~42、38~40、38~40，LCC 临界值分别为 3.5~4.0、3.0~3.5、3.0~3.5，分蘖肥、促花肥与保花肥施用的 3 个时期的叶片含氮量临界值分别为 2.8%~3.2%、2.5%~2.8% 和 2.5%~2.8%；④依据品种的源库特征，对氮肥追肥的施用期和施用量进行调节。穗数型品种或库限制型品种，注重施用促花肥或促（花肥）、保（花肥）结合；大穗型品种或源限制型品种，注重施粒肥或保（花肥）、粒（肥）结合。

2. 关于水稻高产的精确灌溉技术

在搁田的时间上，由以往的拔节初提早到有效分蘖临界叶龄期，在搁田的方式上由过去的重搁（土壤水势 -40~50kPa）改为落水轻搁（土壤水势 -15~20kPa）。这样，既有效地控制了无效分蘖的发生，又避免了以往的"大促大控"对水稻生育的不利影响，使搁田起到协调土壤的水土关系、植株的根冠关系和碳氮关系。在开花受精的水分敏感期后，进行干 - 湿交替灌溉，这样当田间土壤水势下降到 -10~25kPa 时，即灌浅层水，土壤自然落干至指标值后再灌浅层水。用土壤负压计监测土壤水势。本试验表明，结实期干 - 湿交替灌溉有效地提高了高产水稻的根系活力和叶片的光合功能，增加了抽穗后的物质生产量，促进了光合同化物向籽粒的运转。

3.2.2　小麦水肥调控技术

3.2.2.1　材料与方法

试验在河北吴桥县中国农业大学吴桥实验站进行。供试小麦品种为'济麦 22'和'石麦 15'，以品种为主区，各品种下设 2 种节水灌溉模式（W_1、W_2）和 2 个施氮水平（N_1、N_2）的组合。在适墒播种基础上，设置 2 种节水灌溉模式，即春浇一水（W_1，拔节水）和春浇二水（W_2，拔节水＋开花水）；设置 2 个施氮水平，即纯氮 192kg/hm^2（N_1，底施 123kg/hm^2，追施 69kg/hm^2）和纯氮 270kg/hm^2（N_2，底施 123kg/hm^2，追施 147kg/hm^2）。处理组合为 W_1N_1、W_1N_2、W_2N_1、W_2N_2。小区面积为 54m^2（6m×9m），重复 4 次。

3.2.2.2　结果与分析

叶面积指数是反映小麦群体光辐射特征的重要指标之一。由表 3-23 可以看出，随叶层层次的降低，各叶层叶面积指数表现为中上层叶面积指数较大，下层叶面积指数较小。在限水灌溉条件下，两个小麦品种的各叶层叶面积指数 N_2 处理要高于 N_1 处理。品种间比较，'济麦 22'各叶层叶面积指数要高于'石麦 15'。

表 3-23　不同氮肥模式下开花期叶面积指数垂直分布

品种	处理	旗叶	倒二叶	倒三叶	倒四叶
济麦 22	W_1N_1	1.08	1.25	1.07	0.84
	W_1N_2	1.19	1.34	1.12	0.87
	平均值	1.14	1.30	1.10	0.86
石麦 15	W_1N_1	1.03	1.11	0.91	0.67
	W_1N_2	1.18	1.26	1.09	0.75
	平均值	1.11	1.19	1.00	0.71

群体内光分布状况不仅取决于当地光合有效辐射，而且取决于群体的叶层结构与光在群体内的分布。从表 3-24 可以看出，随冠层高度的增加，两小麦品种的透光率呈增加趋势，且中部透光率高于下部透光率；随生育进程的推进，中下部透光率呈增大趋势，均表现为花后 20d 最高，孕穗期最低。在相同灌溉水平下，两小麦品种 N_1 处理的透光率要高于 N_2 处理；在相同施氮水平下，两小麦品种 W_1 处理的透光率要高于 W_2 处理。在不同水氮模式下，'济麦 22'的透光率总体高于'石麦 15'。拔节期适当控氮能够调节群体冠层结构，增加中、下层透光率。

表 3-24　不同水氮模式下冠层透光率的分布

品种	透光率（%）	处理	孕穗期	开花期	花后 10d	花后 20d
济麦 22	中层	W_1N_1	13.78a	15.24a	19.41a	20.17a
		W_1N_2	12.32b	11.94b	14.59b	16.24b
		W_2N_1	13.78a	15.24a	18.43a	19.18a
		W_2N_2	12.32b	11.94b	12.70b	14.49b
		平均值	13.05	13.59	16.28	17.52
	下层	W_1N_1	3.71a	4.04a	4.66a	6.18a
		W_1N_2	2.94b	2.81b	3.91b	4.94b
		W_2N_1	3.71a	4.04a	4.29a	5.75a
		W_2N_2	2.94b	2.81b	3.25b	4.25b
		平均值	3.33	3.43	4.03	5.28
石麦 15	中层	W_1N_1	12.72a	15.00a	18.40a	19.36a
		W_1N_2	10.12b	10.05b	13.77b	14.80c
		W_2N_1	12.72a	15.00a	17.29a	17.67b
		W_2N_2	10.78b	10.05b	12.60b	13.92c
		平均值	11.59	12.53	15.52	16.44
	下层	W_1N_1	2.83a	3.81a	4.15a	5.76a
		W_1N_2	2.54b	2.09b	3.00b	4.36b
		W_2N_1	2.83a	3.81a	3.98a	5.66a
		W_2N_2	2.54b	2.09b	2.99b	3.77c
		平均值	2.69	2.95	3.53	4.89

注：同一品种同一冠层数据后不同小写字母表示处理间差异达 5% 显著水平

从干物质积累来看（表 3-25），两小麦品种群体干物质积累量均随生育进程的递进表现为增加趋势，成熟期生物量为 17 693.42～20 211.35kg/hm²，处理间生物量大小依次为 $W_2N_2>W_2N_1>W_1N_2>W_1N_1$。在相同灌溉水平下，两品种 N_2 处理生物量高于 N_1 处理；在相同施氮量水平下，'济麦 22'的 W_2 处理生物量显著高于 W_1 处理；而'石麦 15'的 W_1 和 W_2 处理无显著差异。品种间比较，在 W_1 水平下，'石麦 15'生物量高于'济麦 22'；在 W_2 水平下，'济麦 22'生物量高于'石麦 15'。这说明'济麦 22'对水分较敏感。

表 3-25　不同水氮处理对不同生育阶段干物质积累量和分配特征的影响

品种	处理	出苗 - 拔节		拔节 - 开花		开花 - 成熟		生物量 (kg/hm²)
		干物质积累量 (kg/hm²)	比例（%）	干物质积累量 (kg/hm²)	比例（%）	干物质积累量 (kg/hm²)	比例（%）	
济麦 22	W₁N₁	1 686.26a	9.53a	10 732.97a	60.66a	5 274.20b	29.81b	17 693.42b
	W₁N₂	1 686.26a	9.26a	11 303.39a	62.09a	5 214.71b	28.65b	18 204.36b
	W₂N₁	1 686.26a	8.53a	10 732.97a	54.29b	7 350.25a	37.18a	19 769.47a
	W₂N₂	1 686.26a	8.34a	11 303.39a	55.93b	7 221.70a	35.73a	20 211.35a
	平均值	1 686.26	8.92	11 018.18	58.24	6 265.22	32.84	18 969.65
石麦 15	W₁N₁	2 158.85a	11.51a	9 072.91a	48.38b	7 521.79b	40.11b	18 753.55a
	W₁N₂	2 158.85a	11.39a	9 948.83a	52.50a	6 844.14b	36.11b	18 951.82a
	W₂N₁	2 158.85a	10.97a	9 072.91a	46.11b	8 443.88a	42.92a	19 675.64a
	W₂N₂	2 158.85a	10.83a	9 948.83a	49.92b	7 820.36a	39.24a	19 928.05a
	平均值	2 158.85	11.18	9 510.87	49.23	7 657.54	39.60	19 327.27

注：同一品种数据后不同小写字母表示处理间差异达 5% 显著水平

两品种阶段干物质积累量和比例均表现为拔节 - 开花＞开花 - 成熟＞出苗 - 拔节，花后干物质积累比例为 28.65%～42.92%。在相同灌溉水平下，N_1 处理花后干物质积累量和积累比例高于 N_2 处理，但差异不显著；在相同施氮量水平下，W_2 处理花后干物质积累量和积累比例显著高于 W_1 处理。这说明，水分处理对两品种花后干物质积累量和积累比例影响较大。两品种比较，在不同水氮处理下，'石麦 15'花后干物质积累量和积累比例较高，而'济麦 22'花前干物质积累量和积累比例较高，说明在限水灌溉下，'石麦 15'花后生产优势较强，而'济麦 22'具有较强的花前生产优势。

由表 3-26 可以看出，两小麦品种开花期小麦植株各器官干物质积累量和分配比例均表现为茎鞘＞叶片＞穗，表明开花期的干物质主要集中在茎鞘等营养器官中。在相同灌溉水平下，两品种 N_2 处理的各器官干物质积累量高于 N_1 处理，而 N_1 和 N_2 处理的各器官分配比例则无显著差异。两品种间比较，'济麦 22'花前各营养器官干物质积累量高于'石麦 15'。从各器官分配比例看，'济麦 22'穗器官的分配比例明显高于'石麦 15'，而其叶片和茎鞘的物质分配比例则低于'石麦 15'。这表明'济麦 22'花前物质分配更有利于产量形成。

表3-26　开花期小麦不同器官干物质积累量与分配比例情况

品种	处理	干物质积累量（kg/hm²）				分配比例（%）		
		叶片	茎鞘	穗	总计	叶片	茎鞘	穗
济麦22	W_1N_1	2 745.64	7 027.95	2 645.64	12 419.23	22.13	56.58	21.29
	W_1N_2	2 895.01	7 269.41	2 825.22	12 989.64	22.27	55.97	21.76
	平均值	2 820.33	7 148.68	2 735.43	12 704.44	22.20	56.27	21.53
石麦15	W_1N_1	2 678.88	6 556.54	1 996.35	11 231.77	23.85	58.37	17.77
	W_1N_2	2 701.23	7 241.50	2 164.95	12 107.68	22.31	59.81	17.88
	平均值	2 690.05	6 899.02	2 080.65	11 669.72	23.08	59.09	17.83

由表3-27可以看出，在 W_1 水平下，'济麦22'的 N_1 处理籽粒产量和水分利用效率与 N_2 处理无显著差异，'石麦15'的 N_1 处理籽粒产量和水分利用效率均显著高于 N_2 处理；在 W_2 水平下，两品种 N_1 处理籽粒产量和水分利用效率均明显高于 N_2 处理。在两种限水灌溉模式下，高氮处理使'济麦22'穗粒数降低，使'石麦15'粒重下降。在相同施氮量水平下，两小麦品种籽粒产量和水分利用效率总体表现为 W_2 处理高于 W_1 处理。

表3-27　不同水氮处理对冬小麦产量及其构成因素、水分利用效率、氮素利用特征的影响

品种	处理	穗数（万/hm²）	穗粒数	千粒重（g）	籽粒产量（kg/hm²）	WUE [kg/(hm²·mm)]	氮素利用效率	氮肥偏生产力	NHI
济麦22	W_1N_1	732.9a	35.4b	47.33b	8459.31b	22.01a	30.80ab	44.06b	0.77a
	W_1N_2	748.3a	34.7c	47.56b	8762.20b	22.72a	30.13ab	32.45c	0.74b
	W_2N_1	756.5a	36.4a	48.70a	9557.48a	22.74a	32.56a	49.78a	0.76a
	W_2N_2	760.5a	35.5b	49.47a	9152.84ab	21.70a	29.35b	33.90c	0.77a
	平均值	749.55	35.5	48.27	8982.96	22.29	30.71	40.05	0.76
石麦15	W_1N_1	740.2a	34.8b	43.97b	8367.59b	23.07a	30.57a	43.58b	0.71a
	W_1N_2	750.9a	34.1b	41.69c	7943.74c	20.92b	28.12b	29.42d	0.71a
	W_2N_1	760.5a	36.7a	46.12a	9349.04a	23.44a	31.66a	48.69a	0.71a
	W_2N_2	768.7a	34.7b	45.74b	8596.77b	21.28b	28.93b	31.84c	0.71a
	平均值	755.08	35.08	44.38	8564.29	22.18	29.82	38.38	0.71

注：同一品种数据后不同小写字母表示处理间差异达5%显著水平

品种间比较，在不同水氮处理下，'济麦22'籽粒产量和水分利用效率均高于'石麦15'，产量的差异主要是千粒重的差异，'济麦22'的千粒重明显高于'石麦15'。两品种均以 W_2N_1 处理获得最高的产量、水分利用效率。在 W_1、W_2 两种灌溉条件下，两品种氮素利用效率和氮肥偏生产力均是 N_1 处理高于 N_2 处理。在相同施氮量水平下，W_2 处理氮素利用效率和氮肥偏生产力均高于 W_1 处理。这表明在本试验两种限水灌溉模式下，W_2 模式比 W_1 更有利于提高两小麦品种的籽粒产量、氮素利用效率和氮肥偏生产力；在 W_2 水平下，N_1 处理能够同步协调小麦籽粒产量和氮素利用效率的关系，从而实现高产高效。与'石麦15'相比，在不同水氮处理下，'济麦22'氮素利用效率、氮肥偏生产力和氮收获指数均较高。

3.2.2.3　讨论与小结

水分和氮肥是影响小麦生长发育和产量形成的重要因素，适当减少水氮投入，在保障物质生产的同时促进植株物质的有效分配，是实现高产和水肥高效的重要途径。研究认为，调亏灌溉有利于光合产物向籽粒转运，促进生殖生长，提高小麦籽粒产量、收获指数及水分利用效率。拔节期灌水、开花期不灌水的处理有利于干物质向籽粒的分配，进而提高籽粒产量。而合理高效的灌溉模式能够优化小麦耗水结构，降低灌溉量，显著提高小麦产量和水分利用效率。本研究表明，在有限灌溉条件下，高氮投入并不利于产量和水分利用效率的提高。在相同施氮量水平下，两品种籽粒产量均以 W_2 处理高于 W_1 处理，而水分利用效率则在 W_2 与 W_1 处理间无明显差异。对这两个品种而言，节水高产的最佳水氮组合是 W_2N_1。在不同水氮处理下，'济麦 22' 籽粒产量高于 '石麦 15'，且氮素利用效率和氮肥偏生产力高于 '石麦 15'。两小麦品种限量供水（W_2 水平）、适量供氮（N_1）处理可以协调促进花后氮素积累、分配和有效转运，获得高产、高氮素利用效率和高氮肥偏生产力。

3.2.3　玉米水肥调控技术

3.2.3.1　材料与方法

2008～2009 年，供试材料为经过田间筛选的氮高效玉米品种 '蠡玉 13'（LY13）和氮低效玉米品种 '鲁单 981'（LD981）。试验采用箱式土柱栽培，土柱为 54cm×27cm×100cm，由 PVC 板制成，下封底且一侧面可拆卸。土柱置于事先挖好的长 15m、宽 6m、深 90cm 的方形土坑内，内外装土后浇水充分沉实，使土柱与大田状况一致。土柱用土为大田 0～60cm 表层土，土壤混匀过筛，并与洗净河沙按体积比 3∶1 混匀。

试验为裂区设计，主区为不同氮效率玉米品种，两个品种种植密度均为 52 500 株/hm^2，每个品种种植 108 箱。第一裂区设置 N_0（0g N/株）、N_1（4.29g N/株）2 个氮水平，氮肥 50% 作底肥、50% 大喇叭口期追肥。第二裂区设 2 个水分水平：干旱处理（W_0），保持 0～20cm 土壤含水量为田间持水量的 40%～45%；正常灌水（W_1），保持 0～20cm 土壤含水量为田间持水量的 75%～80%。水分处理从小喇叭口期开始，每天 7:00 和 18:00 用 TDR 土壤水分计测量土壤含水量以确定补灌量（水分处理前多次用烘干法测定土壤含水量来校准 TDR 土壤水分计，便于灌水控制期用来准确测定土壤含水量），用量筒精确补灌。分别在大喇叭口期（MT）、开花期（AS）、灌浆期（FS）、乳熟期（MS）和收获期（HS）系统取样。取样时每个处理取 3 箱，先取地上部，分为茎秆（包括穗轴、叶鞘、雄穗和地下茎）、叶片（包括苞叶）和籽粒 3 部分，105℃ 杀青 30min，80℃ 烘干至恒重，称重后粉碎过 60 目筛，待室内测定；地下根部分为 0～20cm、20～40cm、40～60cm、60～100cm 四层分段冲洗，将土和杂质去除，取净根进行测定分析；剩余部分烘干，称重，粉碎待室内分析测定。成熟期收获，拷种测产。

3.2.3.2　结果与分析

从表 3-28 可以看出，氮素和水分对两种不同氮效率玉米品种的产量影响显著。在相同水分条件下增施氮肥和相同施肥量条件下增加灌水量均使两品种的单株籽粒产量、单株生物量和收获指数显著升高，氮高效玉米品种 LY13 的升高幅度更大。在相同水肥处理条件下，LY13 的产量和生物量均显著高于 LD981，W_1N_1 处理下升高幅度最大，达到 38.67%。LY13 籽粒产量高的主要原因是其收获指数显著高于 LD981，产量构成因素中 LY13 的千粒重显著高于 LD981，平均增加 58.7%。

表 3-28　水氮耦合对玉米产量及其构成因素的影响

处理	穗行数	行粒数	穗长（cm）	穗粗（cm）	千粒重（g）	穗粒数	单株籽粒产量（g/株）	单株生物量（g/株）	收获指数
LDW_0N_0	15.67a	38.53c	17.80de	4.42e	190.61g	603.65ab	101.37e	228.44f	0.44f
LDW_0N_1	15.33ab	39.88b	17.62e	4.50d	206.86f	611.43a	126.48d	249.34e	0.51d
LDW_1N_0	15.26ab	40.21a	18.10d	4.51d	201.39f	613.59a	123.57d	236.32d	0.52cd
LDW_1N_1	15.00b	39.66b	19.55b	4.64c	236.33e	594.97b	140.61c	265.39c	0.53c
LYW_0N_0	14.33c	34.34f	18.31cd	4.62c	318.74d	492.16c	135.28c	277.61c	0.49de
LYW_0N_1	13.95d	36.14d	18.62c	4.75bc	323.83c	504.15b	163.26b	293.06b	0.56b
LYW_1N_0	14.00cd	35.57e	19.34b	4.89b	334.59b	497.92bc	166.60b	297.45b	0.56b
LYW_1N_1	14.23c	40.01ab	21.37a	5.05a	342.48a	569.32a	194.98a	329.37a	0.59a

注：同列不同小写字母表示处理间差异显著（$P<0.05$）

由图 3-26 看出，随生育时期推进，各处理的干物质积累逐步增加，到成熟期积累量达到最大值。从开花期开始，相同处理下，氮高效品种 LY13 的干物质积累量和积累速率均显著高于氮低效品种 LD981，特别是 W_1N_1 条件下 LY13 表现出较大的优势。LY13 成熟期干物质积累量各处理表现为 $W_1N_1 > W_1N_0 > W_0N_1 > W_0N_0$；LD981 成熟期干物质积累量各处理表现为 $W_1N_1 > W_0N_1 > W_1N_0 > W_0N_0$。

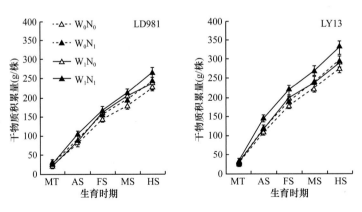

图 3-26　水氮耦合对不同氮效率玉米干物质积累量的影响

由图 3-27 可以看出，LY13 根系生物量显著高于 LD981，二者根系干重均呈单峰曲线变化，LY13 各处理的根系干重均在灌浆期达到峰值，LD981 除 W_0N_0 处理根系干重在灌浆期达到峰值外，其余各处理均在乳熟期达到峰值。施氮和干旱胁迫均显著增加了两品种的根系干重，与不施氮处理相比，施氮处理后 LY13 和 LD981 的根系干重（平均值）分别提高了 13.4% 和 13.6%；在 N_1 处理条件下，干旱胁迫使 LY13 和 LD981 的根系干重（平均值）分别提高了 21.1% 和 18.2%。

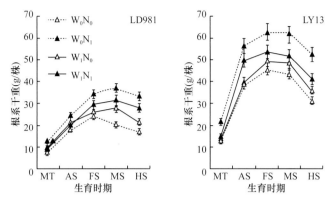

图 3-27　水氮耦合对不同氮效率玉米根系干重的影响

　　两品种根冠比变化均表现为从大喇叭口期开始随生育进程逐渐下降（图 3-28），LY13 根冠比显著高于 LD981，两品种均表现为 W_0N_1 处理根冠比显著高于其他 3 个处理。

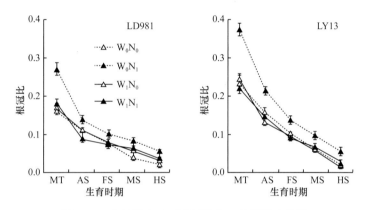

图 3-28　水氮耦合对不同氮效率玉米根冠比的影响

　　根系活力是反映根系吸收性能的重要指标，两个品种的根系活力随生育时期推进均呈先升后降的变化趋势（图 3-29），在开花期达到最高值。相同处理，LY13 各时期根系活力均高于 LD981，特别是生育后期差异显著。两品种各处理根系活力均表现为 $W_1N_1 > W_1N_0 > W_0N_1 > W_0N_0$。

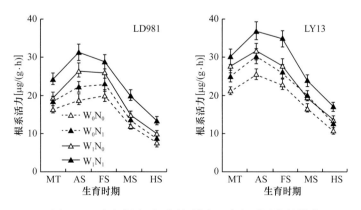

图 3-29　水氮耦合对不同氮效率玉米根系活力的影响

植株根系伤流量是衡量根系主动吸收能力大小的重要指标之一。由图 3-30 可以看出，LY13 根系伤流量显著高于 LD981，特别是乳熟期以前差异更为显著。不同水氮处理对玉米根系伤流量有显著影响，灌水和施氮均可显著提高玉米根系伤流量，特别是对氮高效玉米品种 LY13 的影响更为显著。

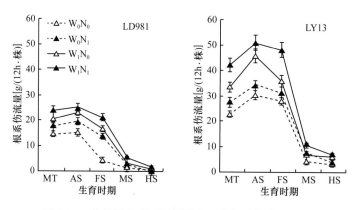

图 3-30　水氮耦合对不同氮效率玉米根系伤流量的影响

光合作用是玉米产量形成的基础。从图 3-31 可以看出，花后各处理的光合速率表现为随时间推移而持续下降，前期下降缓慢，后期下降较快，到成熟期光合速率达到最低。相同处理，LY13 穗位叶光合速率均显著高于 LD981，LY13 具有更长的光合高值持续期，特别是 W_1N_1 处理下差异更为显著。水分和氮素均能显著提高两品种的光合速率，对 LY13 的提高幅度更大。

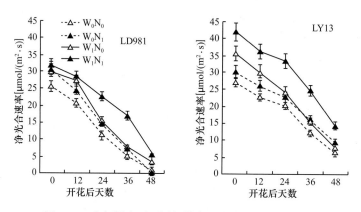

图 3-31　水氮耦合对不同氮效率玉米净光合速率的影响

生育期内叶面积指数的变化幅度是植株叶片生长发育和衰老的直接反映。随生育进程推进，两品种叶面积指数均呈先升高后降低的变化趋势（图 3-32），在开花期达到最高值。LY13 叶面积指数显著高于相同处理 LD981，且花后叶面积指数下降较为缓慢，叶面积高值持续期延长。两品种 W_1 处理的叶面积指数在收获期仍表现较高优势，W_0 处理则下降幅度较大，特别是 LD981 收获期叶片完全干枯。

氮素的积累量反映了玉米整个生育期对氮营养的吸收情况。由图 3-33 可以看出，随生育时期推进，玉米氮素积累量逐渐增加，表现为乳熟期前增加较快，乳熟期到收获期增加较慢，收获期达到最大值。

　　整个生育期，氮高效品种 LY13 氮素积累量和积累速率均显著高于相同处理 LD981。两品种均随施氮量和灌水量的增加氮素积累量显著增加，LY13 增加幅度要高于 LD981。成熟期两品种氮素积累量均表现为 $W_1N_1 > W_0N_1 > W_1N_0 > W_0N_0$。

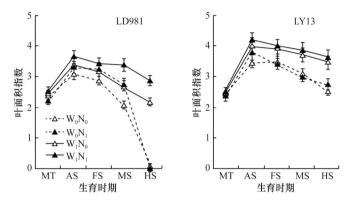

图 3-32　水氮耦合对不同氮效率玉米叶面积指数的影响

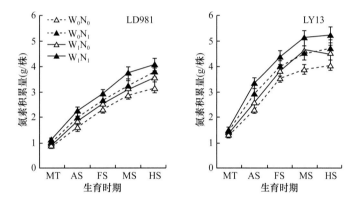

图 3-33　水氮耦合对不同氮效率玉米氮素积累量的影响

3.2.3.3　讨论与小结

　　氮素与水分对产量的影响存在显著的互作效应。改善水肥条件，促进根系与地上部均衡生长是获得高产的有力措施。在一定范围内，产量随氮肥用量的增加而提高，当超过界限用量时，继续增加氮肥投入，籽粒产量反而下降。水分也是限制玉米产量提高的重要因子。在施氮量较少时，不管怎样提高灌水量，产量也不会有较大提高；当供水充足时，玉米籽粒产量和蛋白质含量随施氮量的增加而显著提高；在严重干旱时，氮肥用量过多往往造成减产。氮肥的增产效应随土壤水分的增加而增加。本研究结果表明，氮素和水分均显著影响两种基因型玉米的产量，增施氮肥和增加灌水量均使两品种产量、生物量和收获指数显著升高，表现为氮高效品种的产量和生物量显著高于氮低效品种，LY13 产量比 LD981 平均高 34.01%。籽粒产量高的主要原因是氮高效品种的收获指数显著高于氮低效品种，产量构成因素中氮高效品种的千粒重显著高于氮低效品种。

　　根系是作物吸收氮素的主要器官，在很多条件下控制和影响整个植株的生长发育。大量研究证明：适宜的肥、水条件可促进根系的发育，提高根系活力。本试验中，增施氮肥和提高灌水量均使两品种的根系 TTC 还原强度、根系伤流量显著提高。根系发达、活力强、吸收水分和养分的空间大，作物就能充分吸收和利用土壤水分和养分，最终提高作物产量。氮素吸收依赖于两个方面：一是根系大小，二是根系吸收性能。氮高效玉米品种在生育期中维持了最优根系，具有较大的根系干重；同时，氮高效品种根系形态结构和空间分布较氮低效品种更为合理，其深层根系数量的增加更有利于维持较高的根系活性。植株的生长发育是地上和地下部协调发展的结果，地上部可为根系提供充足的光合产物，有利于根系建成良好的形态结构和生理功能，较大的根系生物量可以获得较高的生物产量。

3.3　作物高产减排的保护性轮耕技术

耕作是作物生产技术体系中的一项重要内容（王绍中和季书勤，2009），是通过农机具的机械作用创造一个良好的耕层结构和适度的孔隙比例，以调节土壤水分、温度存在状况，并协调土壤肥力各因素之间的矛盾，为作物高产奠定良好的土壤基础（孙利军等，2007）。

土壤是作物生产的基础，持续稳定获得高的作物产量的关键在于提高土壤质量（Tilman et al.，2002；Richter et al.，2007）。大量研究表明，在集约种植条件下，秸秆还田、有机无机配合、轮作、保护性耕作和增加生物多样性等措施是提高土壤质量、实现作物持续高产、增强农田生态系统稳定性的有效措施（Rasmussen et al.，1998；Grahmann et al.，2014；Pittelkow et al.，2015；TerAvest et al.，2015），其核心机制在于通过提高土壤有机质的质量和品质，改善土壤结构（尤其是团聚性能）及水分、养分、热量和通气通道（Lavalle et al.，2009；Ayuke et al.，2011；Song et al.，2015），从而增强了作物对水肥的利用。可见，土壤耕作是建立适宜作物生长的土壤环境条件，蓄水保墒，促进作物增产的重要措施。选用适宜的耕作法对土壤和作物生长发育具有积极作用，但长期单一耕作方法也给土壤带来不利影响，阻碍作物增产及农业的可持续发展。少免耕具有保土、增肥、节水和增产增效的作用（余海英等，2011；Zheng et al.，2014），而长期免耕会导致土壤出现有机碳和养分表层富集等质量问题，并使病虫害加重（李素娟等，2008）。如何通过合理的耕作措施进一步改善长期单一耕作所引起的土壤质量下降，是目前人们比较关注的问题。有研究认为，土壤轮耕是通过翻耕、深松和免耕等耕作措施的组配，与种植制度形成相适应的轮耕技术体系，可解决长期单一耕作弊病，来维持农田的土壤生态环境健康和农业的持续性发展（孔凡磊等，2010；侯贤清等，2012；赵亚丽等，2015）。目前，粮食主产区仍然长年以单一的耕作方式为主，合理运用不同土壤耕作技术措施，将翻耕、深松、免耕等措施进行合理组合与轮换，克服各项单一土壤耕作措施的缺点，建立合理的轮耕模式，对农业可持续发展具有重要意义。

3.3.1　稻麦周年轮耕技术

3.3.1.1　材料与方法

试验于 2011 年 1 月至 2012 年 11 月在江苏太湖地区农业科学研究所保护性耕作长期定位试验田进行。保护性轮耕定位试验于 2005 年开始，采用随机区组设计，设置麦季旋耕水稻季翻耕秸秆不还田（RT-CT）、麦季免耕水稻季旋耕秸秆不还田（NT-RT）、麦季旋耕水稻季翻耕秸秆全量还田（RT-CT-S）和春季免耕水稻季旋耕秸秆全量还田（NT-RT-S）4 个处理。试验设 3 个重复，小区面积为 26m²（4m×6.5m）。

3.3.1.2　结果与分析

由图 3-34 可以看出，2011 年各处理水稻产量为 NT-RT 最低，但差异不显著，耕作方式和秸秆还田对水稻产量的影响不显著。而 2012 年，RT-CT、RT-CT-S 和 NT-RT-S 的水稻产量高于 NT-RT 处理。秸秆还田处理的水稻产量高于不还田处理，但是没有显著差异。RT-CT、NT-RT、RT-CT-S 和 NT-RT-S 各处理水稻产量两年的平均监测数据分别为 9.70t/hm²、9.29t/hm²、10.12t/hm² 和 10.09t/hm²。统计分析结果显示，水稻季耕作方式和秸秆利用对水稻产量没有显著效应。

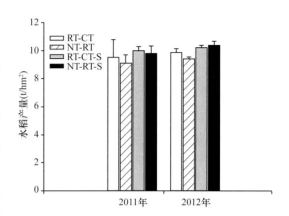

图 3-34　耕作方式和秸秆还田对水稻产量的影响

进一步分析 2011 年不同处理对生物量和收获指数的影响（表 3-29），结果显示，秸秆还田使水稻地上部生物量增加。同时，秸秆还田处理的稻草和籽粒产量也大于秸秆不还田处理，但无显著差异。此外，各处理间收获指数也没有显著差异。因此，秸秆还田增加了有机物的投入，使得土壤营养元素增加，促进了水稻生长，使生物量积累增加，但是对物质转运没有明显的影响。

表 3-29　2011 年耕作方式和秸秆还田对水稻产出的影响

处理	籽粒产量（t/hm²）		稻草产量（t/hm²）		生物量（t/hm²）		收获指数（%）	
	平均值	标准误	平均值	标准误	平均值	标准误	平均值	标准误
RT-CT	9.85	0.26	7.02	0.20	16.88	0.42	58.37	0.52
NT-RT	9.44	0.12	6.44	0.24	15.88	0.26	59.48	1.00
RT-CT-S	10.26	0.13	7.19	0.31	17.45	0.44	58.83	0.74
NT-RT-S	10.40	0.28	7.13	0.43	17.53	0.61	59.37	1.34

不同稻田管理方式对水稻产量形成的影响见表 3-30。与 RT-CT 相比，NT-RT、RT-CT-S 和 NT-RT-S 处理下水稻千粒重增加，但是结实率降低，三者的实粒数有所增加但差异不显著。因此，虽然秸秆还田使水稻的产量有所增加，但是差异不显著。

表 3-30　耕作方式和秸秆还田对水稻产量形成的影响

处理	千粒重（g）		结实率（%）		每穗实粒数	
	平均值	标准误	平均值	标准误	平均值	标准误
RT-CT	29.15	0.18	97.49	0.28	74.51	6.73
NT-RT	30.00	0.05	97.35	0.38	82.33	3.14
RT-CT-S	30.11	0.08	95.76	1.18	78.05	12.98
NT-RT-S	30.72	0.28	96.76	0.23	90.27	9.55

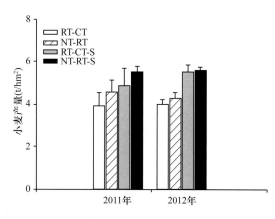

图 3-35　耕作方式和秸秆还田对小麦产量的影响

由图 3-35 可以看出，秸秆还田显著增加小麦产量，但耕作措施对小麦产量无显著影响。2011 年，RT-CT、NT-RT 和 RT-CT-S 三个处理间无显著差异，但是 NT-RT-S 增加小麦产量。而且，相同的秸秆还田方式下，耕作措施对小麦产量无显著影响。2012 年，与秸秆不还田处理相比，秸秆还田措施增加小麦产量。RT-CT、NT-RT、RT-CT-S 和 NT-RT-S 各处理小麦产量两年的平均值分别为 4.49t/hm²、5.04t/hm²、4.91t/hm² 和 6.31t/hm²。因此，水稻秸秆还田可使小麦产量增加 28.2%（$P<0.05$），而耕作方式对小麦产量无显著影响（$P>0.05$）。

各处理下，小麦地上部生物量表现为 NT-RT-S＞RT-CT-S＞NT-RT-＞RT-CT，见表 3-31。与 RT-CT 相比，小麦季免耕和秸秆还田均增加地上部生物量的积累。秸秆还田使麦秸产量有所增加，但是差异不显著。比较籽粒产量和收获指数时发现，籽粒产量提高时，收获指数并没有显著差异。小麦生物量和产量主要受秸秆利用方式的影响。

表 3-31　2011 年耕作方式和秸秆还田对小麦产出的影响

处理	籽粒产量（t/hm²）		麦秸产量（t/hm²）		生物量（t/hm²）		收获指数（%）	
	平均值	标准误	平均值	标准误	平均值	标准误	平均值	标准误
RT-CT	4.45	0.71	2.44	0.31	6.89	1.01	64.32	1.65
NT-RT	5.20	0.62	2.99	0.42	8.19	1.02	63.60	1.17
RT-CT-S	5.55	0.91	3.35	0.41	8.90	1.32	61.98	1.34
NT-RT-S	6.28	0.28	3.50	0.26	9.77	0.46	64.27	1.50

分析不同稻田管理方式下耕作方式和秸秆利用对稻麦轮作系统作物的周年产量影响，发现两年的监测结果趋势一致（图 3-36）。2011 年和 2012 年，秸秆还田方式下的作物周年产量明显大于秸秆不还田处理，并且年际差异不显著。RT-CT、NT-RT、RT-CT-S 和 NT-RT-S 各处理作物周年产量两年的平均监测数据分别为 14.20t/hm²、14.33t/hm²、16.03t/hm² 和 16.74t/hm²。与秸秆不还田处理相比，秸秆还田使作物周年产量增加 13.7%。

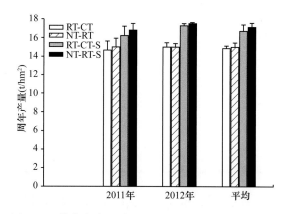

图 3-36　耕作方式和秸秆还田对作物周年产量的影响

由表 3-32 和表 3-33 可以看出，小麦生长季各处理 CH_4 和 N_2O 排放的全球增温潜势（GWP）没有显著差异，而水稻生长季不同耕作和秸秆利用方式下 CH_4 和 N_2O 排放的全球增温潜势具有显著差异。秸秆还田下水

稻季 CH_4 排放的显著增加导致全球增温潜势的增加。从周年效应来看,各处理间 CH_4 和 N_2O 排放的全球增温潜势也达到显著水平。与秸秆不还田相比,秸秆还田使年温室气体排放总量增加 71.3% 和 79.6%。麦季免耕水稻季旋耕的周年耕作方式使年温室气体排放总量增加 25.8% 和 31.9%。麦季免耕水稻季旋耕秸秆还田的稻田管理方式显著增加周年碳排放总量。

表 3-32　耕作方式和秸秆还田对 CH_4 和 N_2O 排放全球增温潜势的影响

年份	处理	小麦季 GWP（kg CO_2 eq/hm^2）	水稻季 GWP（kg CO_2 eq/hm^2）	全年总 GWP（kg CO_2 eq/hm^2）	全年单位籽粒产量 GWP（g CO_2 eq/kg 籽粒）
2011	RT-CT	254	4 235	4 490	325
	NT-RT	391	5 064	5 455	381
	RT-CT-S	345	7 465	7 810	511
	NT-RT-S	368	8 465	8 833	548
2012	RT-CT	647	3 246	3 893	269
	NT-RT	699	4 392	5 091	356
	RT-CT-S	616	5 935	6 552	397
	NT-RT-S	554	9 554	10 108	604
2011~2012*	RT-CT	451a	3 741a	4 191a	296a
	NT-RT	545a	4 728b	5 273b	369b
	RT-CT-S	480a	6 700c	7 181c	451c
	NT-RT-S	461a	9 009d	9 471d	578d

* 为两年的平均值,同一列中不同小写字母表示处理间差异显著（$P<0.05$）

表 3-33　作物产量及温室气体排放的耕作方式和秸秆还田及年份三因子方差分析

处理	产量	单位面积总排放	单位产量总排放	CH_4 总排放	N_2O 总排放	麦季总排放	水稻季总排放
秸秆还田	0.0009**	<0.0001**	<0.0001**	<0.0001**	0.3408	0.7121	<0.0001**
耕作方式	0.6245	<0.0001**	<0.0001**	<0.0001**	0.8047	0.6087	<0.0001**
年份	0.3082	0.8257	0.5926	0.2174	0.0063**	0.0009**	0.5753
秸秆还田 × 耕作方式	0.8116	0.0267*	0.0628	0.2165	0.0585	0.4406	0.0188*
秸秆还田 × 年份	0.5072	0.5318	0.8407	0.7071	0.6615	0.4091	0.4269
耕作方式 × 年份	0.7377	0.1562	0.1024	0.1986	0.9286	0.5600	0.1234
秸秆还田 × 耕作方式 × 年份	0.9684	0.2844	0.3349	0.3197	0.9945	0.9970	0.2777

* 表示差异显著（$P<0.05$）；** 表示差异极显著（$P<0.01$）

此外,周年的监测结果表明,CH_4 和 N_2O 排放的全球增温潜势主要是由水稻生长季 CH_4 和 N_2O 的排放决定的,其占全年总量的 92.6%。CH_4 排放对全球增温潜势的贡献在水稻季和全年尺度上均大于 N_2O 排放的贡献,CH_4 平均排放量占水稻季总排放的 85.4%,占全年总排放的 79.3%。

进一步比较不同稻田管理方式单位产量的综合温室效应，秸秆还田方式下单位产量 CH_4 和 N_2O 排放的综合温室效应极显著高于秸秆不还田的处理（$P<0.01$）；麦季免耕水稻季旋耕的周年耕作方式使单位产量的综合温室效应增加 26.8%。

3.3.1.3 讨论与小结

稻麦轮作系统中，秸秆还田显著增加小麦产量和周年作物产量，但对水稻产量没有显著影响。而不同耕作方式下，各处理间作物产量没有显著差异。秸秆还田措施对小麦和水稻生长季 CH_4 排放具有不同效应。与秸秆不还田相比，秸秆还田促进了水稻生长季 CH_4 排放，但对小麦生长季 CH_4 排放没有显著影响。不同耕作方式下，水稻生长季旋耕处理的 CH_4 排放显著高于翻耕处理，而小麦生长季免耕和旋耕处理的 CH_4 排放没有显著差异。不同耕作方式和秸秆还田条件下，N_2O 排放的季节和周年效应均为显著差异。不同秸秆还田条件下，麦季免耕水稻季旋耕处理单位产量 CH_4 和 N_2O 排放的综合温室效应显著高于水稻季翻耕麦季旋耕处理。

3.3.2 麦玉周年轮耕技术

3.3.2.1 材料与方法

试验于 2013～2014 年在山东东平县农业科学研究所保护性耕作定位试验田进行。试验玉米季设置免耕播种（N）和深松旋耕后播种（SR）2 个处理，小麦季设置免耕播种（N）、旋耕播种（R）、深松后免耕播种（SN）和深松旋耕后播种（SR）4 个处理。研究麦玉两熟不同轮耕方式对作物产量、氮肥效率及环境效应的影响。

3.3.2.2 结果与分析

图 3-37 显示了土壤 0～10cm、10～20cm、20～30cm 小麦成熟期土壤容重。不同耕作方式对不同土层容重的影响显著。在玉米季免耕条件下，小麦季免耕处理（N-N）土壤容重最高，3 个土层土壤容重分别为 1.24g/cm³、1.47g/cm³、1.56g/cm³；在玉米季深松旋耕条件下，小麦季深松免耕处理（SR-SN）0～10cm 和 20～30cm 土层的土壤容重最高，3 个土层土壤容重分别为 1.27g/cm³、1.43g/cm³、1.57g/cm³。在玉米季免耕条件下，小麦季深松旋耕

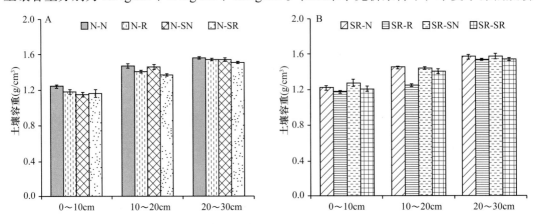

图 3-37　不同耕作方式对小麦成熟期土壤容重的影响

处理（N-SR）土壤容重最低，3 个土层土壤容重分别为 1.16g/cm³、1.36g/cm³、1.50g/cm³；在玉米季深松旋耕条件下，小麦季旋耕处理（SR-R）土壤容重最低，3 个土层土壤容重分别为 1.16g/cm³、1.25g/cm³、1.52g/cm³。

　　图 3-38 显示了土壤 0～10cm、10～20cm、20～30cm 玉米成熟期土壤容重。不同耕作方式对不同土层容重的影响显著。在玉米季免耕条件下，小麦季免耕处理（N-N）土壤容重最高，3 个土层土壤容重分别为 1.38g/cm³、1.51g/cm³、1.63g/cm³。在玉米季免耕条件下，小麦季深松旋耕处理（N-SR）土壤容重最低，3 个土层土壤容重分别为 1.22g/cm³、1.31g/cm³、1.51g/cm³；在玉米季深松＋旋耕条件下，小麦季旋耕处理（SR-R）土壤容重最低。

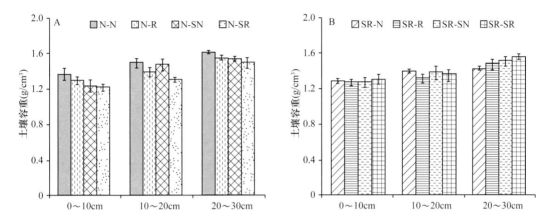

图 3-38　不同耕作方式对玉米成熟期土壤容重的影响

　　不同耕作方式对小麦开花期叶面积指数影响显著（图 3-39）。N-SR 处理开花期叶面积指数最高，达到 6.75，分别比处理 N-N、N-R、N-SN、SR-N、SR-R、SR-SN 和 SR-SR 高 17.31%、13.71%、5.05%、20.54%、17.62%、25.71% 和 19.45%。与玉米季深松旋耕处理相比较，玉米季免耕处理的小麦叶面积指数平均提高了 11.20%。

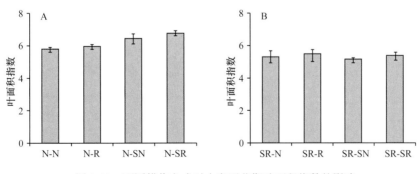

图 3-39　不同耕作方式对小麦开花期叶面积指数的影响

　　图 3-40 显示了不同耕作方式对玉米开花期叶面积指数的影响。在 2013 年玉米季，N-R 处理开花期叶面积指数最高，分别比处理 N-N、N-SN、N-SR、SR-N、SR-R、SR-SN 和 SR-SR 高 3.68%、18.56%、25.22%、29.45%、15.68%、35.15% 和 20.03%。与玉米季深松旋耕处理相比较，玉米季免耕处理的叶面积指数平均提高了 12.36%。在 2014 年玉米季，N-N 处理开花期叶面积指数最高，分别比处理 N-R、N-SN、N-SR、SR-N、SR-R、SR-SN

和 SR-SR 高 20.69%、16.30%、18.35%、28.10%、14.25%、31.05% 和 21.02%。与玉米季深松旋耕处理相比较，玉米季免耕处理的叶面积指数平均提高了 8.90%。

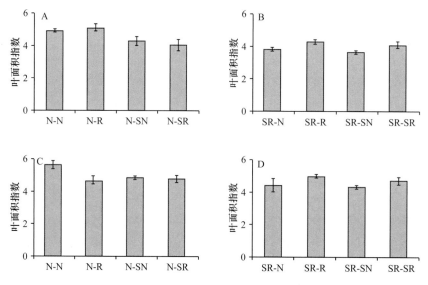

图 3-40　不同耕作方式对玉米开花期叶面积指数的影响

A、B 为 2013 年结果；C、D 为 2014 年结果

不同耕作方式下，小麦产量和小麦－玉米周年产量差异显著，对玉米产量无显著影响（图 3-41）。小麦季深松旋耕和深松免耕的籽粒产量分别高于旋耕和免耕处理，其中深松旋耕与深松免耕处理之间差异显著；从周年作物产量来看，小麦季采用深松旋耕或深松免耕处理及玉米季采用免耕处理分别高于小麦季采用旋耕和免耕处理及玉米季采用深松旋耕处理。

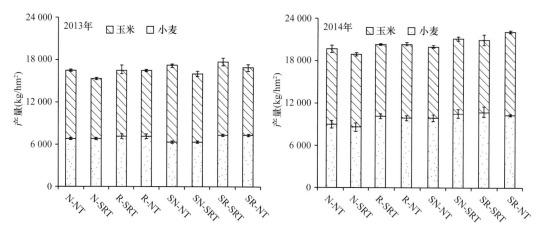

图 3-41　不同耕作方式对小麦－玉米周年产量的影响

小麦季，深松免耕处理的氮肥偏生产力显著高于免耕处理，其他处理之间无显著差异；玉米季，与免耕处理相比较，深松处理的氮肥偏生产力略有降低或无显著差异。由此表明，小麦季深松处理、玉米季免耕处理有利于小麦－玉米周年对氮素的吸收利用（图 3-42）。

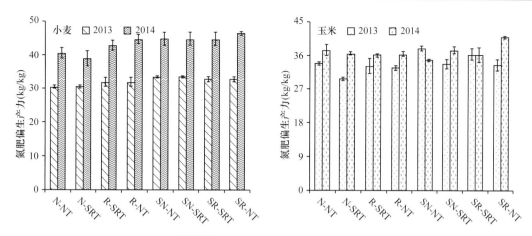

图 3-42　不同耕作方式对小麦和玉米氮肥偏生产力的影响

不同耕作处理之间，小麦季深松处理的单位面积 GWP 均高于不深松处理；玉米季深松处理 2013 年显著高于不深松处理，2014 年无显著差异。从小麦－玉米周年的单位面积GWP 来看，SR-SRT 处理两年平均值最高，N-NT 最低（图 3-43）。

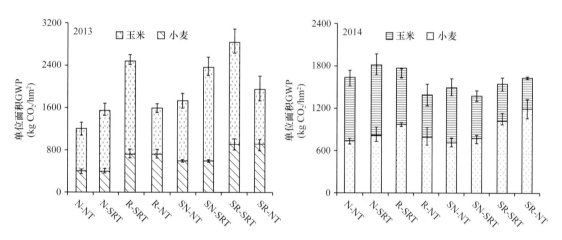

图 3-43　不同耕作方式对小麦和玉米全球增温潜势的影响

3.3.2.3　讨论与小结

在冬小麦－夏玉米轮作系统中，耕作措施对小麦产量和小麦－玉米周年产量影响显著，对玉米产量无显著影响。小麦季深松旋耕和深松免耕的籽粒产量分别高于旋耕和免耕处理，其中深松旋耕与深松免耕处理之间差异显著；从周年作物产量来看，小麦季采用深松旋耕或深松免耕处理及玉米季采用免耕处理分别高于小麦季采用旋耕和免耕处理及玉米季采用深松旋耕处理。小麦季，深松免耕处理的氮肥偏生产力显著高于免耕处理，其他处理之间无显著差异；玉米季，与免耕处理相比较，深松处理的氮肥偏生产力略有降低或无显著差异。由此表明，小麦季深松处理、玉米季免耕处理有利于小麦－玉米周年对氮素的吸收利用。不同耕作处理之间，小麦季深松处理的单位面积 GWP 均高于不深松处理；玉米季深松处理 2013 年显著高于不深松处理，2014 年无显著差异。从小麦－玉米周年的单位面积 GWP 来看，SR-SRT 处理两年平均值最高，N-NT 最低。

综合考虑产量、氮肥利用效率和环境效应，华北地区小麦－玉米一年两熟制下，玉米季免耕、小麦季深松旋耕的轮耕模式可优化耕层结构，获得高的作物产量，同时显著提高氮肥利用效率，增加土壤的固碳减排能力。

3.3.3　双季稻周年轮耕技术

3.3.3.1　材料与方法

试验地点位于江西余江县（现为余江区）邓家埠原种场，北纬 28°15′、东经 116°55′。该地区属中亚热带湿润季风气候区，月平均气温 5.5～29.9℃，年平均气温 17.6℃，降水量 1727mm，无霜期 289d。于 2008 年晚稻季开始，试验选用品种分别为早稻'金早 17'和晚稻'五丰优 T025'。试验采用裂区区组设计，主处理为耕作方式，包括旋耕（RT）和翻耕（PT），副处理为秸秆全量还田（AS）和根茬还田（PS），每个处理 3 次重复，共计 12 个小区，小区面积为 80m^2。旋耕处理采用 IGSP-200T 旋耕机结合水田平整机进行旋耕作业，深度为 8～10cm，翻耕处理选用传统五铧犁进行翻耕作业，深度为 20～25cm，研究双季稻两熟不同轮耕方式对作物产量、氮肥利用效率及环境效应的影响。

3.3.3.2　结果与分析

表 3-34 表明，不同耕作方式和秸秆还田方式对水稻生育进程的影响很小。分析'五丰优 T025'生育进程的日期发现，翻耕将水稻的始穗期分别提前了 1d 和 2d，成熟期分别提前了 1d 和 0d，根茬还田将水稻的始穗期分别提前了 1d 和 0d，成熟时间分别提前了 1d 和 0d，说明根茬还田可以小幅度促进水稻成熟。'金早 17'的生育进程结果表明，耕作方式和秸秆还田方式对'金早 17'几乎没有影响，只是在翻耕条件下，根茬还田将水稻的始穗期提前了 1d，而对其他处理均没有影响。

表 3-34　不同处理对水稻生育进程的影响

品种	处理	育秧期（月/日）	播种期或移栽期（月/日）	始穗期（月/日）	成熟期（月/日）
五丰优 T025	PT＋PS	6/29	7/25	9/5	11/3
	PT＋AS	6/29	7/25	9/6	11/4
	RT＋PS	6/29	7/25	9/7	11/4
	RT＋AS	6/29	7/25	9/7	11/4
金早 17	PT＋PS	3/15	4/10	5/9	7/1
	PT＋AS	3/15	4/10	5/10	7/1
	RT＋PS	3/15	4/10	5/10	7/1
	RT＋AS	3/15	4/10	5/10	7/1

2013～2014 年周年水稻产量及产量构成如表 3-35 所示，2013 年'五丰优 T025'产量表现为 PT＋AS＞RT＋PS＞RT＋AS＞PT＋PS。其中，PT＋AS 处理下'五丰优 T025'产量最高，较其他处理分别高出 2.2%、16.5% 和 18.6%。究其原因，我们发现在 PT＋AS 处理中，'五丰优 T025'的穗粒数均高于其他处理，分别比 RT＋PS、PT＋PS 和 RT＋AS 高

出 23.9%、10.6% 和 7.9%。而 PT＋AS 处理下亩穗数仅次于 RT＋AS 处理，高于其余处理，分别为 332.3 个 /m²、306.7 个 /m²、273.7 个 /m² 和 251.3 个 /m²。同时，PT＋AS 处理下穗子的空瘪粒数显著高于其余处理，而结实率和千粒重并没有显著差异。

表 3-35　不同处理对水稻产量及产量构成因素的影响

品种	处理	产量（kg/hm²）	有效穗数（个 /m²）	穗粒数	空瘪粒数	结实率（%）	千粒重（g）
五丰优 T025	PT＋PS	6752.9b	251.3b	110.4a	18.3b	86.4a	25.9a
	PT＋AS	8011.3a	306.7a	119.1a	23.4a	85.5a	25.8a
	RT＋PS	7840.2a	273.7ab	96.1b	16.0a	85.5a	26.0a
	RT＋AS	6877.4b	332.3a	107.7a	15.7b	87.1a	26.0a
金早 17	PT＋PS	5480.4c	278.8b	71.5c	9.6a	86.5b	27.5a
	PT＋AS	6675.9b	298.6b	79.4bc	6.2b	92.0a	28.3a
	RT＋PS	6855.7b	260.7b	94.8a	4.4b	95.4a	27.8a
	RT＋AS	7499.7a	317.1a	85.9b	4.9b	94.2a	27.7a

注：同一品种中同列不同小写字母表示处理间差异达到显著水平（P＜0.05）

‘金早 17’产量分别为 5480.4kg/hm²、6675.9kg/hm²、6855.7kg/hm² 和 7499.7kg/hm²，表现为 RT＋AS ＞ RT＋PS ＞ PT＋AS ＞ PT＋PS，RT＋AS 较其他处理分别高出 9.4%、12.3% 和 36.8%。我们分析‘金早 17’的产量构成发现，决定‘金早 17’产量的主要因素是亩穗数，在产量最高的 RT＋AS 处理中，亩穗数显著高于其余处理，分别为 317.1 个 /m²、260.7 个 /m²、298.6 个 /m² 和 278.8 个 /m²，穗粒数分别为 85.9、94.8、79.4 和 71.5。结实率在 PT＋PS 处理中最低，为 86.5%，显著低于其他处理；而千粒重与晚稻相同，没有显著差异。

水稻成熟期分器官干重及总干重如图 3-44 所示，‘五丰优 T025’成熟期茎干重在 PT＋PS、PT＋AS、RT＋PS 和 RT＋AS 处理中分别为 2.5t/hm²、3.0t/hm²、2.3t/hm² 和 3.2t/hm²，叶干重分别为 1.3t/hm²、1.2t/hm²、1.0t/hm² 和 1.4t/hm²，穗干重分别为 6.3t/hm²、6.1t/hm²、5.2t/hm² 和 7.4t/hm²，总干重分别为 10.1t/hm²、10.3t/hm²、8.5t/hm² 和 11.9t/hm²。在 RT＋AS 处理中，所有干重均高于其他处理，茎干重分别高出 28.0%、6.7% 和 27.3%，叶片干重分别高出 4.3%、16.7% 和 40.0%，穗干重分别高出 17.5%、21.3% 和 42.3%，总干重分别高出

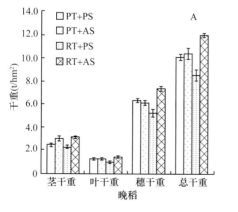
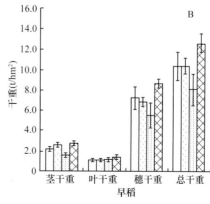

图 3-44　不同处理对晚稻‘五丰优 T025’（A）和早稻‘金早 17’（B）分器官干重的影响

17.8%、15.5% 和 40.0%。

'金早 17'成熟期茎干重在 PT＋PS、PT＋AS、RT＋PS 和 RT＋AS 处理中分别为 2.1t/hm²、2.5t/hm²、1.5t/hm² 和 2.7t/hm²，叶干重分别为 1.0t/hm²、1.0t/hm²、1.0t/hm² 和 1.3t/hm²，穗干重分别为 7.2t/hm²、6.8t/hm²、5.5t/hm² 和 8.6t/hm²，总干重分别为 10.3t/hm²、10.4t/hm²、8.0t/hm² 和 12.6t/hm²。在 RT＋AS 处理中，所有干重均高于其他处理，茎干重分别高出 28.6%、8.0% 和 80.0%，叶片干重分别高出 30.0%、30.0% 和 30.0%，穗干重分别高出 19.4%、26.5% 56.4%，总干重分别高出 22.3%、21.2% 和 57.5%。

不同耕作方式和秸秆还田方式下水稻的氮肥偏生产力如图 3-45 所示。'五丰优 T025'的氮肥偏生产力在处理 PT＋PS、PT＋AS、RT＋PS 和 RT＋AS 中分别为 45.02kg/kg、53.41kg/kg、52.27kg/kg 和 45.85kg/kg，其中在 PT＋AS 处理中最高，较其余处理分别高出 18.6%、2.2% 和 16.5%。比较两种耕作方式可以发现，深翻耕和旋耕的氮肥偏生产力分别为 49.21kg/kg 和 49.06kg/kg，翻耕较旋耕有更高的氮肥偏生产力，但差异不显著；比较秸秆还田方式可以发现，根茬还田和秸秆全量还田的氮肥偏生产力分别为 48.64kg/kg 和 49.63kg/kg，说明秸秆全量还田可以提高晚稻的氮肥偏生产力。

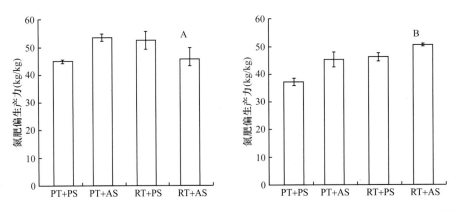

图 3-45　不同处理对晚稻'五丰优 T025'（A）和早稻'金早 17'（B）氮肥偏生产力的影响

'金早 17'的氮肥偏生产力在处理 PT＋PS、PT＋AS、RT＋PS 和 RT＋AS 中分别为 36.54kg/kg、44.51kg/kg、45.70kg/kg 和 50.00kg/kg，其中在 RT＋AS 处理中最高，较其余处理 PT＋PS、PT＋AS、RT＋PS 分别高出 36.8%、12.3% 和 9.4%。比较两种耕作方式可以发现，深翻耕和旋耕的氮肥偏生产力分别为 40.53kg/kg 和 47.85kg/kg，旋耕较深翻耕有更高的氮肥偏生产力，但差异不显著；比较秸秆还田方式可以发现，根茬还田和秸秆全量还田的氮肥偏生产力分别为 41.12kg/kg 和 47.25kg/kg，说明秸秆全量还田可以提高晚稻的氮肥偏生产力。

晚稻季'五丰优 T025'CH_4 排放总量表现为 RT＋AS＞RT＋PS＞PT＋AS＞PT＋PS，且各处理间差异显著（表 3-36）。其中排放最低的处理 PT＋PS 较其他处理分别低了 32.1%、49.0% 和 63.5%；其 N_2O 排放总量在处理 PT＋PS、PT＋AS、RT＋PS 和 RT＋AS 中分别为 792.7kg CO_2 eq/hm²、755.9kg CO_2 eq/hm²、659.6kg CO_2 eq/hm² 和 674.5kg CO_2 eq/hm²，但差异均不显著；GWP 与 CH_4 的累积排放量趋势一样，且差异均显著，PT＋PS 处理较其他处理分别低了 23.5%、35.1% 和 50.2%；排放强度（GHGI）与 GWP 趋势一样，除了

PT+PS 和 PT+AS，其他处理间差异同样显著。比较两种耕作方式可以发现，翻耕后显著降低了'五丰优 T025'稻田 CH_4 的排放量，同时也降低了 GWP 和 GHGI。秸秆全量还田增加了稻田 CH_4 排放总量，同时也增加了 GWP 和 GHGI，这与前人的研究结果一致。

表 3-36　不同处理下五丰优 T025、冬闲期和金早 17 的 GWP 和 GHGI

处理		CH_4 排放总量 （ kg CO_2 eq/hm^2 ）	N_2O 排放总量 （ kg CO_2 eq/hm^2 ）	GWP （ kg CO_2 eq/hm^2 ）	GHGI（ g CO_2 eq/kg ）
五丰优 T025	PT+PS	1168.6d	792.7a	1924.5d	284.7c
	PT+AS	1721.5c	755.9a	2514.2c	313.3c
	RT+PS	2291.7b	659.6a	2966.1b	417.9b
	RT+AS	3202.0a	674.5a	3861.6a	498.2a
冬闲期	PT+PS	197.0b	419.7a	616.7a	
	PT+AS	145.6c	418.5a	564.0a	
	RT+PS	286.4a	348.6a	635.0a	
	RT+AS	266.0a	290.6a	556.6a	
金早 17	PT+PS	2462.4b	690.6a	3153.0b	575.3a
	PT+AS	2595.6b	632.5a	3228.1b	483.5a
	RT+PS	3201.6a	690.8a	3892.4a	567.8a
	RT+AS	3395.3a	699.0a	4094.3a	545.9a

注：同一列不同字母表示处理间差异达到显著水平（ $P<0.05$ ）

冬闲期稻田 CH_4 排放总量表现为 RT+PS>RT+AS>PT+PS>PT+AS，除旋耕两种秸秆还田方式以外其余处理间差异显著。其中排放最低的处理 PT+AS 较其他处理分别低了 26.1%、49.2% 和 45.3%；其 N_2O 的排放总量在处理 PT+PS、PT+AS、RT+PS 和 RT+AS 分别为 419.7kg CO_2 eq/hm^2、418.5kg CO_2 eq/hm^2、348.6kg CO_2 eq/hm^2 和 290.6kg CO_2 eq/hm^2，但差异均不显著；GWP 分别为 616.7kg CO_2 eq/hm^2、564.0kg CO_2 eq/hm^2、635.0kg CO_2 eq/hm^2 和 556.6kg CO_2 eq/hm^2，但差异均不显著。与旋耕相比，翻耕显著降低了冬闲期稻田 CH_4 的排放量，但增加了 N_2O 的排放量，差异不显著。

早稻季'金早 17' CH_4 排放总量表现为 RT+AS>RT+PS>PT+AS>PT+PS，且两种耕作方式之间差异显著，同一种耕作方式下的两种秸秆还田方式差异不显著。其中排放最低的处理 PT+PS 较其他处理分别低了 5.1%、23.1% 和 27.5%；其 N_2O 的排放总量在处理 PT+PS、PT+AS、RT+PS 和 RT+AS 中分别为 690.6kg CO_2 eq/hm^2、632.5kg CO_2 eq/hm^2、690.8kg CO_2 eq/hm^2 和 699.0kg CO_2 eq/hm^2，但差异均不显著；GWP 与 CH_4 的累积排放量趋势一样，且两种耕作方式之间差异显著，同一种耕作方式下的两种秸秆还田方式差异不显著，PT+PS 处理较其他处理分别低了 2.3%、19.0% 和 23.0%；由于'金早 17'产量差异较大，故排放强度（GHGI）趋势发生了变化，为 PT+PS>RT+PS>RT+AS>PT+AS，其中最小者 PT+AS 处理较其他处理分别低了 11.4%、14.8% 和 16.0%，但差异均不显著。比较两种耕作方式可以发现，翻耕后同样显著降低了早稻稻田 CH_4 的排放量，同时也降低了 GWP，对 N_2O 的排放和 GHGI 均没有显著影响；秸秆全量还田增加了稻田

CH_4 排放总量和 GWP，对 N_2O 和 GHGI 的影响不显著。

　　表 3-37 为双季稻周年产量和周年温室气体排放的数据。由表可知，双季稻周年产量表现为 RT＋PS＞PT＋AS＞RT＋AS＞PT＋PS，其中 PT＋PS 中产量最低，较其他处理分别低了 14.9%、16.7% 和 16.8%，且差异显著。周年 CH_4 排放总量表现为 RT＋AS＞RT＋PS＞PT＋AS＞PT＋PS，且各处理间差异均显著，其中 CH_4 排放量最低的 PT＋PS 较其他处理分别低了 14.2%、33.8% 和 44.2%。周年 N_2O 的排放总量在处理 PT＋PS、PT＋AS、RT＋PS 和 RT＋AS 中分别为 1903.0kg CO_2 eq/hm^2、1806.9kg CO_2 eq/hm^2、1699.0kg CO_2 eq/hm^2 和 1664.1kg CO_2 eq/hm^2，但差异均不显著。双季稻区周年 GWP 和 CH_4 的累积排放量有同样的趋势，即 RT＋AS＞RT＋PS＞PT＋AS＞PT＋PS，且差异均显著，其中 PT＋PS 中 GWP 最低，较其他处理分别低了 8.6%、23.4% 和 32.8%。由于产量和 GWP 共同决定 GHGI，GHGI 与 GWP 的趋势略有不同，表现为 RT＋AS＞RT＋PS＞PT＋PS＞PT＋AS，即翻耕后秸秆全量还田同时具有较高的产量和较低的温室气体排放强度。

表 3-37　不同处理下双季稻周年产量、GWP 和 GHGI

处理	产量（kg/hm^2）	CH_4 排放总量（kg CO_2 eq/hm^2）	N_2O 排放总量（kg CO_2 eq/hm^2）	GWP（kg CO_2 eq/hm^2）	GHGI（g CO_2 eq/kg）
PT＋PS	12 233.3b	3 828.0d	1 903.0a	5 731.0d	468.5b
PT＋AS	14 687.2a	4 462.7c	1 806.9a	6 269.6c	426.9c
RT＋PS	14 695.9a	5 779.7b	1 699.0a	7 478.7b	508.9b
RT＋AS	14 377.1a	6 863.3a	1 664.1a	8 527.4a	593.1a

注：同一列不同字母表示处理间差异达到显著水平（$P<0.05$）

3.3.3.3　讨论与小结

　　关于耕作方式对水稻产量的研究，结果显示，耕作方式明显影响水稻产量。稻草还田在翻耕埋田的情况下，能大幅度地提高穗实粒数，达到增产的效果；研究表明，第 1 年免耕套种秸秆还田的水稻产量最高，但随着连续免耕时间的延长，第 2 年免耕套种的产量降低。本试验研究了不同秸秆还田与土壤耕作方式对 2013 年 '五丰优 T025' 和 2014 年 '金早 17' 的产量及产量构成因素的影响，结果表明，'五丰优 T025' 产量在翻耕＋秸秆全量还田中最高。究其原因，我们发现在 PT＋AS 处理中，'五丰优 T025' 的穗粒数均高于其他处理，其他产量构成因素均没有显著增加，这与前人的研究结果一致。有所不同的是，本实验中 '金早 17' 产量最高出现在旋耕＋秸秆全量还田处理下，分析其产量构成因素可知，其增产的主要原因是提高了亩穗数，这可能与早稻生育期较短有关。

　　以往对于免耕和翻耕对稻田 GWP 和 GHGI 影响的研究较少，免耕能抑制 CH_4 的排放。本研究从 2008 年晚稻开始，我们选择晚稻－冬闲－早稻这一周年作为周年排放来分析不同耕作和秸秆还田方式对双季稻区周年温室气体排放的影响。结果表明，CH_4 是稻田 GHGI 总量的绝对贡献者，对各处理而言，翻耕显著降低了 GWP 和 GHGI，这说明如果采用适当的耕作措施和灌溉措施，减排效果会更好。而在所有处理中翻耕＋秸秆全量还田的 GHGI 最低，说明这一措施成为有效地减缓稻田温室气体排放强度的手段。虽然我们发现翻耕处理增加了 N_2O 的排放，但稻田 GHGI 主要由 CH_4 贡献，因此该措施仍然成为减排的首选。尽管在翻耕条件下，秸秆全量还田后显著增加了双季稻区周年 GWP，但由于周年产量在秸秆全量还田后也显著增加，故得到了较小的 GHGI。

3.4　作物抗倒防衰的化学调控技术

植物激素为植物体内自然存在的一系列有机化合物，含量极低，产生于植物体内特定部位，从合成部位运输到作用部位；它不是营养物质，仅以很低的浓度产生各种特殊的调控作用（崔凯荣等，2000）。植物激素在其调控作用中，有加成和互补效应（Bai and Qu，2001），植物的各种生理效应是不同种类激素之间相互作用的综合表现（于晓红等，1999），它们通过互相调节其生物合成及活性来完成协同或拮抗作用，现已有关于脱落酸（abscisic acid，ABA）（Wan et al.，2009；Cutler et al.，2010；Klingler et al.，2010）、细胞分裂素（cytokinin，CTK）（Werner and Schmulling，2009；Argueso et al.，2010；Perilli et al.，2010）、油菜素甾醇（brassinosteroid，BR）（Divi and Krishna，2009；Kim and Wang，2010）、茉莉酸（jasmonic acid，JA）（Wasternack，2007）和乙烯（ethylene，ETH）（Stepanova and Alonso，2009）等激素的活性及信号转导的交互作用的报道。人们在了解这些天然激素的结构和作用机制后，进行人工合成，就是植物生长调节剂。

植物茎节的伸长生长受多种因素的调节控制（Dijkstra et al.，2008）。乙烯利有效成分是 2-氯乙基膦酸，2-氯乙基膦酸可释放乙烯，对细胞伸长有抑制作用并促进细胞的横向膨胀，从而抑制茎秆节间的伸长生长（李少昆等，1991；Rajala et al.，2002）。乙烯与生长素、赤霉素（gibberellin，GA）、脱落酸等植物激素以不同的方式相互协调作用，共同调节玉米节间的生长（Azuma et al.，2003；Rzewuski and Sauter，2008）。矮壮素调控赤霉素生物合成途径中的牻牛儿基牻牛儿基焦磷酸（GGPP）"环化"形成内根-贝壳杉烯，可抑制赤霉素的生物合成（董学会等，2006）。水稻叶面喷施 30% 矮·烯微乳剂（矮壮素和烯效唑），能够缩短基部节间长度、茎秆单位长度干重增加（张倩等，2011），基部节间加粗，茎秆抗折和抗压强度提高，齐穗期茎秆基部节间的碳氮比提高，固定生长期的第 2 节间 GA_3 含量显著降低，对细胞的显微结构和灌浆后期茎秆化学组分均有显著影响，最终提高水稻籽粒产量（张倩等，2013）。在玉米叶面喷施乙烯利和甲哌鎓的复配剂，能够改善株型结构，防止倒伏、促进同化物分配转运，改善产量构成因素，提早成熟，达到提高产量的效果（李建民等，2005）。乙矮合剂（有效成分乙烯利和矮壮素）具有降低作物穗位高、增强茎秆强度、提高抗倒伏能力的作用（薛金涛等，2009）。乙霉合剂（主成分是赤霉素和乙烯利）能够增强玉米抗倒伏能力，促进乳熟期茎秆中的干物质向籽粒运转，提高籽粒灌浆速率，提高产量。膦酸胆碱合剂处理可以改善玉米茎秆农艺性状，显著增加春玉米田间抗倒伏能力，提高根系质量，从而降低倒伏率，有效改善春玉米穗部性状及产量构成因素，实现抗倒性和丰产性协同表达（兰宏亮等，2011；裴志超等，2011）。在作物生产中应用细胞分裂素、矮壮素、乙烯利等植物生长调节剂能够提高作物抵抗逆境的能力，延缓叶片衰老进程，维持碳代谢平衡，提高产量。研究表明，矮壮素处理能显著地提高马铃薯叶片中磷、钾、钙、镁、铁等矿质元素的含量及抗氧化酶系统的活性（Wang et al.，2010）；喷施适宜浓度的矮壮素能够提高保护酶系的活性，增加叶片的叶绿素和可溶性蛋白含量；矮壮素通过提高植物根干重和根冠比；改善产量构成因素，有效提高产量（张秀丽，2007；冯斗等，2009）。叶面喷施膦酸胆碱合剂能够增加密植作物叶片叶绿素含量，提高叶片保绿度和保护酶系活性，降低丙二醛（MDA）含量，延缓叶片衰老进程，显著增加籽粒产量（解振兴等，2012）。

3.4.1　水稻抗倒防衰的化学调控技术

3.4.1.1　材料与方法

在湖南浏阳市永安镇大田进行试验，供试品种为早稻'中嘉早17'（籼型常规稻）、晚稻'天优华占'（籼型杂交稻）和'甬优9号'（籼粳杂交稻）。采用随机区组设计，小区面积为30m²，3次重复。设置4个处理：A——插秧前1～3d喷施农宝，50倍稀释喷施；B——幼穗分化期喷施保民丰，2000倍稀释喷施；C——始穗期喷施诱抗宝，3000倍喷施；D——对照（喷施药剂时喷施清水）。其他管理方式按照高产栽培模式进行。

3.4.1.2　结果与分析

由表3-38可知，在前期施用农宝后，对不同水稻品种均能显著提高分蘖率，'中嘉早17'、'天优华占'和'甬优9号'分蘖率分别比对照增加了29.2%、18.9%和19.3%；同时，'天优华占'和'甬优9号'施用农宝的成穗率显著高于对照，且分别比对照增加了13.0%和12.1%。在显著提高分蘖率和成穗率后，最终导致施用农宝后单位面积有效穗数增加，'中嘉早17'、'天优华占'和'甬优9号'的单位面积有效穗数分别比对照增加了5.31%、0.83%和6.45%。这表明在双季稻生产系统中，前期可以通过化学调控促进分蘖早发和提高后期成穗率，从而增加单位面积有效穗数和水稻产量。

表 3-38　施用农宝对水稻分蘖的作用

品种	处理	分蘖率（%）	成穗率（%）	有效穗数（个/m²）
中嘉早 17	农宝	163.9*	55.5	396.9*
	CK	127.1	61.8*	376.9
天优华占	农宝	276.5*	71.2*	363.8
	CK	232.6	63.0	360.8
甬优 9 号	农宝	160.6*	68.6*	282.4
	CK	134.6	61.2	265.3

*表示与对照相比差异显著（$P<0.05$）

幼穗分化期施用保民丰对提高总颖花数具有促进作用，由表3-39可以看出，施用保民丰的'中嘉早17'和'天优华占'的穗粒数较对照分别增加8.9%和5.0%，同时'中嘉早17''天优华占''甬优9号'总颖花数分别比对照增加了10.8%、4.6%、5.6%，并且在施用保民丰后，高产模式叶面积指数稍高于对照，'中嘉早17''天优华占'的颖花/叶喷施后高于对照，其中'中嘉早17'和'天优华占'的颖花/叶分别比对照提高了9.7%和5.7%，表明提高的颖花数幅度高于叶面积指数。由此可见，在幼穗分化期施用化学调控后，提高了叶面积指数，保证了源的充足，同时能在穗数相对较多的情况下保证较多的穗粒数，使总颖花数增加，增强了库的能力，避免了源大库弱的弊端，从而导致水稻产量的显著提高。

表 3-39　施用保民丰对双季稻的促粒作用

品种	处理	LAI_max	穗粒数	有效穗数（个/m²）	总颖花数（万/m²）	颖花/叶
中嘉早 17	保民丰	5.86	101.8	393.9	3.99	0.68
	CK	5.81	93.5	376.9	3.60	0.62
天优华占	保民丰	8.13	125.6	361.5	4.53	0.56
	CK	8.10	119.6	360.8	4.33	0.53
甬优 9 号	保民丰	9.32	153.5	282.4	4.33	0.47
	CK	8.14	154.5	265.3	4.10	0.50

始穗期施用诱抗宝可以提高齐穗期后高效叶面积指数。由表 3-40 可知，施用诱抗宝使'中嘉早 17'、'天优华占'和'甬优 9 号'的高效叶面积指数在齐穗后 10d 分别较对照提高了 5.7%、11.3% 和 9.1%；'中嘉早 17'齐穗后 15d 较对照提高了 10.4%，'天优华占'和'甬优 9 号'齐穗后 15d 分别较对照提高了 14.8% 和 12.2%。'中嘉早 17'和'天优华占'的高效叶面积率在齐穗后 10d 分别较对照提高了 4.7% 和 11.3%，齐穗后 15d 分别提高了 9.1% 和 14.7%。由此可见，在齐穗期采用化学调控方式，能够延缓叶片的衰老，尤其能够增加高效叶面积指数，从而增加水稻产量。

表 3-40　施用诱抗宝对水稻的延衰作用

品种	处理	高效 LAI		高效叶面积率（%）	
		齐穗后 10d	齐穗后 15d	齐穗后 10d	齐穗后 15d
中嘉早 17	诱抗宝	3.87	3.81	65.87	64.86
	CK	3.66	3.45	62.93	59.47
天优华占	诱抗宝	3.83	3.80	47.23	46.86
	CK	3.44	3.31	42.45	40.84
甬优 9 号	诱抗宝	4.91	4.31	52.69	46.25
	CK	4.50	3.84	55.29	47.18

3.4.1.3　讨论与小结

化学调节剂在水稻生产中得到了学者的高度重视。研究发现，青鲜素、多效唑、烯效唑等植物生长剂都具有促进秧田分蘖和大田分蘖的作用。本试验试图在高产栽培技术上利用功能不同的化学调控剂对双季稻群体进行全程调控，以探讨进一步提高水稻产量的可能性。农宝、保民丰、诱抗宝是同一核心成分按不同调控目标组配的不同功能调节剂。

试验表明，农宝可促进分蘖早发、多发，能够保证足够的有效穗数，在栽插密度较大的情况下，应提早搁田，提高成穗率。随着群体数量和有效穗数的增加，个体和群体、穗多与穗大的矛盾日益显露出来。在穗数达到足量时，需提高穗粒数，保证大穗。虽然高产栽培模式的穗粒数比当地传统栽培模式有所减少（原因是当地传统栽培模式的有效穗数显著小于高产栽培模式），但是总颖花数高产栽培显著大于当地传统栽培模式。由此可见，保民丰能促进幼穗分化，在群体较大时保证大穗。诱抗宝具有减缓叶片衰老速度的作用，在一定时间内增强剑叶光合系统的能力，但是由于双季稻各季节的水稻生育期较短，施用诱抗宝可能会延长水稻的生育期，造成晚稻收获时未完全成熟，使秕粒增加，对于诱抗宝的具体施用时间及施用对象还有待进一步研究。

3.4.2 小麦抗倒防衰的化学调控技术

3.4.2.1 材料与方法

在节水高产示范田，分别于拔节期－孕穗期－开花期－灌浆期、孕穗期－开花期－灌浆期、开花期－灌浆期和灌浆期喷施 0.3% KH_2PO_4，每个时期喷施溶液量为 40L/ 亩，每次喷施 $10m^2$，对照喷水，用量相同。测定花后 5d、10d、15d、20d、25d 旗叶的叶绿素含量（SPAD 值）和叶绿素荧光参数 F_v/F_m 及成熟期产量。

3.4.2.2 结果与分析

由图 3-46 可见，不同时期喷水和 KH_2PO_4 处理，花后 15d 旗叶叶绿素含量开始有明显差异，表现为喷施 KH_2PO_4 叶绿素含量高于喷水对照，且以只灌浆期喷施 KH_2PO_4 增加幅度最大。另外，多次喷水也有延缓叶片衰老的作用。

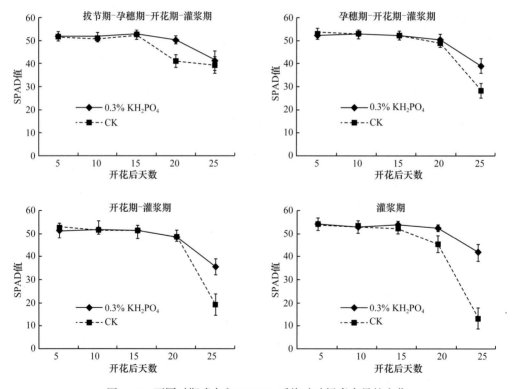

图 3-46　不同时期喷水和 KH_2PO_4 后旗叶叶绿素含量的变化

由图 3-47 可见，不同时期喷水和 KH_2PO_4 花后 20d 后旗叶 F_v/F_m 开始有明显差异，表现为喷 KH_2PO_4 F_v/F_m 高于喷水对照，且以只灌浆期喷施 KH_2PO_4 变幅最大。

从产量来看（表 3-41），不同喷施 KH_2PO_4 处理提高了千粒重，对亩穗数和穗粒数无显著影响。开花期－灌浆期及灌浆期喷施 KH_2PO_4 处理显著提高了千粒重，籽粒产量显著高于对照处理。

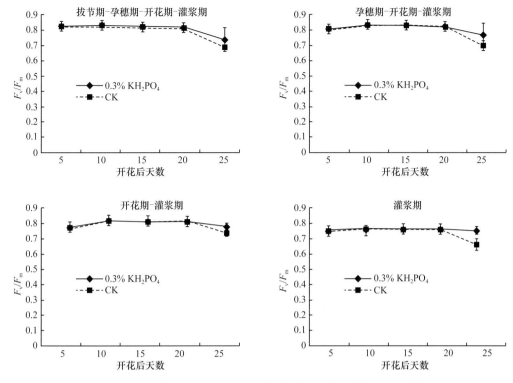

图 3-47　不同时期喷水和 KH_2PO_4 后旗叶叶绿素荧光参数 F_v/F_m 的变化

表 3-41　叶面喷水和 KH_2PO_4 对产量及产量构成因素的影响

喷施时期	处理	产量（t/hm²）	公顷穗数（万/hm²）	千粒重（g）	穗粒数
拔节期-孕穗期-	0.3% KH₂PO₄	9.2a	801.0a	41.7a	32.3a
开花期-灌浆期	H₂O	9.1a	793.5a	39.0b	32.6a
孕穗期-开花期-	0.3% KH₂PO₄	8.9a	778.5a	41.9a	33.3a
灌浆期	H₂O	8.8a	784.5a	40.1b	32.8a
开花期-灌浆期	0.3% KH₂PO₄	9.1a	808.5a	41.1a	33.9a
	H₂O	8.6b	811.5a	40.3b	34.2a
灌浆期	0.3% KH₂PO₄	9.0a	831.0a	40.7a	33.8a
	H₂O	8.3b	805.5a	38.0b	33.4a

注：同一列不同小写字母表示处理间差异达到显著水平（$P<0.05$）

3.4.2.3　讨论与小结

冬小麦生育后期叶面喷施 KH_2PO_4 可以提高小麦灌浆中后期旗叶叶绿素含量、F_v/F_m，对旗叶有延缓衰老的作用，并且显著提高了千粒重，有利于获得高的籽粒产量，因此生产上用此措施预防后期干热风，这对保证籽粒产量有明显效果。

3.4.3　玉米抗倒防衰的化学调控技术

3.4.3.1　材料与方法

本试验以'中单909'为参试品种，设置 ZCA、DTB、DAS 三种新型调节剂两次喷施处理（拔节期和大喇叭口期），清水对照；采用随机区组方法设计，小区面积 150m²，3 次重复；种植密度为 4500 株/亩。

各处理分别于吐丝期、灌浆中期、成熟期取代表性植株 6 株，测量其叶面积；吐丝期选取代表性 5 株，分别测量各处理的株高和穗位高；分别于吐丝期、灌浆中期、成熟期取代表性植株 6 株，将茎、叶、籽粒、穗轴和其他部位分开，烘干后称重；吐丝期测定植株穗位叶叶片 SPAD 值。

3.4.3.2　结果与分析

喷施不同的化学调控剂（简称化控剂）均提高了玉米产量，其中 ZCA 和 DTB 的增产效果最显著，其次为 DAS，分别较对照提高了 6.9%、6.6% 和 2.7%（表 3-42）。ZCA 和 DAS 明显地提高了玉米籽粒的千粒重，DTB 则无明显影响，前二者分别提高了 4.0% 和 3.7%。喷施 DTB 和 ZCA 处理玉米穗粒数较对照有显著提高，而 DAS 处理和对照无明显差异，前二者较对照组分别提高了 3.9% 和 6.2%。

表 3-42　不同化控剂处理对玉米产量及产量构成因素的影响

处理	穗粒数	千粒重（g）	产量（kg/亩）	增幅（%）	收获指数
ZCA	613.58b	372.14a	856.61a	6.85	56.70
DTB	627.43a	362.95b	854.21a	6.55	51.47
DAS	588.15c	375.43a	823.58b	2.73	52.24
CK	590.80c	358.69c	801.69c	0.00	56.39

注：同一列不同小写字母表示处理间差异达到显著水平（$P<0.05$）

不同的化控剂对产量的调控原因各异：喷施 ZCA，玉米的穗粒数和千粒重均增加，从而提高产量，DTB 主要是增加玉米的穗粒数以增加产量，而 DAS 主要是提高玉米的千粒重。

不同化控剂的施用可以改变果穗的行粒数、穗长和秃尖长度，从而改变玉米的穗粒数。从表 3-43 可以看出，DTB 和 ZCA 处理的行粒数较对照高，这也是其穗粒数高的原因之一。不同处理穗长均较对照长，但增加不明显。秃尖长短反映出果穗的发育状况，不同处理较对照均有所缩短，分别缩短 24.1%、16.7% 和 28.7%，说明几个处理的化控剂促进了穗的发育。

表 3-43　不同化控剂处理对玉米穗部性状的影响

处理	穗长（cm）	增幅（%）	秃尖（cm）	增幅（%）	穗粗（mm）	增幅（%）	行数（行）	增幅（%）	行粒数（粒）	增幅（%）
ZCA	19.56	2.07	0.82	−23.97	52.08	−0.32	15.50	−1.27	37.88	0.40
DTB	19.49	1.71	0.90	−16.63	51.83	−0.79	16.07	2.37	38.12	1.03
DAS	19.34	0.89	0.77	−28.35	52.04	−0.38	15.30	−2.55	38.44	1.88
CK	19.17		1.08		52.24		15.70		37.73	

吐丝后期，随着生育进程叶面积逐渐减小，如表 3-44 所示，不同化控剂处理使玉米在各生育期的叶面积均较对照高。在各生育期各处理的叶面积指数均高于对照组，其中 DAS 处理的叶面积指数最高，其次为处理 ZCA 和 DTB。

表 3-44　不同化控剂处理对叶面积变化的影响

处理	吐丝期		灌浆期		成熟期	
	总叶面积（m²）	叶面积指数	总叶面积（m²）	叶面积指数	总叶面积（m²）	叶面积指数
ZCA	1.17	7.21	0.76	4.65	0.48	2.95
DTB	1.14	7.02	0.74	4.53	0.44	2.69
DAS	1.20	7.39	0.77	4.76	0.49	3.02
CK	1.07	6.59	0.69	4.25	0.39	2.38

化控剂处理的玉米总生物量在各生育期均高于对照，从表 3-45 可以看出，吐丝期 3 种不同化控剂处理的玉米总生物量无明显差异，但随着籽粒灌浆的进行不同处理间的总生物量差异愈加明显，DTB 的增幅最大，其次为 DAS，说明几种化控剂更加偏向于对籽粒灌浆产生作用从而影响产量。

表 3-45　不同化控剂处理对不同生育时期总生物量的影响

处理	吐丝期（g）	增幅（%）	灌浆期（g）	增幅（%）	成熟期（g）	增幅（%）
ZCA	184.46	21.13	252.28	6.72	420.47	6.72
DTB	172.38	13.20	276.98	17.17	461.64	17.17
DAS	183.16	20.28	263.30	11.38	438.83	11.38
CK	152.28		236.39		393.99	

不同化控剂处理对叶片 SPAD 值的影响存在差异，ZCA 和 DTB 穗位叶的 SPAD 值高于对照，DAS 和对照之间穗位叶的 SPAD 值差异不显著（表 3-46）。因此 ZCA 和 DTB 更有利于叶片叶绿素含量的提高，更有利于叶片光合作用的增强，有利于增产。

表 3-46　不同化控剂处理对灌浆期 SPAD 值的影响

处理	SPAD 值	较 CK 增幅（%）	株高（cm）	穗位高（cm）	穗位高/株高
ZCA	66.15	4.75	122.00	262.33	0.47
DTB	64.40	1.98	119.67	267.00	0.45
DAS	63.70	0.878	124.50	270.00	0.46
CK	63.15		118.17	262.33	0.45

3.4.3.3　讨论与小结

喷施 ZCA、DTB 和 DAS 均可以提高玉米的产量，其中 ZCA、DTB 的增产效果显著；ZCA 和 DTB 有利于玉米叶片叶绿素含量的提高，可能具有改善叶片光合作用、促进光合能力的作用。二者提高了叶片特别是灌浆期的叶面积指数，化控剂的使用有利于密植群体在灌浆关键期合理冠层的构建，进一步促进密植增产。

参 考 文 献

陈竹君，刘春光，周建斌，等. 2001. 不同水肥条件对小麦生长及养分吸收的影响. 干旱地区农业研究，19(3): 30-35.
从艳霞，赵明，董志强，等. 2009. 乙酸合剂对东北春玉米干物质积累和茎秆形态的化学调控. 玉米科学，17(5): 85-89.

崔凯荣, 邢更生, 周功克, 等. 2000. 植物激素对体细胞胚胎发生的诱导与调节. 遗传, 22(5): 349-354.

董学会, 段留生, 孟繁林, 等. 2006. 30% 己·乙水剂对玉米产量和茎秆质量的影响. 玉米科学, 14(1): 138-140, 143.

段留生, 李召虎, 何钟佩, 等. 2002. 20% 多效唑·甲哌鎓微乳剂防止小麦倒伏和增产机理研究. 农药学学报, 4(4): 33-39.

冯斗, 张涛, 榻维言, 等. 2009. 3 种生长延缓剂对甜高粱幼苗生长和生理特性的影响. 热带作物学报, 30(10): 1468-1472.

侯贤清, 李荣, 韩清芳, 等. 2012. 夏闲期不同耕作模式对土壤蓄水保墒效果及作物水分利用效率的影响. 农业工程学报, 28(3): 94-100.

贾宾, 翟丙年, 胡兆平, 等. 2014. 不同水肥调控对冬小麦群体动态及产量的影响. 中国农学通报, (9): 175-179.

巨晓棠, 刘学军, 邹国元, 等. 2002. 冬小麦/夏玉米轮作体系中氮素的损失途径分析. 中国农业科学, 35(12): 1493-1499.

孔凡磊, 陈阜, 张海林, 等. 2010. 轮耕对土壤物理性状和冬小麦产量的影响. 农业工程学报, 26(8): 150-155.

兰宏亮, 董志强, 裴志超, 等. 2011. 腾酸胆碱合剂对东北地区春玉米根系质量与产量的影响. 玉米科学, 19(6): 62-69.

李建民, 何钟佩, 胡晓军, 等. 2005. 乙烯利-甲哌鎓复配剂对夏玉米生育及产量的影响. 农药学学报, 6(4): 83-88.

李少昆, 涂华玉, 张旺峰, 等. 1991. 乙烯利对玉米生理效应的研究. 石河子大学学报(自然科学版), (1): 40-46.

李素娟, 陈继康, 陈阜, 等. 2008. 华北平原免耕冬小麦生长发育特征研究. 作物学报, 34(2): 290-296.

凌启鸿, 张洪程, 丁艳锋, 等. 2007. 水稻高产精确定量栽培. 北方水稻, 2(1): 1-9.

吕丽华, 陶洪斌, 赵明, 等. 2008. 不同种植密度下的夏玉米冠层结构及光合特性. 作物学报, 34(3): 447-455.

裴志超, 兰宏亮, 徐田军, 等. 2011. 腾酸胆碱合剂对东北地区春玉米茎秆形态和质量性状的影响. 玉米科学, 19(4): 59-64.

孙利军, 张仁陟, 黄高宝, 等. 2007. 保护性耕作对黄土高原旱地地表土壤理化性状的影响. 干旱地区农业研究, 25(6): 207-211.

王绍中, 季书勤. 2009. 小麦栽培研究的回顾与展望. 河南农业科学, 38(9): 19-21.

武续承, 杨永辉, 郑惠玲, 等. 2015. 水肥互作对小麦-玉米周年产量及水分利用率的影响. 河南农业科学, 44(7): 67-72.

解振兴, 董志强, 兰宏亮, 等. 2012. 腾酸胆碱合剂对不同种植密度玉米叶片衰老生理的影响. 核农学报, 26(1): 157-163.

薛金涛, 张保明, 董志强, 等. 2009. 化学调控对玉米抗倒性及产量的影响. 玉米科学, 17(2): 91-94.

杨明达. 2014. 不同氮肥基追比例对冬小麦调亏灌溉效应的影响. 新乡: 河南师范大学硕士学位论文.

杨永光, 张维城, 朱明哲, 等. 1985. 小麦同一群体内抽穗期与单穗生产力关系的研究. 河南职业技术学院学报, (1): 38-46.

于晓红, 朱祯, 付志明, 等. 1999. 提高小麦愈伤组织分化频率的因素. 植物生理学报, 25(4): 388-394.

余海英, 彭文英, 马秀, 等. 2011. 免耕对北方旱作玉米土壤水分及物理性质的影响. 应用生态学报, 22(1): 99-104.

张福锁. 2012. 测土配方实施多年化肥用量为啥还增. 农家顾问, 5: 4-6.

张福锁, 崔振岭, 王激清, 等. 2007. 中国土壤和植物养分管理现状与改进策略. 植物学通报, 24(6): 68-69.

张福锁, 马文奇. 2000. 肥料投入水平与养分资源高效利用的关系. 土壤与环境, 9(2): 150-157.

张倩, 张海燕, 谭伟明, 等. 2011. 30% 矮壮素·烯效唑微乳剂对水稻抗倒伏性状及产量的影响. 农药学学, 13(2): 144-148.

张倩, 张明才, 张海燕, 等. 2013. 30% 矮·烯微乳剂对水稻茎秆理化特性的调控. 作物学报, 39(6): 1089-1095.

张维城, 王绍中, 李春喜. 1995. 小麦植株分布状况对干物质积累和产量的影响. 河南农业科学, (6): 1-6.

张秀丽. 2007. 赤霉素和矮壮素对绿豆生育性状和生理指标及产量的影响研究. 长春: 吉林农业大学硕士学位论文.

张永科, 孙茂, 张雪君, 等. 2006. 玉米密植和营养改良之研究Ⅱ. 行距对玉米产量和营养的效应. 玉米科学, 14(2): 108-111.

赵会杰, 郭天财, 刘华山, 等. 1999. 大穗型高产小麦群体的光照特征和生理特性研究. 河南农业大学学报, 33(2): 101-105.

赵亚丽, 郭海斌, 薛志伟, 等. 2015. 耕作方式与秸秆还田对土壤微生物数量、酶活性及作物产量的影响. 应用生态学报, 26(6): 1785-1792.

仲爽, 张忠学, 任安, 等. 2009. 不同水肥组合对玉米产量与耗水量的影响. 东北农业大学学报, 40(2): 44-47.

朱兆良. 2000. 农田中氮肥的损失与对策. 土壤与环境, 9(1): 1-6.

Argueso C T, Raines T, Kieber J, et al. 2010. Cytokinin signaling and transcriptional networks. Current Opinion in Plant Biology, 13(5): 533-539.

Ayuke F O, Brussaard L, Vanlauwe B, et al. 2011. Soil fertility management: impacts on soil macrofauna, soil aggregation and soil organic matter allocation. Applied Soil Ecology, 48(1): 53-62.

Azuma T, Hatanaka T, Uchida N, et al. 2003. Interactions between abscisic acid, ethylene and gibberellin in internodal elongation in floating rice: the promotive effect of abscisic acid at low humidity. Plant Growth Regulation, 41: 105-109.

Bai Y, Qu R. 2001. Factor's influencing tissue culture responses of mature seeds and immature embryos in turf-type tall fescue. Plant Breeding, 120(3): 239-242.

Cutler S R, Rodriguez P L, Finkelstein R R, et al. 2010. Abscisic acid: emergence of a core signaling network. Annual Review of Plant Biology, 61(1): 651-679.

Dijkstra C, Adams E, Bhattacharya A, et al. 2008. Over-expression of a gibberellin 2-oxidase gene from *Phaseolus coccineus* L. enhances gibberellin inactivation and induces dwarfism in *Solanum* species. Plant Cell Reports, 27(3): 463-470.

Divi U K, Krishna P. 2009. Brassinosteroid: a biotechnological target for enhancing crop yield and stress tolerance. New Biotechnology, 26(3): 131-136.

Dornbusch T, Baccar R, Watt J, et al. 2011. Plasticity of winter wheat modulated by sowing date, plant population density and nitrogen fertilisation: dimensions and size of leaf blades, sheaths and internodes in relation to their position on a stem. Field Crops Research, 121(1): 116-124.

Grahmann K, Verhulst N, Buerkert A, et al. 2014. Durum wheat (*Triticum durum* L.) quality and yield as affected by tillage-straw management and nitrogen fertilization practice under furrow-irrigated conditions. Field Crops Research, 164(1): 166-177.

Ju X T, Kou C L, Christie P, et al. 2007. Current status of soil environment from excessive application of fertilizers and manures to low contrasting in tensive cropping systems on the North China. Plant Environmental Pollution, 145: 497-507.

Kim T W, Wang Z Y. 2010. Brassinosteroid signal transduction from receptor kinases to transcription factors. Annual Review of Plant Biology, 61(1): 681-704.

Klingler J P, Batelli G, Zhu J K, et al. 2010. ABA receptors: the start of a new paradigm in phytohormone signalling. Journal of Experimental Botany, 61(12): 3199-3210.

Lavalle C, Micale F, Houston T D, et al. 2009. Climate change in Europe. 3. Impact on agriculture and forestry. A review. Agronomy for Sustainable Development, 29(3): 433-446.

Megowan M, Taylor H M, Willingham J, et al. 1991. Influence of row spacing on growth, light and water use by sorghum. Journal of Agricultural Science, 116(3): 329-339.

Perilli S, Moubayidin L, Sabatini S, et al. 2010. The molecular basis of cytokinin function. Current Opinion in Plant Biology, 13(1): 21-26.

Pittelkow C M, Liang X Q, Linquist B A, et al. 2015. Productivity limits and potentials of the principles of conservation agriculture. Nature, 517(7534): 365-368.

Rajala A, Peltonen-Sainio P, Onnela M, et al. 2002. Effects of applying stem-shortening plant growth regulators to leaves on root elongation by seedlings of wheat, oat and barley: mediation by ethylene. Plant Growth Regulation, 38(1): 51-59.

Rasmussen P E, Goulding K W T, Brown J R, et al. 1998. Long-term agroecosystem experiments: assessing agricultural sustainability and global change. Science, 282(5390): 893-896.

Richter D D, Hfmockel M, Callaham M A, et al. 2007. Long-term soil experiments: keys to managing earth's rapidly changing ecosystems. Soil Science Society of America Journal, 71(2): 266-279.

Rzewuski G, Sauter M. 2008. Ethylene biosynthesis and signaling in rice. Plant Science, 175(1): 32-42.

Song Z W, Zhu P, Gao H J, et al. 2015. Effects of long-term fertilization on soil organic carbon content and aggregate composition under continuous maize cropping in Northeast China. Journal of Agricultural Science, 153: 236-244.

Stepanova A N, Alonso J M. 2009. Ethylene signaling and response: where different regulatory modules meet. Current Opinion in Plant Biology, 12(5): 548-555.

TerAvest D, Thierfelder C, Reganold J P, et al. 2015. Crop production and soil water management in conservation agriculture, no-till, and conventional tillage systems in Malawi. Agriculture, Ecosystems and Environment, 212: 285-296.

Tilman D, Cassman K G, Matson P A, et al. 2002. Agricultural sustainability and intensive production practices. Nature, 418(6898): 671-678.

Wan J, Griffiths R, Ying J, et al. 2009. Development of drought-tolerant canola (*Brassica napus* L.) through genetic modulation of ABA-mediated stomatal responses. Crop Science, 49: 1539-1554.

Wang H, Xiao L, Tong J, et al. 2010. Foliar application of chlorocholine chloride improves leaf mineral nutrition, antioxidant enzyme activity, and tuber yield of potato (*Solanum tuberosum* L.). Scientia Horticulturae, 125(3): 521-523.

Wasternack C. 2007. Jasmonates: an update on biosynthesis, signal transduction and action in plant stress response, growth and development. Annals of Botany, 100: 681-697.

Werner T, Schmulling T. 2009. Cytokinin action in plant development. Current Opinion in Plant Biology, 12: 527-538.

Zheng C, Jiang Y, Chen C, et al. 2014. The impacts of conservation agriculture on crop yield in China depend on specific practices, crops and cropping regions. The Crop Journal, 2(5): 289-296.

第 4 章　三大主粮作物可持续高产的区域布局与潜力挖掘

气候资源生产潜力是气候资源蕴藏的物质和能量所具有的潜在生产力。通常可用气候资源估算植被的气候生产潜力和作物的气候生产潜力。后者是假设作物品种、土壤肥力、耕作技术适宜时，在当地光、热、水气候条件下单位面积可能达到的最高产量。根据考虑的因子不同，可有光合、光温、光温水等不同的气候生产潜力。估算气候资源生产潜力的方法主要有 3 种：①经验统计模型，即根据生物量与气候因子的统计相关关系建立的数学模型，如美国根据年平均气温和年平均降水量建立的植物生产力迈阿密（Miami）模型和改进的桑斯韦特纪念（Tharnthwaite Memorial）模型等；②半理论半经验模型，即基于生理、生态学理论基础，结合相关统计，确定经验参数的数学模型，如植物生产力的筑后模型；③动力生长模型，即考虑植物生长过程，机制性较强的生长模型。例如，荷兰德维特从叶片光合作用与温度和辐射的基本关系出发，按照 4 种生产水平建立了作物光合、呼吸、蒸腾等生理过程，以及发育进程、叶面积动态等与气候因子关系的动力生长模型。其中营养充分、水分适宜，无病虫害条件下的第一级生长模式被联合国粮食及农业组织采用，形成了计算作物最高产量的瓦赫宁根方法和农业生态地区法。农业生态地区法是利用辐射计算标准作物可能生产潜力，再进行作物种类和温度订正、叶面积订正和呼吸订正，得到由辐射和温度决定的最高产量。这些方法机制性强，但仍有部分经验性参数，在计算最高产量时，气象要素通常采用平均值。因此严格地说还不能算动力数值模型。中国对气候资源生产潜力估算方法进行了广泛的研究。此外，不少人根据不同气候因子采用逐级订正、计算气候生产力的方法。首先计算温度、水分适宜，只由太阳辐射决定的作物产量光合生产潜力。即从辐射能转换原理出发，考虑光合有效辐射比例、冠层吸收比例、非光合器官无效吸收、光饱和限制、光量子效率、呼吸消耗和水分含量等因素，有的还进行叶面积订正。根据实际温度对生长适宜温度的偏离进行订正，便得到光温生产潜力。由太阳辐射、温度、水分决定的气候生产潜力，则在光温生产潜力基础上，进行作物水分供需满足程度的水分订正，多采用农田实际蒸散与最大蒸散比值或降水与可能蒸散比。气候资源生产潜力的估算，可为土地资源生产力评估和农业发展战略提供依据。需要提及的是，不同方法的估算结果存在一定差别，这是由经验参数所致，因此气候资源生产潜力的估算应向动力数值化发展。

粮食生产与国计民生息息相关，在国民经济和社会发展中占有极其重要的地位。中国人多地少，粮食生产具有特殊的重要性。解决中国的粮食安全问题必须要立足国内，提高粮食生产综合能力并维持较高的自给率水平。虽然自 1990 年以来，我国的粮食单产和总产水平稳定发展，尤其是近年来连年丰收，全国总量基本可以满足粮食供需平衡，然而区域间的粮食自给率存在明显的失衡现象。因此，研究区域间粮食生产优势格局和估算作物光温生产潜力，有助于掌握作物生产的区域差异及其变化规律，为我国中长期粮食增产的发展方向、区域增产方案决策及维持粮食供求总量平衡提供理论依据。

4.1　近 30 年我国主要粮食作物生产的驱动因素及空间格局变化研究

粮食生产与国计民生息息相关,在国民经济和社会发展中占有极其重要的地位(殷培红等,2006a)。中国人多地少,粮食生产具有特殊的重要性。众多研究表明(陈锡康和郭菊娥,1996;余振国和胡小平,2003;陈百明和周小萍,2005),解决中国的粮食安全问题必须要立足国内,提高粮食生产综合能力并维持较高的自给率水平。虽然自 1990 年以来,我国的粮食单产和总产水平稳定发展,尤其是近年来连年丰收,全国总量基本可以满足粮食供需平衡(刘晓梅,2004),然而区域间的粮食自给率存在明显的失衡现象(刘景辉等,2001)。因此,研究我国区域间粮食生产格局的变化,探明其关键驱动因素,是实现区域间供求总量平衡,保证国家粮食长期安全的重要内容之一(殷培红等,2006b)。近年来,国内学者针对不同农业分区、省及县(市)尺度的粮食生产状况开展了大量的研究(李宗尧和杨桂山,2006;殷培红等,2006b;刘丽丽等,2010)。然而这些研究关注的焦点在于国家和省区层面粮食生产的总量及主要粮食作物的产量与单产水平等,对不同粮食作物生产的变化趋势、区域间差异和生产重心变化及驱动因子的研究较少,不利于我国粮食安全战略的科学决策。为此,本研究以省(区)为基本研究单元,对近 30 年来我国主要粮食作物(水稻、小麦、玉米)生产的区域格局变化及其驱动因素进行了系统分析,以期为我国区域粮食增产和粮食安全战略决策提供理论依据。

4.1.1　研究区域与方法

4.1.1.1　研究区域

以我国 31 个省(市、自治区)(因资料收集问题,不包括台湾、香港、澳门)为研究区域,并按照地理位置划分为七大粮食主产区,从时间与空间的角度比较我国 1981～2008 年水稻、小麦和玉米等主要粮食作物生产的区域格局及其驱动因素。七大粮食主产区划分如下:华北包括北京、天津、河北、内蒙古和山西,东北包括黑龙江、吉林和辽宁,华东包括上海、江苏、浙江、安徽、福建、江西和山东,华中包括河南、湖北和湖南,华南包括广东、广西和海南,西南包括重庆、四川、贵州、云南和西藏,西北包括陕西、甘肃、青海、宁夏和新疆。

本节所采用的数据主要来源于《中国统计年鉴》(国家统计局,1981～2009 年),用于空间重心位移分析的 1∶400 万中国省级行政区数字地图来源于国家地球系统科学数据中心共享服务平台(http://www.geodata.cn)。

4.1.1.2　研究方法

1. 粮食生产重心位移计算

采用重心模型法计算了 1981～2008 年水稻、小麦、玉米及三大主粮作物总体的播种面积与总产量全国重心。重心模型包括以下 4 个公式。

$$x_j = \sum_{i=1}^{n} \left(Q_{ij} \times x_i \right) \Big/ \sum_{i=1}^{n} Q_{ij} \tag{4-1}$$

$$y_j = \sum_{i=1}^{n} \left(Q_{ij} \times y_i \right) \Big/ \sum_{i=1}^{n} Q_{ij} \tag{4-2}$$

$$\theta=\arctan\left(\frac{y_{k+m}-y_k}{x_{k+m}-x_k}\right) \tag{4-3}$$

$$d_m=\sqrt{(x_{k+m}-x_k)^2+(y_{k+m}-y_k)^2} \tag{4-4}$$

式（4-1）和式（4-2）分别为研究要素重心的经度与纬度，因此 $P(x_j,y_j)$ 代表了研究要素第 j 年重心的地理坐标。式中，Q_{ij} 表示研究要素在第 i 个省份第 j 年的数量情况；x_i 与 y_i 表示第 i 个省份的地理中心的经纬度坐标。式（4-3）和式（4-4）分别为研究要素在不同年份间的重心移动方向和移动距离。式中，θ 与 d_m 分别表示研究要素重心移动的方向与距离；y_{k+m} 和 y_k 分别表示研究要素在第 $k+m$ 年和第 k 年的纬度坐标；x_{k+m} 和 x_k 分别表示研究要素在第 $k+m$ 年和第 k 年的经度坐标。将上述公式与参数输入 ArcGIS 9.2 软件中进行运算与处理，分别计算出三大主粮作物播种面积和总产历年重心位置及空间移动情况。

2. 粮食生产内部驱动因素分析模型

为定量分析引起粮食产量变化的主要原因，本节将播种面积、单产、播种面积的年变化率，以及单产的年变化率等直接影响粮食产量的因素定义为内部驱动因素，采用龙卷风图（tornado diagram）定量分析了 1981~2008 单一内部驱动因素在其他因素处于基准水平情况时对三大主粮作物和粮食总产的影响。

计算播种面积的年变化率的公式如下：

$$\Delta A=(A_{i+1}-A_i)/A_i\times100 \tag{4-5}$$

式中，ΔA 为播种面积的年变化率；A_{i+1} 和 A_i 分别为当年与前一年水稻播种面积。计算单产的年变化率的公式如下：

$$\Delta Y=(Y_{i+1}-Y_i)/Y_i\times100 \tag{4-6}$$

式中，ΔY 为单产的年变化率；Y_{i+1} 和 Y_i 分别为当年与前一年水稻单产。基准水平以各因素 1981~2008 年的平均值为准，而最高与最低水平则以各因素的最大值和最小值为准。

3. 粮食总产的外部驱动因素驱动模型

将与粮食总产相关的诸如社会经济、农业生产资料投入和气候因素等定义为外部驱动因素，外部驱动因素的驱动力采用灰色关联分析模型进行计算。考虑到我国社会经济的实际情况和资料收集与数据的可获取性，以 1981~2008 年我国三大主粮作物产量为母因素序列，选择社会经济指标 6 项：年末总人口（X_1）、年末农民人口（X_2）、第一产业 GDP（X_3）、第二产业 GDP（X_4）、第三产业 GDP（X_5）和农民人均纯收入（X_6）。农业生产投入指标 4 项：农业机械总动力（X_7）、化肥施用量（X_8）、农村用电量（X_9）和有效灌溉面积（X_{10}）。气候因素指标 2 项：水灾受灾面积（X_{11}）和旱灾受灾面积（X_{12}）。上述指标共计 12 项与粮食产量密切相关并作为子因素序列，数据分析采用 DPS 7.5 软件进行。

4.1.2　三大主粮作物生产格局变化

4.1.2.1　水稻生产格局变化

水稻是我国的第一大粮食作物，总产量从 1981 年的 14 395.5×10⁴t 增加到 2008 年的 19 189.6×10⁴t（图 4-1A），其间经历了 3 个发展阶段，即从 1981~1999 年为稳定增长阶段，并在 1999 年达到水稻总产的历史最高峰 19 848.3×10⁴t；从 2000~2003 年为滑坡阶段，水稻总产在 4 年内连续下滑，并跌落至 2003 年的 16 065.6×10⁴t；而从 2004 年至今，水稻生产迎来了快速恢复阶段，总产量连年增加，2008 年达到 19 189.6×10⁴t，但仍未达到历史最高水平。水稻种植面积总体来看呈逐渐减少的趋势（图 4-1B），已经从 1981 年的 33 295.0×10³hm² 下降到了 2008 年的 29 241.1×10³hm²，其中历史最低点为 2003 年的 26 507.8×10³hm²。

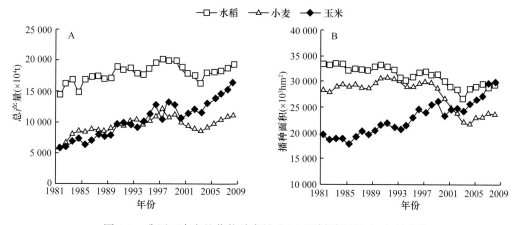

图 4-1　我国三大主粮作物总产量（A）和播种面积（B）的变化

从水稻生产空间格局来看（图 4-2），1981～2008 年东北与华中地区水稻的产量与播种面积占全国总产量与总播种面积的比例总体呈增加的趋势，其中东北水稻产量与播种面积占全国比例 2000s 比 1980s 分别增加了 7.20% 和 6.13%，增长迅速。与之相反的则是华东、华南与西南地区水稻生产呈总体下滑的趋势，特别是华东地区的产量与播种面积 2000s 比 1980s 分别下降了 5.44% 和 4.20%。

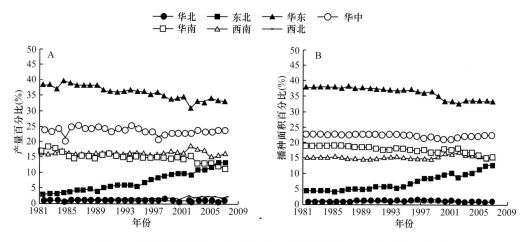

图 4-2　我国不同区域水稻产量（A）和播种面积（B）的百分比变化

受东北地区水稻生产快速发展的影响，我国水稻总产的重心以平均 9.82km/ 年的速率向北偏东方向偏移了 275km，由湖南汨罗市移动至湖北红安县，而种植面积的重心则以平均每年 7.79km/ 年的速度向北偏东方向偏移了 218km，由湖南岳阳县移动至湖北黄陂区（表 4-1）。

表 4-1　我国主要粮食作物 1981～2008 年生产重心偏移趋势

项目	1981 年生产重心	2008 年生产重心	移动距离（km）	移动方向
水稻产量	湖南汨罗市（28.99°N，113.27°E）	湖北红安县（31.24°N，114.41°E）	275	北偏东
水稻面积	湖南岳阳县（28.98°N，113.42°E）	湖北黄陂区（30.78°N，114.27°E）	218	北偏东
小麦产量	山西晋城市（35.35°N，112.92°E）	河南武陟县（35.11°N，113.48°E）	58	东偏南
小麦面积	山西高平市（35.82°N，112.86°E）	河南孟州市（34.91°N，112.82°E）	101	正南
玉米产量	河北曲周县（36.94°N，115.04°E）	河北肃宁县（38.39°N，115.96°E）	184	北偏东
玉米面积	河北曲周县（36.91°N，114.98°E）	河北深州市（37.91°N，115.53°E）	123	北偏东

4.1.2.2　小麦生产格局变化

小麦总产一直保持较为缓慢的上升趋势（图 4-1A），2008 年总产量为 11 246.4×10⁴t，为 1981 年的 1.89 倍，其近 30 年的发展趋势与水稻发展基本一致，也可分为 3 个阶段，即 1981～1998 年为缓慢增长阶段，1999～2003 年为缓慢下降阶段，2004 年至今为恢复性增长阶段。近 30 年来小麦的播种面积一直呈下降的趋势（图 4-1B），特别是 1998～2004年，每年以 1358.0×10³hm² 的速度减少。而从 2005 年至今，这种下降趋势减缓，最近几年来基本稳定在 23 300.0×10³hm² 左右的年播种面积。

从小麦生产的空间格局来看（图 4-3），华东与华中地区的小麦产量与播种面积占全国的百分比显著上升，华北地区保持稳中有升，而其他地区则表现为不同程度的下降趋势。

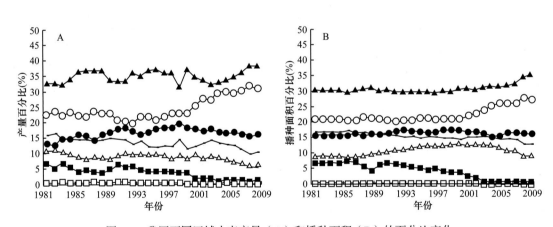

图 4-3　我国不同区域小麦产量（A）和播种面积（B）的百分比变化

特别是东北地区，小麦播种面积由 1981 年占全国的 6.63% 下降到 2008 年的 1.08%，产量更是由 5.62% 下降到了 0.86%。受小麦生产“北退南进”的影响，我国小麦的产量重心以平均 2.07km/ 年的速度向东偏南方向移动了 58km，由山西晋城市到达河南武陟县，而播种面积重心则以平均 3.61km/ 年的速度向正南方向移动了 101km，由山西高平市移动到河南孟州市（表 4-1）。

4.1.2.3　玉米生产格局的变化

玉米生产发展速度迅速，进入 21 世纪，已经取代小麦，成为我国第二大粮食作物。玉米总产从 1981 年的 5920.5×10⁴t 增加到 2008 年的 16 591.4×10⁴t，增加了 2.80 倍
（图 4-1A）。玉米总产的发展也可分为 3 个阶段，但与水稻和小麦的发展趋势存在差
异，其中 1981~1996 年为缓慢增加阶段，总产量以每年 386.6×10⁴t 的趋势增加，而
1997~2001 年为过渡阶段，玉米总产在波动中上升，而 2002~2008 年，则迎来了玉米
生产的快速发展时期，在这一阶段总产量以每年 647.8×10⁴t 的幅度快速增加。从玉米
的播种面积变化来看（图 4-1B），1981~2008 年一直呈上升的趋势，总体来看以每年
379.5×10³hm² 的速度增加。

从玉米生产的空间格局来看（图 4-4A），东北与华北是我国玉米主产区，总产量占全
国总产的比例一直保持在 30% 和 20% 左右，但东北地区玉米生产以雨养为主，受年际气
象条件影响，产量的波动性较大，华东和西南地区产量近年来呈现下降的趋势，其他地区
则保持稳定。玉米播种面积同样表现为东北和华北地区稳定增加，华东和西南地区持续减
少（图 4-4B）。

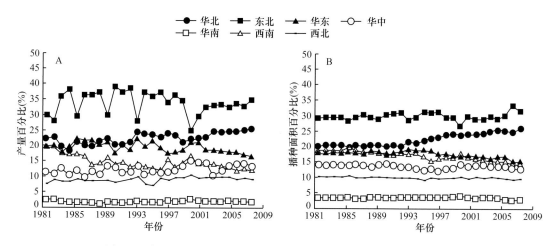

图 4-4　我国不同区域玉米产量（A）和播种面积（B）的百分比变化

由于东北和华北地区玉米生产的增强及华东和西南生产的滑落，其产量重心和播种面
积重心同时向北偏东的方向移动，其中产量重心以平均 6.57km/ 年的速度偏移了 184km，
由河北曲周县到达河北肃宁县，播种面积重心则以平均 4.39km/ 年的速度偏移了 123km，
由河北曲周县到达河北深州市（表 4-1）。

4.1.3　三大主粮作物格局变化的驱动因素分析

4.1.3.1　内部驱动因素

以 1981~2008 年三大主粮作物生产的数据为基础，利用龙卷风图方法计算了影响这
一时期粮食产量变化的主要驱动因素。表 4-2 为三大主粮作物各驱动因素的基准值、最低
值及最高值，以基准值为标准，计算了水稻、小麦和玉米的平均产量及各个极值条件下可
能引起的产量波动。

表 4-2 三大主粮作物龙卷风图数据表

作物	指标	最低值	基准值	最高值
水稻	播种面积（×10³hm²）	26 507.83	30 784.11	33 178.67
	单产（kg/hm²）	5 096.02	5 905.69	6 562.54
	播种面积年变化率（%）	−6.01	−0.43	7.06
	单产变化率（%）	−2.42	1.17	4.98
小麦	播种面积（×10³hm²）	21 625.97	27 557.50	30 948.00
	单产（kg/hm²）	2 106.90	3 521.78	4 761.96
	播种面积年变化率（%）	−7.99	−0.61	5.39
	单产变化率（%）	−10.16	3.22	16.22
玉米	播种面积（×10³hm²）	17 694.13	22 719.00	29 863.71
	单产（kg/hm²）	3 047.88	4 515.34	5 555.70
	播种面积年变化率（%）	−10.99	1.71	8.08
	单产变化率（%）	−15.68	2.53	20.07

　　由图 4-5 可知，单产和播种面积是导致水稻总产波动的主要内部驱动因素，而播种面积和播种面积年变化率则是小麦和玉米总产波动的关键内部驱动因素。其中需要说明的

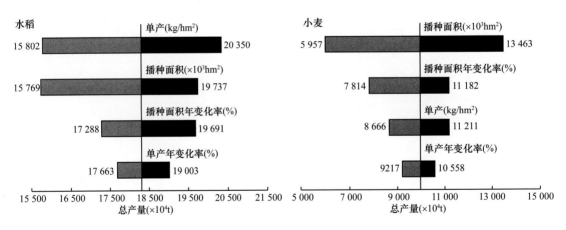

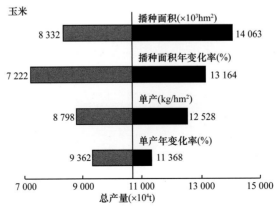

图 4-5 三大主粮作物生产格局变化的内部驱动因素

是，近几十年来我国水稻的单产水平不断提高，特别是进入 2000s 以来，已经基本保持在 6000kg/hm² 以上，而在水稻单产达到一定高度的情况下，稳定水稻播种面积对保持水稻总产更为重要。因此，稳定播种面积是保障三大主粮作物总产的关键因素。

4.1.3.2　外部驱动因素分析

运用灰色关联度分析模型对影响三大主粮作物产量的驱动因素进行了分析，按照模型特点并参考以往研究成果，设定当取值在 0.8～1.0 时为强相关。结果表明（表 4-3），影响水稻总产的驱动因素包括 5 项，由高到低分别为农村人口、总人口、有效灌溉面积、水灾面积、旱灾面积；影响小麦生产的驱动因素包括 6 项，由高到低分别为有效灌溉面积、总人口、农村人口、旱灾面积、水灾面积、化肥使用量；影响玉米生产的驱动因素包括 7 项，由高到低分别为有效灌溉面积、总人口、农村人口、化肥使用量、旱灾面积、农业机械总动力和水灾面积。三大主粮作物的共同驱动因素包括总人口、农村人口、有效灌溉面积和旱灾面积和水灾面积等。

表 4-3　三大主粮作物产量与影响因子的灰色关联度分析

影响因子	水稻	小麦	玉米
总人口	0.945*	0.958*	0.925*
农村人口	0.972*	0.937*	0.876*
第一产业 GDP	0.551	0.564	0.572
第二产业 GDP	0.382	0.387	0.386
第三产业 GDP	0.374	0.379	0.378
农民人均纯收入	0.539	0.551	0.558
农业机械总动力	0.749	0.777	0.812*
化肥使用量	0.784	0.818*	0.866*
农村用电量	0.556	0.568	0.577
有效灌溉面积	0.940*	0.991*	0.930*
水灾面积	0.853*	0.839*	0.807*
旱灾面积	0.826*	0.842*	0.821*

*表示影响因子与作物产量显著相关

由此可见，总人口是驱动我国粮食作物产量增长的关键因素，随着人口数量的增加，我国的粮食总产必须要保持同步增长，才能满足未来的粮食需求。农村人口的下降与粮食增长关系同样密切，这表明农村中存在剩余劳动力，通过引导农村劳动力从事其他产业，有利于提高粮食生产效率。此外，有效灌溉面积与产量存在正相关，而旱灾和水灾面积与产量存在负相关，这说明我国的农田基础建设还比较薄弱，通过加强农村水利建设、改善农田抵御自然灾害能力，也是未来保证粮食增产稳产的途径之一。三大主粮作物的驱动因素之间还存在差异，如小麦和玉米产量与化肥使用量关系密切，玉米产量与有效灌溉面积和农业机械总动力关系密切等。

4.1.4　讨论与结论

本研究利用粮食作物生产数据分析了 1981～2008 年我国水稻、小麦和玉米的生产格局区域变化特征及其驱动因素，结果如下。

（1）改革开放以来，我国的粮食生产格局发生了较大变化，其中水稻生产以东北和华中增加较为迅速，与之相对应的是华东和华南等传统水稻种植区域的比例下降较快；小麦生产以华东与华中地区在全国的比例显著上升，华北地区保持稳中有升，而其他地区则表现为不同程度的下降；玉米生产无论是种植面积还是产量近30年来一直保持上升的趋势，特别是东北和华北地区依然是玉米主要生产区域。

（2）受区域粮食生产格局变化影响，我国水稻的生产重心持续向东北方向偏移，其中水稻总产重心向北偏东方向偏移了275km，而播种面积重心则偏移了218km；而华东和华中小麦生产能力的提升导致小麦总产重心向东偏南方向移动58km，而播种面积重心则向正南方向移动了101km，小麦生产的重心南移与我国水资源分布相一致，有利于实现小麦生产的可持续发展；玉米生产受东北和华北地区玉米生产的增强，其产量重心和播种面积重心同时向北偏东方向移动了184km和123km。

（3）龙卷风图分析表明，在单产稳定的前提下，播种面积是影响我国三大主粮作物生产的关键内部驱动因素，特别是近30年来水稻和小麦播种面积持续下降，对我国粮食安全影响较大。因此，要以市场机制来调控，以区域资源条件为依托，做好粮食作物生产布局，稳定粮食作物播种面积，同时加强后备土地资源的开发，确保粮食生产稳中有升。

（4）社会经济、农业生产投入及气候条件等因素同样影响我国粮食生产的稳定性，其中总人口的持续增加要求我国的粮食总产必须持续增加；有效灌溉面积、农业机械总动力和化肥使用量对粮食增产的正面效应较大，而旱灾与水灾的成灾面积对粮食生产存在负面效应，因此，加强农田基础设施建设，加强农业抗灾能力，是保障粮食增产的重要途径。

粮食生产既受区域资源禀赋条件的影响，也受区域社会经济因素的影响。我国的粮食生产在各种因素的相互作用下表现出较大的波动性和区域差异性，而区域集中化的趋势逐渐明显。近30年来，随着气候变化导致北方地区逐渐变暖和农业技术条件不断改善，特别是化肥、地膜及优良品种的广泛应用，我国北方地区高产耕地面积不断增加，通过农业结构调整，优质玉米、小麦和水稻等产量持续提升，使我国粮食生产重心逐渐由南方向北方推移。并且随着我国东部与南部地区城市化进程的不断加深，会导致上述地区土地利用非农化加速，继续导致耕地面积减少，而为保障我国生态环境的安全与健康发展，我国西部地区还将继续推行退耕、还林、还草的政策，因此这些因素将会在较长的一段时间内对我国粮食生产格局产生重大影响，而东北、华北等地区的粮食生产在全国的地位将会更加突出。特别是东北地区由于农业开发历史较晚，农业生态环境较其他粮食主产区要好，加之自然资源丰富，通过调整种植业与农村产业结构、合理开发利用后备土地资源与水资源，改造中低产田，加大物质、科技投入，以及加强社会、经济和技术等政策调控，粮食增产潜力大，将成为21世纪中国粮食增产最具潜力的地区之一（程叶青和张平宇，2005）。华北地区在粮食生产上处于较为重要的地位，但从地区长远发展趋势看，受区域城市化加速、地区人口增长、耕地减少及农业水资源严重不足的制约，粮食增产的潜力有限，粮食生产在全国的地位将有可能下降。就目前趋势来看，我国粮食生产重心向东北和中部推移的情况可能还将持续一段时间。

另外，粮食生产重心的北移对我国粮食安全保障也存在不利的影响。农业水资源短缺是制约我国北方农业可持续发展的关键问题，我国北方地区人口和耕地面积分别占全国的 52% 和 70%，但水资源仅占全国的 24%（程晓霖和方天堃，2006），农业用水中使用地下水灌溉的比例远远高于全国平均水平，长期超采地下水对生态环境已经产生了严重的影响，粮食生产重心北移必将是以水资源的耗竭型利用为代价。在保障国家粮食安全的前提下，如何实现北方农业水资源的可持续利用，稳定粮食生产，仍然是今后要重点研究的问题之一。此外，气候变暖已经影响我国的农业生产，特别是东北地区，受气候变化影响尤为大（朱大威和金之庆，2008）。虽然热量条件改善总体上对粮食生产有利，但与气候变暖相伴发生的春季低温冷害、季节性干旱等气候变率的增大（龚祝香等，2003；孙凤华等，2006），对粮食生产的稳定性造成了很大影响，长期来看会增加我国粮食生产的风险。因此，今后还应从宏观角度进一步加强气候变化对我国粮食生产的影响等方面的研究，提高区域粮食生产抵御气候变化的能力。

4.2　东北地区春玉米生产潜力变化分析

气候变化已成为不争的科学事实（秦大河，2007），尤其全球变暖引起了国际社会的广泛关注。在过去的 100 年，全球平均地表气温上升了 0.74℃，据估计到 2100 年不同地区温度将上升 2～5.4℃（IPCC，2007）。农业生产由于依赖于生态环境首先会受到影响，气候的变化必将对作物的生长发育及产量的形成产生复杂多样的影响，且严重影响全球粮食的生产与分配。Lele（2010）认为亚洲和非洲国家的主要农业区温度若上升 2℃谷物产量将下降 40%～60%。金之庆等（1996）通过模型模拟发现，气候变暖条件下中国各玉米区产量都将明显下降。也有模拟研究表明，气候变化使作物生长季节的延长可能对作物的生长有益（de Jong et al.，2001；Bootsma et al.，2004）。IPCC 第四次报告指出，若针对气候变暖采取适当的应对措施，高纬度地区的作物产量将呈增加的趋势，但水热资源的重新分配导致作物生产的不稳定性增加（秦大河，2007）。东北地区是中国受全球气候变化影响最显著的地区之一，也是粮食单产波动最大的区域之一，已引起了中国政府和科学家的高度关注（程叶青和张平宇，2005；王素艳等，2009）。该地区地势平坦、土壤肥沃、自然条件优越，是中国重要的粮食主产区和最大的商品粮生产基地。春玉米是东北地区的第一大作物，仅东北三省的播种面积和总产量就分别占全国的 26.3% 和 29.4%，在保障国家粮食安全方面有举足轻重的作用（郭淑敏等，2006）。近年来，气候变化导致的农业生产的不稳定性使人们过多地关注气候变化带来的负面影响，大量的研究模拟未来气候变暖对玉米生产的影响，结果表明温度的上升使玉米生育期缩短，平均产量也有所下降（尚宗波，2000；张建平等，2007，2008）。然而，由于遗传改良、生产技术进步、栽培管理措施的改善等带来的产量变化未被考虑在内。

在当前全球气候变化的背景下，研究气候变化对作物气候生产潜力的影响，对一个地区气候生产潜力进行估算，其结果不仅可以直接反映该地区气候生产力的水平和光、温、水资源配合协调的程度及其地区差异，还可以分析出不同要素对生产力影响的大小，从而找出一个地区或某种作物生产中的主导限制因素（卓玛和拉巴卓玛，2007）。对于合理利用气候资源，充分发挥气候生产潜力，寻找提高生产力的途径，具有重要的理论和现实意义。已有研究表明，温度升高有利于作物生产潜力的提高，而降水变化对作物气候生产潜力的变化较为复杂（陈峪和黄朝迎，1998；赵艳霞等，2003）。郭建平等（1995）研究了东北地区三大主粮作物玉米、水稻、小麦的生产潜力，结果为现实产量仅为气候生产潜力的 20% 左右。气候变暖背景下，若不改变栽培条件，东北春玉米的玉米产量将会降低，但气候变暖又为作物生产潜力的提高提供了新的契机。本节依据 37 年的气象数据采用数理统计分析方法研究东北地区的气候变化趋势，利用 GIS 技术分析东北地区不同区域、不同时间春玉米生产潜力的变化，并提出相应的提高产量的措施，为现实生产提供一些可靠的依据和参考。

4.2.1　研究地区与研究方法

4.2.1.1　区域边界

本节中东北地区包括东北三省和内蒙古东北部地区（包括呼伦贝尔市、兴安盟、通辽市、赤峰市、锡林郭勒盟）（图 4-6）。该区域位于中国东北部，与朝鲜、蒙古国和俄罗斯接壤，总面积为 $1.44 \times 10^6 km^2$，海拔 160m 以下的面积占 50%。大部分处在中温带，少部分为寒温带，湿润、半湿润气候，冬季低温干燥，夏季短促而温暖。无霜期 130～170d，全年降水量 400～800mm，其中 60% 集中在 7～9 月。该地区西部为高山区，中部为广袤的平原，东部有少量低丘，山环水绕、平原辽阔、土壤肥沃，大部分地区温度适宜，日照充足，适于种植玉米，是中国玉米的主产区和重要的商品粮基地。

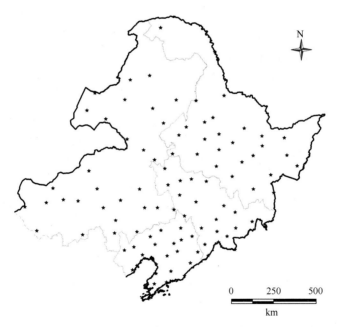

图 4-6　研究区域气象站点分布

4.2.1.2　数据来源

本节所用气象数据来源于中国气象局，选取了该地区具有 1971～2007 年连续性数据的 101 个基准地面气象观测站，其中黑龙江 28 个，吉林 21 个，辽宁 23 个，内蒙古 29 个（图 4-6）。数据包括各站点 1971～2007 年逐日平均气温、降水量和日照时数等数据，部分站点有太阳辐射量数据。玉米实际产量包括 2004 年、2005 年和 2006 年 3 年各地区玉米产量数据。

4.2.1.3 研究方法

1. 气候因子变化计算

气象站点包括逐日平均气温和降水量,由于太阳辐射量只有少数几个站点有数据,故太阳辐射量采用经验计算公式推算出各站点逐日太阳辐射量,主要是利用现有站点多年的太阳总辐射测量值与日照百分率及大气上界辐射值的关系模式拟合建立起各地的太阳总辐射经验计算公式:

$$Q=Q_0\left(a+b\cdot\frac{S}{S_0}\right) \tag{4-7}$$

式中,Q 为日总辐射值;Q_0 为日天文辐射值;a、b 为系数,S 为日照时数;S_0 为可日照时数。

Q_0 按照高国栋(1996)的方法计算:

$$Q_0=\frac{T}{\pi}\cdot\frac{I_0}{\rho^2}(\omega_0\sin\varphi\sin\delta+\cos\varphi\cos\delta\sin\omega_0) \tag{4-8}$$

式中,I_0 为太阳常数,$I_0=4.921MJ/m^2$;T 按一日计算,$T=24h$;ρ 为相对日地距离;ω_0 为日出日没时角;φ 为地理纬度;δ 为太阳赤纬。根据哈尔滨、长春、沈阳和呼和浩特站点实际观测到的太阳辐射值和日照百分率数值,利用式(4-7),采用回归分析法,推算出东北地区 a、b 的值分别为 0.146、0.559。

本节讨论的春玉米生长季为 5~9 月。玉米生长季平均气温、降水量和辐射量计算方法是采用 101 个气象站点每年 5~9 月逐日值进行平均或求和,平均气温采用逐日值进行加权求值,降水量、辐射总量采用直接相加求值,求算出各站点逐年气候数据后,对 101 站点的逐年值进行加权平均求得东北地区逐年气候数据。所有趋势方程采用线性回归拟合。春玉米生长季有效积温为 ≥10℃平均气温之和,计算方法同降水量和太阳辐射量。气候要素在不同时间上的 GIS 空间分布规律图是利用 MapInfo 的空间插值技术绘制。

2. 光温生产潜力和气候生产潜力的计算

春玉米光温和气候生产潜力计算时间为 5~9 月。光温生产潜力是在水分、二氧化碳、养分和作物群体因素等处于最适宜状态下,作物利用当地的光、温资源的潜在生产力,可作为有灌溉条件下当地作物产量的上限。通常采用光合生产潜力乘以温度订正函数进行估算,采用马树庆(1996)的计算方法。

气候条件是作物赖以生长的最基本的自然资源,对作物产量的构成起着决定性的作用,也从根本上决定了作物生产潜力的高低。气候生产潜力是评价农业气候资源的依据之一,它的大小取决于光、温、水三要素的数量及其相互配合协调的程度(金之庆等,1996),是指充分和合理利用当地的光、热、水气候资源,而其他条件如土壤、养分、二氧化碳等处于最适状况时单位面积土地上可能获得的最高生物学产量或农业产量,可通过土壤改良、品种更新等综合农业技术措施实现。气候生产潜力是在光温生产潜力的基础上进行水分订正得到的,采用马树庆(1996)的计算方法。

4.2.2 气候变化趋势

4.2.2.1 春玉米生长季平均气温和有效积温

研究区域 1971~2007 年春玉米生长季平均气温呈波动上升趋势(图 4-7),从趋势

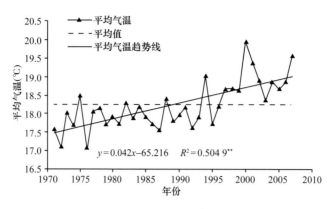

图 4-7　春玉米生长季平均气温变化趋势

线来看，每 10 年增温 0.42℃，要高于中国近 50 年平均地表气温的上升速率（0.22℃/10 年），同时也明显高于全球或北半球同期平均增温速率（0.13℃/10 年），说明该区域在玉米生长季增温也较明显。从增温的时间来看，气温上升明显是从 1980s 末期开始，并一直持续到现在，还有保持继续加速上升的趋势。

图 4-8 是东北地区春玉米生长季≥10℃活动积温空间分布图，从图中可以看出其有效积温从南到北逐渐降低，范围为 1739～3800℃。玉米为喜温作物，≥10℃活动积温在 2000℃以上可满足其需求。从图 4-8 来看，东北地区除最北部有效积温在 2000℃以下的地区不能种植春玉米外，其他的广大地区均能满足种植玉米的积温需求。

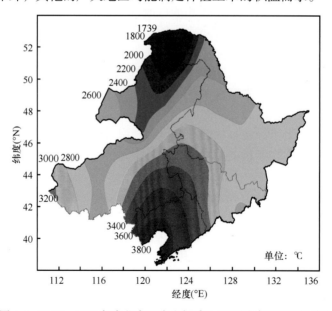

图 4-8　2000～2007 年东北春玉米生长季≥10℃活动积温空间分布

4.2.2.2　春玉米生长季总辐射量

1971～2007 年东北地区春玉米生长季太阳总辐射量呈波动变化态势，但有下降趋势（图 4-9），辐射值在 2500～2800MJ/m² 波动下降。从趋势线来看，每 10 年减少辐射量为 12MJ/m²。

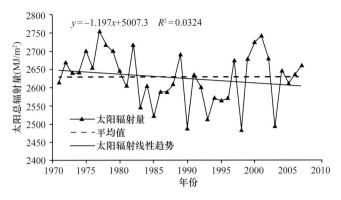

图 4-9　春玉米生长季太阳总辐射量变化趋势

从春玉米生长季太阳辐射的空间分布来看（图 4-10），太阳辐射由西向东逐渐减少，最低值位于东部和北部，为 2500MJ/m² 左右；最高值位于西部地区，达 2800MJ/m² 左右；而中部地区辐射量大约为 2650MJ/m²。到达地面的太阳辐射是作物进行光合作用的唯一能量，对农业生产起着非常重要的作用。辐射量的减少会降低作物的光合作用率，对作物生长发育造成不利影响。

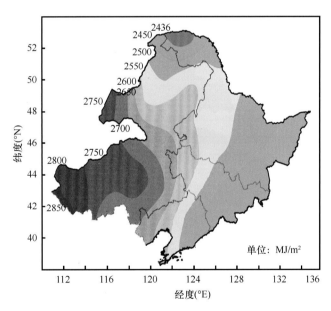

图 4-10　2000～2007 年东北春玉米生长季太阳总辐射量空间分布

4.2.2.3　春玉米生长季降水量

玉米生长季降水量总体上呈现振荡变化趋势（图 4-11），年际变化较大，变异系数为 14.0%，并有降水量减少的趋势。该区域 37 年来的玉米生长季平均降水量为 433mm，但 2000s 的平均降水量为 383mm，低于整个时期的平均降水量。全年自然降水量 400～800mm 基本能满足玉米生长发育的需要，生长期降水量为 400mm 的地区适宜玉米生长。从年降水量来看东北地区基本满足春玉米生长所需水分。

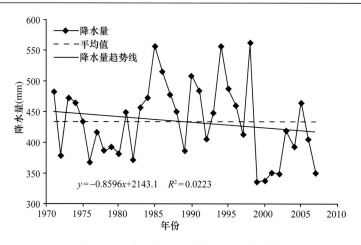

图 4-11　春玉米生长季降水量变化趋势

从春玉米生长季降水量空间分布图可以看出（图 4-12），该地区西部较为干旱，降水量在 350mm 以下，这些地区不太适合春玉米的种植，而东部地区降水量均在 400mm 以上，可以满足玉米的需水量。

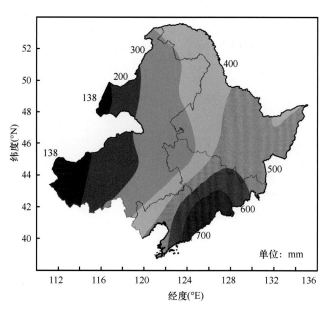

图 4-12　2000～2007 年春玉米生长季降水量空间分布

4.2.3　春玉米生产力潜力

4.2.3.1　光温生产潜力

从时间上看（图 4-13），光合生产潜力呈现下降趋势，而光温生产潜力波动上升。太阳辐射量的减少可能是导致光合生产潜力下降的主要原因，另外由于平均气温的波动上升可能抵消了太阳辐射量减少带来的光温生产潜力的下降，光温生产潜力缓慢地波动上升。

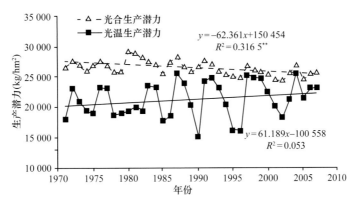

图 4-13　1971～2007 年东北春玉米逐年光合生产潜力与光温生产潜力

从不同年代的光温生产潜力变化来看（图 4-14），1970s～1980s 光温生产潜力变化较缓慢，从 1990s 开始上升幅度较大。1990s 与 2000s 光温生产潜力较 1970s 分别增加了 1838kg/hm^2 和 1914kg/hm^2，主要原因与近 20 年来温度迅速上升有关。

从空间分布上看（图 4-15），温度较高地区，表现出较高的生产潜力，而温度较低的地区，光温生产潜力也较低，总的趋势是，由南向北逐渐减少，最

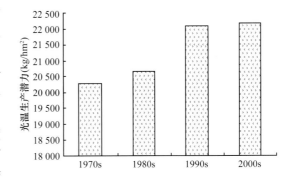

图 4-14　东北春玉米不同年代光温生产潜力

高区为辽宁南部，最低为漠河一带，最高区可达 25 000～26 000kg/hm^2，而最低区只有 7000～9000kg/hm^2，南北差异较大。从不同年代上看，2000s 较 1970s 光温生产力潜力全区域上升，平均增加 2000kg/hm^2，而在 2000s 等值线相对 1970s 来说向北移动近 200km。光温生产潜力的增加说明在东北地区气候变暖有利于春玉米的生产，可以充分利用光温资源增加的趋势，促进春玉米的持续增产。

4.2.3.2　气候生产潜力

由于气候生产潜力加入了水分因子，如果水分和热量不协调，气候生产潜力将会下降。东北春玉米气候生产潜力呈现波动上升趋势（图 4-16A），水热协调的年份气候生产潜力较高，而水分不协调和降水过多或过少的年份，产量潜力较低。从不同年代变化趋势来看（图 4-16B），1970s 和 1980s 气候生产潜力较低，与温度和降水均有一定的关系。上升幅度最大为 1990s。2000s 较 1990s 气候生产潜力低，主要原因是降水的减少和各种气候资源不协调。

空间分布上（图 4-17），由南向北依次减少，最高地区为辽宁南部，最低为漠河一带，最高值可达 23 000kg/hm^2，而最低区只有 6000kg/hm^2，南部地区差异较大。时间上看，2000s 和 1970s 相比，2000s 中部和西部地区增加较明显，北部无明显变化，南部减少。

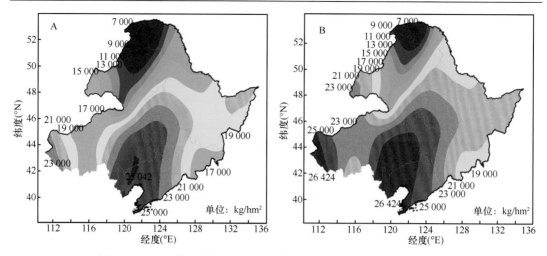

图 4-15　1970s（A）和 2000s（B）东北春玉米光温生产潜力空间分布

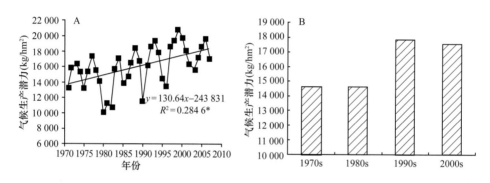

图 4-16　东北春玉米气候生产潜力

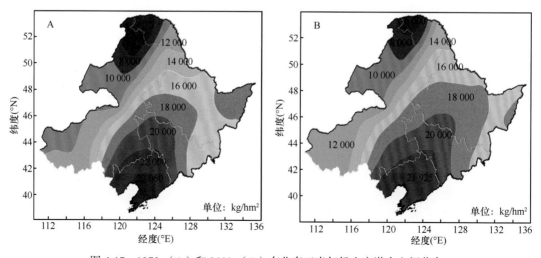

图 4-17　1970s（A）和 2000s（B）东北春玉米气候生产潜力空间分布

4.2.3.3　春玉米实际产量

春玉米单产最高地区是以长春市为中心的中部区域（图 4-18），包括哈尔滨市、长春市、吉林市、松原市、四平市、辽源市和沈阳市等，单产达 7500kg/hm² 以上。

其次为该中心周边地区，包括黑龙江的佳木斯市、鸡西市、绥化市、大庆市和牡丹江市，内蒙古的通辽市和赤峰市，辽宁的鞍山市、大连市等地区。最低为大兴安岭地区和内蒙古的兴安盟、锡林郭勒盟等地区，单产在 4500kg/hm² 以下。

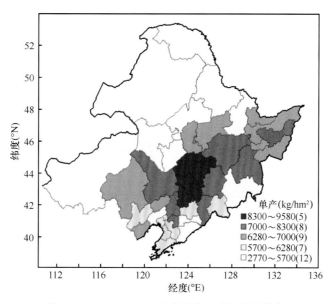

图 4-18　2004～2006 年东北春玉米各地区单产

4.2.4　结论与讨论

研究结果表明，东北地区春玉米的光温生产潜力呈不断上升趋势。从时间上看，1970s～1980s 上升缓慢，从 1990s 开始上升幅度加大。从空间分布上看，在温度较高的南部地区光温生产潜力较高，在温度较低的北部地区如漠河一带生产潜力较低，呈由南向北逐渐降低的趋势，且北部地区光温生产潜力的变化幅度比南部地区大。影响光温生产潜力的主要因素为温度和太阳辐射。年太阳辐射总量的减少直接导致了光合效率的降低，对光温生产潜力不利，但温度的持续升高弥补了太阳辐射量下降带来的负面影响，使得各地区光温生产潜力与多年平均值相比有较为明显的上升。陈峪和黄朝迎（1998）研究了气候变化对东北地区作物生产潜力影响且得出了相似的结论：在温度低的北部地区如呼玛、黑河太阳辐射虽下降，但受温度上升的影响，玉米光温生产潜力分别上升了 19.76%、12.03%。

东北地区春玉米气候生产潜力的变化较复杂。1971～2007 年气候生产潜力振荡变化，但总体有增加趋势，且 1990s 上升幅度最大，而 2000s 有所下降。各区域变化差异较大，南部地区气候生产潜力有所下降，中部和西部地区增加较明显，北部无明显变化。气候生产潜力是由光、温、水条件共同决定的，其变化较为复杂。王素艳等（2009）在气候变化对四川盆地作物生产潜力的影响评估中，也得出了光合生产潜力下降、光温生产潜力上升、气候生产潜力不同地区变化不同的结论。东北地区春玉米的生长季在 5～9 月，其各生育期需水量不同，同一量值的降水量出现在不同月份，也可产生不同的效应（王素艳等，2009）。需水高峰期在拔节 - 抽穗阶段，一般从 7 月中旬到 8 月上旬（肖俊夫等，2008），这一时期干旱缺水将直接影响籽粒产量的形成（白向历等，2009）。在光温条件适宜状况下，水分与光温协调，能够满足作物各生育期的需水量，能获得较高产量；反之，作物光合作用所需的水分得不到充分供给，作物生长缓慢，生物量严重不足，使气候生产潜力出现降低现象（刘引鸽，2005）。温度升高水分蒸发量增多，引起作物需水量变化，从而引起降水有效系数的变化，使温度和降水的协调作用更为复杂（杨重一，2007）。东北地区中部的气候生产潜力升高可能是降水时间与降水量协调了光温条件，使产量增加。而南部地区虽总降水量丰富，可能发生降水的时间与玉米的需水生理期不吻合，且花期降雨过多会影响受粉，也会导致产量下降。相关研究表明，在未来温度增加较多、降水增加有限的情况下，与光温生产潜力相比，气候生产力增加就有可能较少，甚至在某些地区由于水分胁迫加强还可能出现减小的情形（赵艳霞等，2003）。因此，降水与光温的协调在作物生产潜力的形成中起非常重要的作用。

东北春玉米的气候生产潜力由南向北依次减少，且东部地区大于西部地区，但实际产量最高的地区却是以长春为中心的中部地区。这涉及光、温、水的协调及互作。随着辐射的减少、温度的升高及降水的变化，可能中部地区更适合春玉米的实际生产。

4.3　江淮地区麦稻生产潜力变化分析

气候作为自然资源和自然环境的重要组成部分，是人类生存、经济发展和社会进步的基本条件之一。气候为农业生产提供了光、热、水等自然资源，农业是受气候变化制约最大的领域，各种农业气候资源的数量及其匹配对农业部局、种植制度、作物种类、农业产量及农作物生长发育有着密切关系。IPCC 报告认为全球气候变化对农业会产生重大影响，特别对那些适应能力差、生产异常脆弱地区的农业十分不利（蔡运龙，1996；Brown and Rosenberg，1997；Intergovernmental Panel on Climate Change，2001）。

农业发展制约着国民经济其他部门的发展，是百业之首，农业可能是受气候变化影响最为敏感和脆弱的行业之一（Alexandrov and Hoogenboom，2000）。针对气候变化对农业的可能影响，需要更加深入地了解我国气候与农业的关系；掌握农业气候资源的现状、变化趋势及对农业生产力布局的影响；在气候不断变化的背景下研究作物的气候生产潜力，弄清该地的气候生产潜力水平和光、热、水资源的配合协调程度，了解不同要素对生产力影响的大小；合理利用农业气候资源，制订农业规划和生产布局；运用气候规律来提高农业生产力及防灾减灾、趋利避害，进而实现我国农业的高产、优质、高效、安全、生态和可持续发展，降低农业对气候的脆弱性。稻麦是最主要的两大粮食作物，其播种面积和产量占全国粮食总产的 70% 以上，在农业生产和经济中占有非常重要的地位。全国几乎都可以种植小麦和水稻，气候变化将会影响稻麦的生产（张宇等，2000；居辉等，2005；许吟隆，2005）。因此，预测气候变化对稻麦生产的影响能够实现稻麦两熟周年高产（杨建昌等，2008），对保证中国粮食安全具有十分重大的意义。

4.3.1　研究地区与研究方法

4.3.1.1　研究区域概况

本节主要研究的江淮地区是指江苏和安徽长江以北地区（图 4-19），研究区域地理位置为北纬 29°24′～35°20′，东经 114°54′～121°57′，总面积为 2.04×10^5 km²。该区域是长江中下游平原一部分，海拔大多在 60m 以下，南部有少量低丘，属东亚季风区，又属亚热带和暖温带的过渡区。季风气候特征显著，四季分明，雨量丰沛，雨热同季，冬冷夏热，春温多变，秋高气爽；光能充足，热量富裕。但是江淮处于中纬度地带、海陆相过渡带和气候过渡带，是典型的气候灾害频发区。年平均气温 14.7℃，极端最高气温 41.0℃（1988年），极端最低气温 -23.4℃（1969 年）。年降水量 1000mm 左右，降水主要集中在 6～9月，占全年降水量的 59.2%。图 4-19 为本节气象站点的分布图。

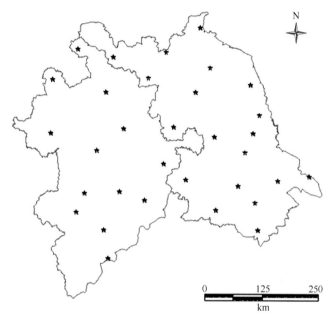

图 4-19　江淮地区气象站点分布图

4.3.1.2　气象数据和作物数据

气象站点和物候观测点数据来自中国气象局。

气象站点在江淮地区的江苏和安徽，共计 32 个气象站点，数据类型包括 1981～2008年的逐日日照时数、平均气温、降水量、相对湿度和风速等资料。物候站点共计 33 个，数据类型包括作物名称和生育进程等。

安徽 2006 年、2007 年和 2008 年小麦、水稻实际产量数据来自《安徽农村经济统计年鉴》。

江苏小麦、水稻 2006～2008 年实际产量数据来自《江苏省农村统计年鉴》。

4.3.1.3　基础地理数据

本研究中用到的基础地理信息数据来自国家基础地理信息中心。32 个气象站点和 33个物候站点经纬度数据来自中国气象局。

4.3.1.4　研究方法

计算作物生产潜力的方法很多，逆向限制因子修正法具有严密的理论基础和公式指导，是应用最为广泛的方法。小麦和水稻光温生产潜力估算采用逆向限制因子修正法，并对小麦和水稻的每个生育时期进行估算。根据物候观测点 20 年数据进行分析，小麦生育时期划分为 6 个生育时期：播种到出苗期、出苗到分蘖期、分蘖到返青期、返青到拔节期、拔节到抽穗期、抽穗到成熟期。各站点生育期和抽穗到成熟期日期划分如表 4-4 和表 4-5 所示。

表 4-4　小麦生育期和抽穗到成熟期日期

气候站点	生育期（月/日）	抽穗到成熟期（月/日）	气候站点	生育期（月/日）	抽穗到成熟期（月/日）
58015	10/12 至次年 6/1	4/17～6/1	58250	11/9 至次年 5/29	4/13～5/29
58027			58259		
58130			58265		
58035	10/11 至次年 6/6	4/23～6/6	58040	10/13 至次年 6/6	4/25～6/6
58048	10/21 至次年 6/8	4/24～6/8	58241	10/27 至次年 5/29	4/15～5/29
58150			58251		
58102	10/17 至次年 5/28	4/14～5/28	58122	10/26 至次年 5/25	4/12～5/25
58138	10/26 至次年 5/30	4/13～5/30	58141	10/17 至次年 6/4	4/16～6/4
58158	10/27 至次年 5/29	4/15～5/29	58203	10/22 至次年 5/29	4/14～5/29
58215	10/24 至次年 5/24	4/12～5/24	58221	10/29 至次年 5/28	4/14～5/28
58236	10/26 至次年 5/30	4/12～5/30	58238	10/30 至次年 5/24	4/12～5/24
58311	10/28 至次年 5/22	4/10～5/22	58343	11/8 至次年 5/28	4/14～5/28
58314			58345		
58319			58354		
58321			58358		
58326					
58424					

表 4-5　水稻生育期和抽穗到成熟期日期

站点	生育期（月/日）	抽穗到成熟期（月/日）	站点	生育期（月/日）	抽穗到成熟期（月/日）
58015	4/28～10/2	8/23～10/2	58236	4/18～9/17	8/12～9/17
58027			58311	4/18～9/10	8/6～9/10
58035			58314		
58102			58319		
58122			58321		
58130			58326		
58040	5/5～10/7	8/23～10/7	58048	5/4～10/7	8/25～10/7
58138	4/18～10/24	9/3～10/24	58141	5/4～10/7	8/25～10/7
58150	5/2～10/1	8/23～10/1	58424	5/7～9/20	8/17～9/20
58158	5/17～10/13	8/29～10/13	58343	5/28～10/24	9/3～10/24
58241			58345		
58250			58354		
58251			58358		
58203	5/8～9/20	8/15～9/20	58259	5/25～10/21	9/3～10/21
58215			58265		
58221			58238	5/16～10/15	8/27～10/15

分别将各个生育时期气候数据带入模型进行计算。分别估算出小麦和水稻每个生育时期的光合生产潜力、光温生产潜力，然后将每个生育时期的生产潜力进行加和，得到水稻和小麦整个生育期的生产潜力。

区域全年平均气温、生育期平均气温、抽穗到成熟期平均气温、平均日最高平均气温、平均日最低气温计算方法是采用 32 个气象站点的逐日值进行求平均值；全年、生育期和生育后期太阳辐射，全年、生育期和生育后期降水量，全年、生育期和生育后期日照时数是直接相加求值；降水日数为全年有降水的天数（降水量 ≥0.1mm 的日数），小麦和水稻生育期和生育后期温度、太阳辐射、日照时数、降水量等按照上面划分的日期进行求平均值和相加求值。所有趋势方程采用线性回归拟合。

1. 统计分析模型与方法

在基本数据分析过程中，采用数理统计分析模型与方法，包括线性回归及回归方程的拟合。采用时间序列多项式模拟方法对气候要素的变化进行模拟，从而得到气候要素随时间变化的趋势。针对线性变化趋势用一元方程进行描述，并建立气候变量与其所对应时间的一元线性回归方程：

$$x_i = a + bt_i$$

式中，自变量为 t_i，因变量为 x_i（$i=1,2,3,\cdots,n$，为年份序号）；a 为回归常数，b 为回归系数，a 和 b 用最小二乘法进行估计。

2. 空间分析方法

插值方法中使用最为广泛的是普通克利金法（Kriging），这种方法能深刻发掘区域化变量的变异本质，提高插值精度。其公式可以定义为

$$Z_X^* = \sum_{i=1}^{n} \lambda_i Z(X_i) \tag{4-9}$$

式中，λ_i 是区域化变量 $Z(X_i)$ 的权重，用来表示各空间样本 X_i 的观测值 $Z(X_i)$ 对估计值 Z_X^* 的贡献程度。

根据线性无偏估计的原理，使估计方差最小，权重系数由克里格方程组决定，普通克里格法的点估计克里格方程组可表示为

$$\begin{cases} \sum_{i=1}^{n} \lambda_i C(X_i, X_j) - \mu = C(X_i, X^*) \\ \sum_{i=1}^{n} \lambda_i = 1 \end{cases} \tag{4-10}$$

式中，$C(X_i, X_j)$ 为样本点之间的协方差，$C(X_i, X^*)$ 为样本点与插值点之间的协方差，μ 为极小化处理时的拉格朗日乘子。

在变异函数存在的条件下，根据协方差与变异函数的关系为

$$\gamma(h) = c(0) - c(h) \tag{4-11}$$

也可以用半变异函数表示克里格方程组。

$$\begin{cases} \sum_{i=1}^{n} \lambda_i \gamma(X_i, X_j) + \mu = \gamma(X_i, X^*) \\ \sum_{i=1}^{n} \lambda_i = 1 \end{cases} \tag{4-12}$$

变异系数的公式又可写为

$$\gamma(h)=\frac{1}{2N(h)}\sum_{i=1}^{N(h)}[Z(x_i)-Z(x_i+h)]^2 \tag{4-13}$$

式中，$N(h)$ 为被距离区段 h 分隔观测样本对的数目。这样通过绘制观测样本对的半变异函数云图来确定变异函数的模型。目前变异函数的理论模型比较常用的包括球状模型、指数模型、高斯模型等。由变异函数模型，就可以求得权重系数 λ_i，然后就可以进行空间插值了。

4.3.2　作物生产潜力计算

4.3.2.1　光合生产潜力

光合生产潜力是假定作物的生长因子都处于最适宜条件下，其产量不受自然条件的限制，仅由太阳辐射能量决定，通过光合作用所能达到的最高产量。其计算公式（邓根云等，1980）如下。

$$Y_p=[10^8/(C\times10^3)]\times F\times E\times Q \tag{4-14}$$

式中，Y_p 为光合生产力（kg/hm^2）；C 为能量转换系数，为 18.75kJ/g；F 为光能利用率，取 3%（根据目前品种特性设定）；E 为经济系数，小麦取 0.40，水稻取 0.5；Q 为作物生育期太阳总辐射能（kJ/m^2）。

4.3.2.2　光温生产潜力

作物群体在其他自然条件适宜的条件下，以光能和温度作为作物产量的决定因素时，所产生的干物质能力，称为光温生产潜力。其一般表达式（方光迪，1985）为

$$P_t=Y_p\cdot f(T) \tag{4-15}$$

式中，P_t 表示光温生产潜力（kg/hm^2）；$f(T)$ 代表温度衰减函数，温度对作物光合作用速率的影响因物种而异，C3 喜凉作物（如大麦、冬小麦等）及 C4 喜温作物（如水稻、甘薯、花生）的温度影响系数经验公式如下。

喜凉作物：　　　　　　　　　　喜温作物：

$$f(T)=\begin{cases}0 & T\leqslant3℃\\(T-3)/17 & 3℃<T<20℃\\1 & T\geqslant20℃\end{cases} \qquad f(T)=\begin{cases}0 & T\leqslant10℃\\(T-10)/15 & 10℃<T<25℃\\1 & T\geqslant25℃\end{cases} \tag{4-16}$$

式中，T 为作物各生育时期平均气温。

4.3.2.3　气候生产潜力

气候生产潜力是光温生产潜力受水分条件限制而衰减后的作物生产潜力。其一般表达式（龙斯玉，1985）为

$$P_w=P_t\cdot f(w) \tag{4-17}$$

式中，P_t 表示光温生产潜力，$f(w)$ 为降水影响系数，由作物各生育期的降水量和需水量计算所得，公式如下。

$$f(w)=降水量/需水量 \tag{4-18}$$

当降水量大于需水量时，$f(w)$ 的值取 1。

4.3.3 江淮地区冬小麦生产潜力

4.3.3.1 冬小麦生产潜力时间演变特征

从时间上看（图 4-20），江淮地区冬小麦 48 年来的平均光合生产潜力为 21 059kg/hm²，但呈现一定下降趋势，特别是 1960s～1970s 和 1990s～2000s 降幅较大，分别下降了 670kg/hm² 和 780kg/hm²，主要是太阳辐射量减少的缘故，光合生产潜力主要和光照相关，1960s 日照时数最长，为光合生产潜力最高时段。而 2000s 为日照时数最短，光合生产潜力最低。48 年来光温生产潜力平均值为 10 667kg/hm²，演变过程是平稳到上升过程，上升明显阶段为 1980s～2000s，平均上升了 375kg/hm²，上升的主要原因是气温的大幅上升。气候生产潜力则是平稳－快速上升－下降过程，上升明显阶段为 1980s～1990s，该时段气候生产潜力上升了 1400kg/hm²，这与温度上升及水热配置合理有关，而 2000s 较 1990s 下降了 430kg/hm²，主要原因可能是与降水过多和水热资源不协调有关。48 年来冬小麦气候生产潜力平均为 8813kg/hm²。

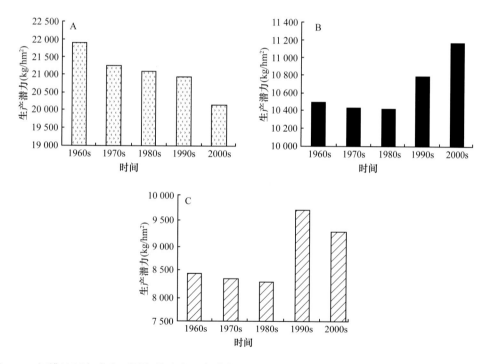

图 4-20 江淮地区冬小麦不同年代光合生产潜力（A）、光温生产潜力（B）和气候生产潜力（C）变化

4.3.3.2 江淮地区冬小麦不同年代生产潜力空间分布

1. 光合生产潜力

就空间分布来看（图 4-21），由北向南逐渐减少，北部光照充足，降水较少，表现为高值区，而南部地区由于降水量增加，日照相对较少，太阳辐射量相对较小，为低值区。各年代变化差异较大，1970s 相对 1960s 来说，高值区面积大幅缩小，低值区面积扩大，1980s 和 1970s 相比变化不大，但 1990s 有所减少，2000s 相对 1990s 来说，减少明

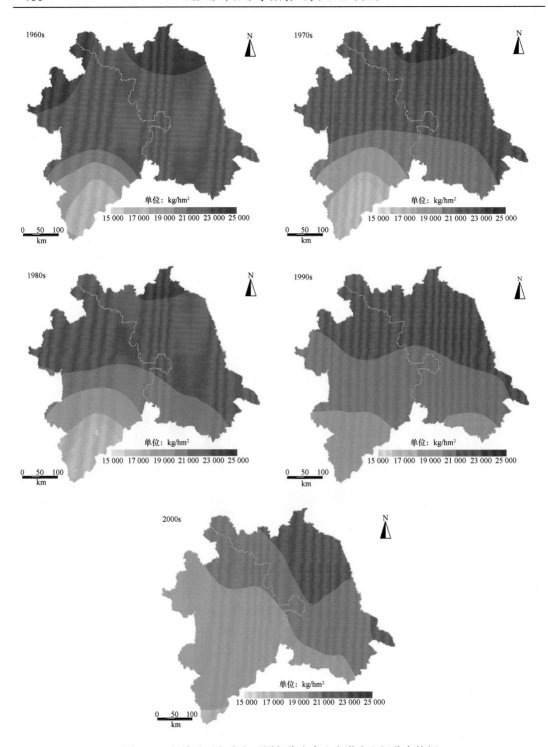

图 4-21　江淮地区冬小麦不同年代光合生产潜力空间分布特征

显，尤其是西南部地区减少明显，高值地区只有江苏东北地区一带，2000s 较 1960s 减少了 1500kg/hm² 以上。

2. 光温生产潜力

从空间分布来看（图 4-22），和光合生产潜力不一样，温度较高地区，表现出较高的生产潜力，而温度较低的地区，光温生产潜力也较低，总的趋势是，除 2000s 特别外，其他年代基本是由西南向东北逐渐减少，最高值地区为安徽西南部或江苏东南部地区，最低值地区为江苏东北沿海地区，最高区可达 12 000kg/hm² 以上，而最低区只有 9000kg/hm² 以下，南北差异较大。

从不同时间上看（图 4-22），1970s 较 1960s 高值区生产潜力有所下降，其他区域变化不大，1980s 光温生产潜力进一步下降，而到 1990s 后，中部地区光温生产力增加明显，其他地区变化不大，在 2000s 后，南部和中部地区出现大幅增加，等值线相对 1990s 来说向北移动近 100km。光温生产潜力的增加有利于冬小麦的生产，但如何利用好光温资源增加的趋势，促进冬小麦持续稳定增产，对冬小麦生产来说意义重要。

3. 气候生产潜力

从空间分布上看（图 4-23），由南向北依次减少，最高地区为江苏东南部和安徽西南部，最低为江苏和安徽北部一带，最高值可达 12 000kg/hm²，而最低区只有 4500kg/hm²，南北地区差异较大。时间上看，与 1960s 相比，1970s 主要是南部地区有所减少，1980s 变化不大，而 1990s 后整个区域增加明显，2000s 是南部增加明显、北部减少。

4.3.4　江淮地区水稻生产潜力

4.3.4.1　水稻生产潜力时间演变特征

从时间演变上看（图 4-24），江淮地区水稻 48 年来光合生产潜力呈明显下降趋势，特别是 1970s～1980s 和 1990s～2000s 降幅较大，分别下降了 1695kg/hm² 和 1946kg/hm²，主要与太阳辐射量减少有关，光合生产潜力主要与光照相关，1960s 日照时数最长，为光合生产潜力最高时段；而 2000s 为日照时数最短，光合生产潜力最低。2000s 较 1960s 减少了 3846kg/hm²，48 年来平均光合生产潜力为 24 119kg/hm²。48 年来光温生产力基本也呈减少趋势，减少明显阶段为 1970s～1980s 和 1990s～2000s，分别减少了 1658kg/hm² 和 1277kg/hm²，减少的主要原因是太阳辐射减少，且温度的增加不足以弥补太阳辐射的减少。水稻光温生产潜力 48 年平均值为 21 332kg/hm²。气候生产力也呈现减少趋势，2000s 较 1960s 减少了 1690kg/hm²，但平均水分影响因子呈现上升趋势，1960s 为 0.88，1980s 为 0.91，到 2000s 时为 0.94，说明水稻生育期降水协调性相对提高了，气候生产潜力减少的原因主要还是太阳辐射量的减少。

4.3.4.2　江淮地区水稻生产潜力空间分布

1. 光合生产潜力

空间上看（图 4-25），由北向南逐渐减少，北部光照充足，降水较少，表现为高值区，而南部地区由于降水增加，日照相对较少，太阳辐射相对较小，为低值区。时间上，各年代变化较大，1970s 相对 1960s 来说，高值区域面积大幅缩小，主要是中东部减少明显，1980s 相对 1970s 来说，西南向中部地区减少明显，但 1990s 有所回升；但 2000s 相

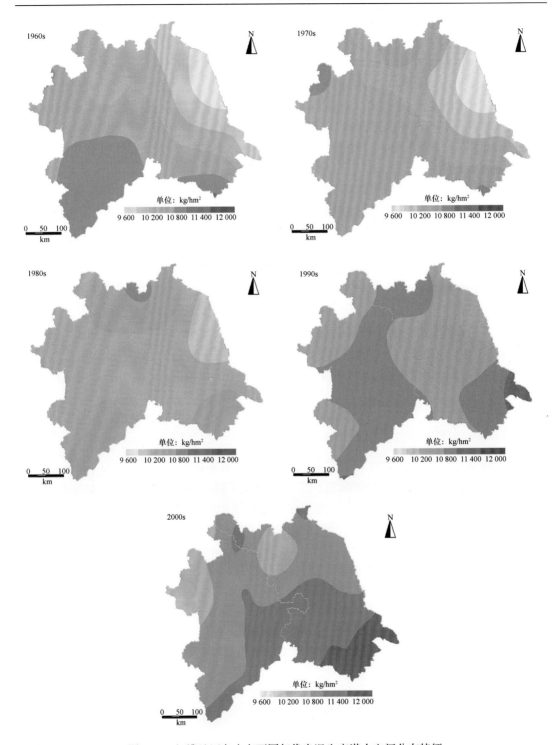

图 4-22　江淮地区冬小麦不同年代光温生产潜力空间分布特征

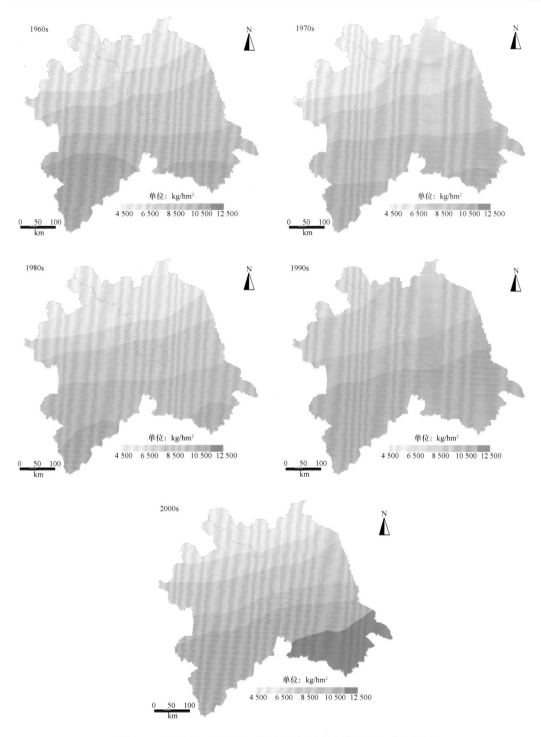

图 4-23　江淮地区冬小麦不同年代气候生产潜力空间分布特征

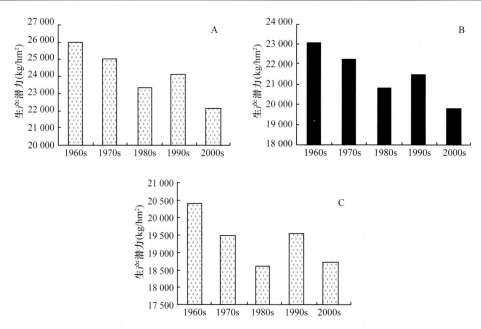

图 4-24　江淮地区水稻不同年代光合生产潜力（A）、光温生产潜力（B）和气候生产潜力（C）变化

对 1990s 来说，由西向东部地区减少明显，较高值地区只有江苏东南地区一带，2000s 较 1960s 减少了 3500kg/hm² 以上。

2. 光温生产潜力

水稻光温生产潜力从空间分布上看（图 4-26），与光合生产潜力不一样，温度较高地区，表现出较高的生产潜力，而温度较低的地区，光温生产潜力也较低。各年代空间差异较大，1960s 整个区域光温生产力表现差异不大，均在 24 000kg/hm² 以上，1970s 江苏中部地区减少明显，其他地区也有减少，1980s 空间变异不大，基本数值在 20 000kg/hm² 以下，1990s 部分地区有所增加，主要是安徽大部分地区和江苏北部地区，2000s 减少明显，减少明显地区为安徽西部到江苏中北部地区一带，大部分地区在 19 000kg/hm² 以下，而江苏东南部有所增加。光温生产潜力的减少主要还是由太阳辐射量的大幅减少所致。光温生产潜力的减少对水稻产量的进一步提高会产生不利影响，因而在实际生产中应考虑如何去应对气候变化对水稻生产的影响。

3. 气候生产潜力

水稻气候生产潜力从空间分布上看（图 4-27），1960s 区域气候生产力表现为最高，南高北低，最高值出现在安徽西南部和西北部地区，最低值出现在中北部地区，最高值与最低值地区相差 2500kg/hm²。1970s 表现为中间条带较高外，其他地区均较低，高值区与低值区相差约 3000kg/hm²。1980s 南北部减少较为明显，南多北少，分成两个等值区域，相差 1000kg/hm²。1990s 气候生产潜力有所增加，主要表现为东多西少，东北地区增加明显。由于气候变化，2000s 生产潜力空间分布出现一定的不均匀性，表现在东部较高，西部较低，特别是西南和西北地区减少较多，和 1960s 相比，正好相反，主要与降水时间上分布不均匀有关。

4.3.5　江淮地区冬小麦和水稻实际产量

光温和气候生产潜力反映出冬小麦和水稻的产量潜力所在，但实际生产中冬小麦和水

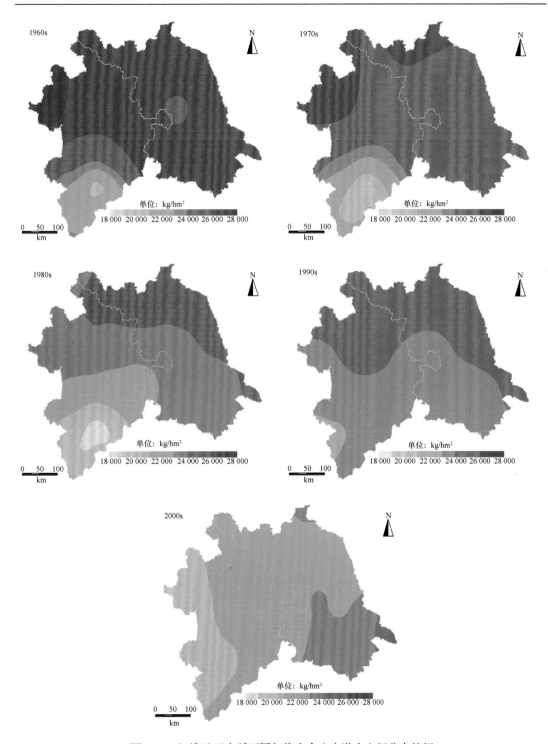

图 4-25　江淮地区水稻不同年代光合生产潜力空间分布特征

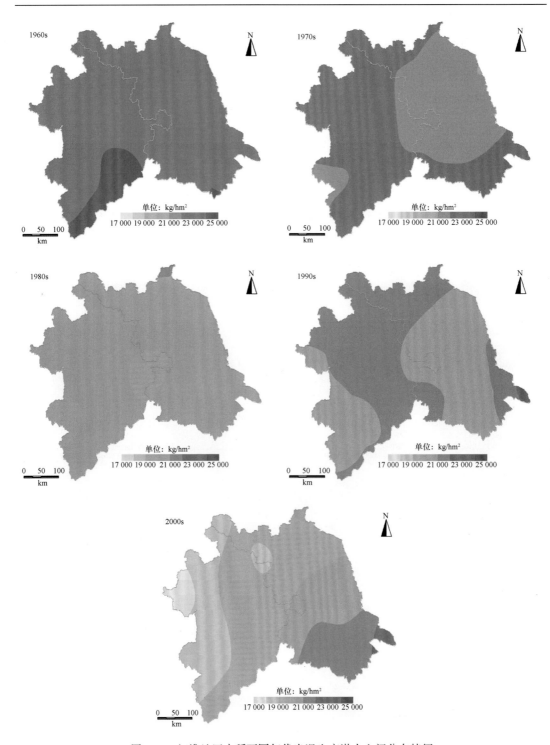

图 4-26　江淮地区水稻不同年代光温生产潜力空间分布特征

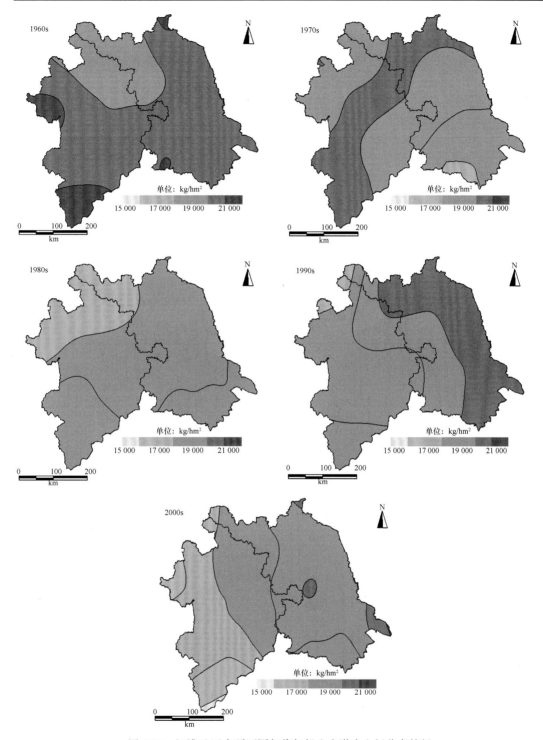

图 4-27　江淮地区水稻不同年代气候生产潜力空间分布特征

稻单产空间变化和产量潜力存在一定差异，这与形成产量的其他因素有一定关系，如土壤、栽培管理、品种和生产习惯等。冬小麦实际生产中以江苏中部地区如扬州、盐城等和安徽北部地区如阜阳、淮南、淮北、蚌埠、宿州和亳州等产量最高，产量可达 5400kg/hm² 以上，最低值为安徽西南部，产量大部分在 2500kg/hm² 以下，江苏南部大部分地区产量也不高，大部分在 4000kg/hm² 以下（图 4-28）。水稻由东往西产量逐渐降低，高产区主要在江苏东部地区，北到连云港南到苏州一带，水稻产量可达 8800kg/hm² 以上，产量中等的主要在江淮中部地区，为江苏西部和安徽大部分地区，最低为安徽西南地区，产量在 6000kg/hm² 以下。

4.3.6　江淮地区冬小麦和水稻增产潜力

由于气候生产潜力变化较大，本节讨论光温生产力的增产潜力，区域增产潜力即光温生产潜力减去实际产量，本研究用 2000s 的冬小麦和水稻的光温生产潜力减去 2006～2008 年实际平均产量。利用 GIS 叠置分析技术，得出冬小麦和水稻增产潜力空间分布图（图 4-29）。

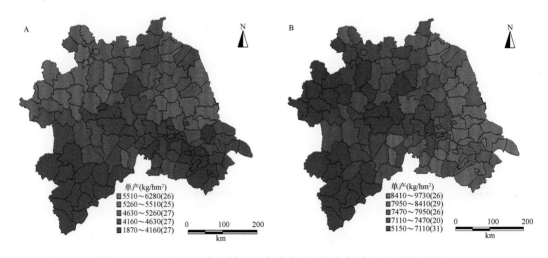

图 4-28　2006～2008 年江淮地区冬小麦（A）和水稻（B）实际产量

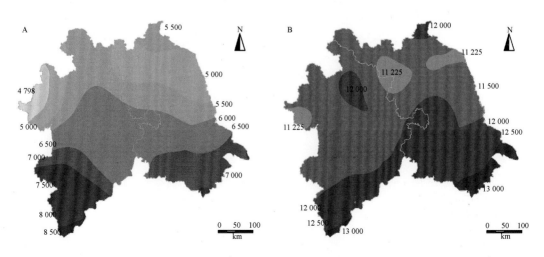

图 4-29　2006～2008 年江淮地区冬小麦（A）和水稻（B）光温增产潜力（单位：kg/hm²）

冬小麦增产潜力由南向西北地区递减，安徽西南部为增产潜力最高处，可达 7500kg/hm²；其次是江苏南部；再次为江苏和安徽中部地区；最少地区为江苏东北一带和安徽西北部，光温增产力只有 5000kg/hm²。水稻增产潜力由南向北减少，但南北差距不大，最高为江苏南部地区，增产潜力为 13 000kg/hm²。大部分地区增产可达 11 500kg/hm²，虽然江淮地区水稻还具有较高的增产潜力，但气候变暖带来极端事件的增加让人们不能忽视气候变化对农业生产的影响。

4.3.7　结论与讨论

江淮地区冬小麦 48 年来的平均光合生产潜力、光温生产潜力和气候生产潜力分别为 21 059kg/hm²、10 667kg/hm² 和 8813kg/hm²。光合生产潜力呈下降趋势，2000s 较 1960s 下降了 1742kg/hm²，主要与太阳辐射量减少有关。光温生产潜力有增加趋势，2000s 较 1960s 平均增加了 678kg/hm²，主要原因是气温的大幅上升引起生产潜力的提高超过了太阳辐射减少导致生产潜力减少。气候生产潜力总体也是上升趋势，2000s 较 1960s 上升了 829kg/hm²。

江淮地区水稻 48 年来的平均光合生产潜力、光温生产潜力和气候生产潜力分别为 24 119kg/hm²、21 332kg/hm² 和 21 332kg/hm²。光合、光温或气候生产潜力均呈下降趋势，2000s 较 1960s 分别下降了 3846kg/hm²、3310kg/hm² 和 1690kg/hm²，主要原因是太阳辐射量减少，而气温和降水影响不大。

江淮地区冬小麦光合生产潜力空间分布由北向南逐渐减少，东北部最高，西南部最低，2000s 较 1960s 减少，主要是西南部减少明显。而光温生产潜力不同年代空间变异较大，总体上气温较高的西南部和东南部较高，江苏东北沿海最低。2000s 较 1960s 区域上增加明显，2000s 等值线相对 1960s 来说向西北移动近 100km。气候生产潜力由南向北依次减少，2000s 较 1960s 增加，特别是东南部增加明显。

水稻光合生产潜力空间上由北向南逐渐减少，2000s 相对于 1960s，由西向东部地区减少明显。水稻光温生产力空间分布为温度较高地区表现出较高的生产潜力，而温度较低的地区光温生产潜力也较低，各年代空间变异较大；2000s 较 1960s 整个区域减少，安徽西部到江苏中北部地区一带减少明显。水稻气候生产潜力不同年代发生较大变化，主要与降水的时间分布有一定关系。

冬小麦实际生产中以江苏中部地区和安徽北部地区单产最高，可达 5400kg/hm²，最低值为安徽西南部地区，产量大部分在 2500kg/hm² 以下。水稻由东往西产量逐渐降低，高产区主要在江苏东部地区，产量可达 8800kg/hm² 以上，产量中等的主要在江淮中部地区，最低为安徽西南部，产量在 6000kg/hm² 以下。冬小麦增产潜力由南向西北地区递减，增产潜力在 5000～7500kg/hm²，水稻增产潜力由南向北减少，增产范围为 11 500～13 000kg/hm²，水稻更具有较高的增产潜力。

参 考 文 献

白向历, 孙世贤, 杨国航, 等. 2009. 不同生育时期水分胁迫对玉米产量及生长发育的影响. 玉米科学, 17(2): 60-63.

蔡运龙. 1996. 全球气候变化下中国农业的脆弱性与适应对策. 地理学报, 51(3): 200-210.

陈百明, 周小萍. 2005. 中国粮食自给率与耕地资源安全底线的探讨. 经济地理, 25(2): 145-148.

陈锡康, 郭菊娥. 1996. 中国粮食生产发展预测及其保证程度分析. 自然资源学报, 11(3): 197-202.

陈峪, 黄朝迎. 1998. 气候变化对东北地区作物生产潜力影响的研究. 应用气象学报, 9(3): 314-320.

程晓霖, 方天堃. 2006. 中国农业水资源利用及管理现状分析. 农业经济, (4): 39-40.

程叶青, 张平宇. 2005. 中国粮食生产的区域格局变化及东北商品粮基地的响应. 地理科学, 25(5): 513-520.

邓根云, 冯雪华. 1980. 我国光温资源与气候生产潜力. 自然资源, 2(4): 11-16.

方光迪. 1985. 三江地区光、热资源及作物生产潜力. 气象学报, 43(3): 321-330.

高国栋. 1996. 气候学教程. 北京: 气象出版社: 50-85.

郭建平, 高素华, 潘亚茹, 等. 1995. 东北地区农业气候生产潜力及其开发利用对策. 气象, 21(2): 3-9.

郭淑敏, 马帅, 陈印军, 等. 2006. 中国东北三省粮食生产的态势、优势、问题与对策. 中国农学通报, 12(22): 488-493.

黄杏元, 马劲松, 汤勤. 2001. 地理信息系统概论. 北京: 高等教育出版社.

金之庆, 葛道阔, 郑喜莲, 等. 1996. 评价全球气候变化对我国玉米生产的可能影响. 作物学报, 22(5): 514-523.

居辉, 熊伟, 许吟隆, 等. 2005. 气候变化对我国小麦产量的影响. 作物学报, 31(10): 1340-1343.

蓝海涛. 2007. 我国不同区域粮食综合生产能力的比较. 中国农业资源与区划, 28(5): 1-6.

蓝庆新. 2003. 我国农产品国际比较优势的实证分析. 财经研究, 29(8): 64-68.

李琳凤. 2009. 优化粮食品种区域结构, 提高我国粮食安全. 中国国情国力, 11: 18-21.

李宗尧, 杨桂山. 2006. 安徽沿江地区耕地数量变化特征及其对粮食安全的影响. 资源科学, 28(6): 91-96.

梁俊花, 冯旭芳, 刘敏, 等. 2005. 山西省特色农产品比较优势研究. 农业技术经济, 1: 70-73.

刘景辉. 2001. 中国粮食单产增长规律及预测. 耕作与栽培, 5: 1-4.

刘景辉, 王树安, 王志敏, 等. 2001. 中国粮食单产增长规律及预测. 耕作与栽培, (5): 1-4.

刘丽丽, 刘金萍, 李建国, 等. 2010. 区域粮食安全度量研究——以重庆市万盛区石林镇为例. 中国农学通报, 26(6): 348-354.

刘晓梅. 2004. 我国粮食安全战略研究. 北京: 中国市场出版社: 231.

刘引鸽. 2005. 关中平原土地利用及农业气候生产潜力分析. 水土保持研究, 12(6): 21-49.

刘玉杰, 杨艳昭, 封志明, 等. 2007. 中国粮食生产的区域格局变化及其可能影响. 资源科学, 29(2): 8-14.

龙斯玉. 1985. 江苏省农业气候资源生产潜力及区划的研究. 地理科学, 5(3): 218-226.

马树庆. 1996. 吉林省农业气候研究. 北京: 气象出版社: 27-59.

秦大河. 2007. 中国气候与环境演变 (上). 资源环境与发展, (3): 1-3.

屈宝香, 李文娟, 尹昌斌, 等. 2010. 我国粮食产需平衡变化及对策. 中国食物与营养, 1: 4-7.

尚宗波. 2000. 全球气候变化对沈阳地区春玉米生长的可能影响. 植物学报, 42(3): 300-305.

孙凤华, 袁修群, 路爽, 等. 2006. 东北地区平均、最高、最低气温时空变化特征及对比分析. 气象科学, 26(2): 157-162.

覃志豪. 1995. 地区差异与均衡发展——中国区域农村经济问题剖析. 北京: 中国农业科学技术出版社.

唐仁健. 2009. 要依靠自身的力量解决中国的粮食问题. 中国水利, 21: 7-8.

王千, 门明新, 许皞, 等. 2009. 基于 ESDA 与 GIS 的粮食综合生产能力空间分布研究——以河北省为例. 农机化研究, 9: 64-67.

王素艳, 郭海燕, 邓彪, 等. 2009. 气候变化对四川盆地作物生产潜力的影响评估. 高原山地气象研究, 29(2): 49-53.

吴凯, 卢布, 袁璋, 等. 2006. 我国粮食作物优势产业带及其资源优势. 中国农业资源与区划, 27(1): 9-12.

袭祝香, 马树庆, 王琪, 等. 2003. 东北区低温冷害风险评估及区划. 自然灾害学报, 12(2): 98-102.

肖俊夫, 刘战东, 陈玉民, 等. 2008. 中国玉米需水量与需水规律研究. 玉米科学, 16(4): 21-25.

许吟隆. 2005. 中国 21 世纪气候变化的情景模拟分析. 南京气象学院学报, 28(3): 323-329.

杨建昌, 杜永, 刘辉, 等. 2008. 长江下游稻麦周年高产栽培途径与技术. 中国农业科学, 41(6): 1611-1621.

杨重一. 2007. 黑龙江省作物气候生产潜力分析及气候变化响应. 哈尔滨: 东北农业大学硕士学位论文.

殷培红, 方修琦, 马玉玲, 等. 2006a. 21 世纪初我国粮食供需的新空间格局. 自然资源学报, 21(4): 625-631.

殷培红, 方修琦, 田青, 等. 2006b. 21 世纪初中国主要余粮区的空间格局特征. 地理学报, 61(2): 190-198.

虞国平. 2009. 我国稻谷供需的中长期预测. 现代农业科技, 23: 17-20.

余振国, 胡小平. 2003. 我国粮食安全与耕地的数量和质量关系研究. 地理与地理信息科学, 19(3): 45-49.

张华, 王道龙, 周宝香, 等. 2004. 我国主要粮食品种区域比较优势研究. 中国农业资源与区划, 2: 13-17.

张建平, 赵艳霞, 王春乙, 等. 2007. 未来气候变化情景下我国主要粮食作物产量变化模拟. 干旱地区农业研究, 25(5): 208-213.

张建平, 赵艳霞, 王春乙, 等. 2008. 气候变化情景下东北地区玉米产量变化模拟. 中国生态农业学报, 16(6): 1448-1452.

张宇, 王石立, 王馥棠, 等. 2000. 气候变化对我国小麦发育及产量可能影响的模拟研究. 应用学报, 11(3): 264-270.

张正斌. 2009. 中国粮食安全路在何方. 战略与决策研究, 24(6): 610-616.

赵艳霞, 王馥棠, 刘文泉, 等. 2003. 黄土高原的气候生态环境、气候变化与农业气候生产潜力. 干旱地区农业研究, 21(4): 142-146.

中华人民共和国国家统计局. 2007. 中国统计年鉴 2007. 北京: 中国统计出版社.

钟甫宁, 徐志刚, 傅龙波, 等. 2001. 中国种植业地区比较优势的测定与调整结构的思路. 福建论坛 (经济社会版), 12: 29-32.

周应恒, 王图展. 2006. 我国农产品加工业地区比较优势的实证分析. 农村经济, 5: 101-103.

朱大威, 金之庆. 2008. 气候及其变率变化对东北地区粮食生产的影响. 作物学报, 34(9): 1588-1597.

卓玛, 拉巴卓玛. 2007. 气候变化对西藏主要农区作物气候生产潜力的影响. 西藏科技, (12): 57-59.

Alexandrov V A, Hoogenboom G. 2000. Vulnerability and adaptation assessments of agricultural crops under climate change in the southeastern USA. Theoretical and Applied Climatology, 67: 45-63.

Bootsma A, Anderson D, Gameda S. 2004. Potential impacts of climate change on agro-climatic indices in Southern regions of Ontario and Quebec. Technical Bulletin ECORC Contribution No.03-284. Eastern Cereal and Oilseed Research Centre. Agriculture and Agri-Food Canada, Ottawa, Ontario.

Brown R A, Rosenberg N S. 1997. Sensitivity of crop yield and water use to change in a range of climatic factor and CO_2 concentrations: a simulation study apply Epic to the central USA. Agriculture for Meteorology, 83(2): 171-203.

de Jong R, Li K Y, Bootsma A, et al. 2001. Crop yield variability under climate change and adaptative crop management scenarios. Final Report for Climate Change Action Fund Project A080. Eastern Cereal and Oilseed Research Centre (ECORC). Agriculture and Agri-Food, Canada.

Godfray H C J, Beddington J R, Crute I R, et al. 2010. Food security: the challenge of feeding 9 billion people. Science, 327: 812-818.

Intergovernmental Panel on Climate Change. 2001. Synthesis Report, Summary for Policymakers. Cambridge: Cambridge University Press: 8-10.

IPCC. 2007. Climate Change 2007: the Physical Science Basis. Cambridge: Cambridge University Press.

Lele U. 2010. Food security for a billion poor. Science, 326: 1554.

第 5 章 三大主粮作物系统可持续高产栽培的技术模式

5.1 典型区域三大主粮作物周年可持续高产实例

运用可持续高产的共性理论与关键技术，集成创新了三大主粮作物不同生态区域的 6 套高产技术模式及其栽培技术规程。其中，东北一熟区春玉米可持续高产模式及其栽培技术体系 2 套；东北平原一熟区水稻可持续高产模式及其栽培技术体系 1 套；华北平原冬小麦－夏玉米周年可持续高产模式及其栽培技术体系 1 套；水稻－小麦周年可持续高产模式及其栽培技术体系 1 套；双季稻周年可持续高产模式及其栽培技术体系 1 套。应用集成的技术模式及其栽培技术体系，在定位攻关试验基地的 18 块（面积 1282 亩）攻关田实施，创造出一批可持续高产纪录典型，攻关田和示范田产量达到考核指标（表 5-1）。

表 5-1 2011～2015 年三大主粮作物小面积高产创建情况统计

省/自治区	市/县	作物	2011 年		2012 年		2013 年		2014 年		2015 年	
			品种	产量（kg/亩）	品种	产量（kg/亩）	品种	产量（kg/亩）	品种	产量（kg/亩）	品种	产量（kg/亩）
内蒙古	巴彦淖尔	春玉米	KX3564	1250.3	KX3564	1254.1	KX3564	1140.7	登海605	1208.4	晋单73	1242.8
山东	汶口	小麦	汶农14	723.59	汶农14	646.4	济麦22	712	济麦22	771.7	鑫麦296	716
		玉米	登海661	847.3	登海661	1056	登海661	1031	登海605	1239	登海618	1127
		周年		1570.89		1702.44		1743		2010.84		1843.1
河南	浚县	小麦	周麦22	674.3	周麦22	642.8	周麦22	643	周麦22	701.5	周麦22	721
		玉米	浚单29	821.3	浚单29	834.5	浚单29	832	浚单29	865.5	浚单29	892
		周年		1495.6		1477.3		1475		1567		1613
江苏	连云港	小麦	连麦6号	580.5	淮麦23	625.6	淮麦31	631.1	淮麦33	690.1	淮麦33	680.5
		水稻	连粳7号	808.5	连粳7号	829	连粳7号	835.5	连粳7号	850.2	连粳7号	866.8
		周年		1389		1454.6		1466.6		1540.3		1547.3
浙江	江山	早稻	中早35	669.6	中早35	617.6	中嘉早17	660.87	中早35	672.6	中早35	
		晚稻	天优华占	674.4	天优华占	682.9	甬优8号	740.7	春优84	730.6	春优84	
		周年		1344		1300.5		1401.6		1403.2		
辽宁	沈阳	水稻			沈农9816	855.6	沈农9816	859.1	沈农9816	866.18		

三大主粮作物高产小面积试验攻关田产量达到任务要求。春玉米在内蒙古巴彦淖尔高产攻关田连续 5 年超过 1100kg/ 亩，最高产量为 1254.1kg/ 亩，超过预期指标；华北麦玉一年两熟在山东汶口和河南浚县高产攻关田周年产量连续 5 年超过 1450kg/ 亩，最高产量分别为 2010.8kg/ 亩和 1613.0kg/ 亩，超过预期指标；稻麦两熟在江苏连云港东海农场高产攻关田周年产量连续 4 年超过 1400kg/ 亩，最高产量为 1547.3kg/ 亩，超过预期指标；双季稻在浙江江山高产攻关田周年产量连续 2 年超过 1400kg/ 亩，最高产量分别为 1403.2kg/ 亩，达到预期指标；单季稻在辽宁沈阳高产攻关田周年产量连续 3 年超过 850kg/ 亩，最高产量分别为 866.18kg/ 亩，达到预期指标。

三大主粮作物高产百亩示范区的建设进一步完善。春玉米在内蒙古高产优势区赤峰市百亩方连续 3 年超过 1000kg/ 亩，最高产量为 1158.8kg/ 亩，达到春玉米产量 1000kg/ 亩的产量指标；华北地区麦玉两熟在山东汶口百亩示范田小麦玉米周年产量连续 5 年超过 1350kg/ 亩，最高产量为 1545.2kg/ 亩，其中小麦产量 684.5kg/ 亩，玉米产量 860.7kg/ 亩，达到小麦玉米周年产量 1350～1400kg/ 亩的产量指标；稻麦两熟在江苏连云港东海农场百亩示范田小麦水稻周年产量连续 4 年超过 1300kg/ 亩，最高产量为 1469.3kg/ 亩，其中小麦产量 651.8kg/ 亩，水稻产量 817.5kg/ 亩，达到稻麦周年产量 1300kg/ 亩的产量指标；双季稻两熟在浙江江山百亩示范田双季稻周年最高产量为 1403.2kg/ 亩，其中早稻产量 672.6kg/ 亩，晚稻产量 730.6kg/ 亩，超过双季稻周年产量 1350kg/ 亩的产量指标；东北中稻在辽宁沈阳百亩示范田单季稻产量连续 3 年超过 800kg/ 亩，最高产量为 842.7kg/ 亩，达到中稻产量 800kg/ 亩的产量指标。

5.2 不同作物系统可持续高产栽培技术规程

5.2.1 黑龙江春玉米可持续高产技术规程

5.2.1.1 范围

本规程规定了玉米可持续高产栽培过程中的选地、秸秆还田培肥地力、品种选择、种子质量、种子处理、播种、施肥、田间管理和收获。

本规程适用于生育期活动积温 2100℃以上、降水量 400～600mm 的玉米主产区。

5.2.1.2 规范性引用文件

GB 3838—2002	《地表水环境质量标准》
GB 4404.1—2008	《粮食作物种子》
GB 15618—1995	《土壤环境质量标准》
GB/T 8321	《农药合理使用准则》(所有部分)
NY/T 496—2010	《肥料合理使用准则通则》

5.2.1.3 耕作栽培技术

1. 选地

选择地势平坦、耕层深厚、肥力较高，保水保肥条件好的地块。环境条件符合 GB3838—2002 和 GB15618—1995 的要求。

2. 耕翻整地

秋季玉米利用联合收割机收获后，秸秆呈粉碎抛洒状态，然后进行秸秆二次粉碎（＜10cm），再深翻30cm，耙压和旋耕平地（起垄），实施秸秆全量深翻还田以培肥地力。未及时秋整地，则在春季利用免耕播种机，实施秸秆覆盖还田，苗期实施深松。

3. 品种选择及种子质量

1）品种选择

根据生态条件，选用适合当地生产的、通过国家或黑龙江审定的非转基因、优质、高产、抗倒伏、耐密且适宜机械化栽培、穗位保持在120～150cm、苞叶松及后期脱水速度快的品种。

2）种子质量

执行GB 4404.1—2008粮食作物种子玉米单交种一级标准。种子纯度不低于98%，净度不低于98%，发芽率不低于95%，含水量不高于16%。

4. 播种技术

1）播种期确定

最佳播种期要根据春季土壤墒情适当调整。当土壤5～10cm耕层地温稳定通过8℃、土壤耕层含水量在20%左右，即可开始播种。当土壤含水量低于18%时，可在地温稳定通过6℃时抢墒播种，以确保全苗。正常年份第一积温带最佳播期为4月20～30日，第二积温带为4月25日至5月5日。

2）种子处理

选择晴朗白天，将精选后的种子于户外水泥地面晒种2～3d。晒种后，使用种子包衣剂进行种子包衣防治病虫害。进行种子包衣时，需严格按照包衣剂使用说明书进行操作，种子包衣后于干燥通风处阴干待播。

3）种植密度

种植密度一般要比普通生产条件的种植密度提高15%左右。适宜种植密度范围可根据所选用品种的株型特征等具体情况来确定。一般紧凑、耐密型品种的适宜种植密度范围可控制在4000～4500株/亩。

4）种植方式

采取常规垄作栽培，垄距根据当地习惯控制在65～70cm。

5）播种方法

采用机械化精量播种方式播种，并施入种肥。播种做到深浅一致，覆土均匀，播种后及时镇压，镇压做到不漏压、不拖堆，镇压后覆土深度3～4cm；土壤较为干旱时，采取深开沟，浅覆土，重镇压，一定要把种子播到湿土上。旱情严重时可采用坐水种，播后隔天镇压。

5. 肥水运筹

符合NY/T 496—2010的规定。根据土壤供肥能力和土壤养分的平衡状况，以及气候、栽培等因素，进行测土配方平衡施肥，做到氮、磷、钾及中、微量元素合理搭配。

1）底肥

每亩施用含有机质8%以上的农家肥2～2.5t，结合整地撒施或条施。每亩施纯氮1.2～1.6kg，P_2O_5 3.5～4kg，K_2O 3.5～4kg，$ZnSO_4$ 1kg。化肥混匀后结合整地深施于耕层10～15cm。

2）种肥

每亩用纯氮 2.5～3kg，P_2O_5 1.2～2.5kg，K_2O 1～1.5kg 混合施入种床，做到种肥隔开，施于种侧 5cm、种下 8cm，防止烧种烧苗。生产条件良好地区，可选用高质量缓释肥进行一次性施肥，提高肥料利用效率。

3）追肥

追肥用量：每亩追施纯氮 7～9kg，K_2O 1～1.5kg。

追肥时期和方法：在玉米拔节期追施。追肥方法为垄侧深施。追肥部位离植株 10～15cm，追肥深度为 8～10cm。追肥后立即中耕培土、覆盖肥料。

6. 田间管理

1）杂草防治

玉米播后苗前，在土壤墒情较好的地块可采用乙草胺、异丙草胺、精异丙甲草胺、唑嘧磺草胺、2,4-D 异辛酯等进行封闭除草；如果此期间没有施药或土壤封闭效果不好，可以选择使用苗后除草剂烟嘧磺隆、砜嘧磺隆、莠去津、扑草津等对已出苗杂草进行茎叶喷雾防除，一定注意严格按照除草剂农药的标签及说明书的技术要点和注意事项使用，避免造成药害事故。农药使用应符合 GB/T 8321 的规定。

2）铲前深松、及时铲趟

出苗后进行铲前深松或铲前趟一犁。头遍铲趟后，每隔 10～12d 铲趟一次，做到"三铲三趟"。

3）病虫害化学防治

（1）玉米大小斑病。可用 50% 多菌灵可湿性粉剂（或 70% 甲基托布津可湿性粉剂、65% 代森锌可湿性粉剂）500～800 倍液喷雾进行化学防治，用量为 30～50kg/亩，7～10d 喷 1 次，共喷施 2～3 次。

（2）玉米丝黑穗病。玉米丝黑穗病为土传病害，防治方法主要以种子包衣为主。

（3）玉米螟。玉米螟大量发生年份可在玉米喇叭口期用 1.5% 杀螟灵颗粒投心，0.5kg/亩。采用赤眼蜂防治：7 月上中旬每亩释放 1.5 万头（分两次，间隔 5～7d），将螟虫消灭在孵化之前。

（4）黏虫。6 月中下旬防治。防治指标：平均 100 株玉米有 50 头黏虫。可用氰戊菊酯防治，用量为 20～30mL/亩，兑水 20～30kg/亩，把黏虫消灭在 3 龄之前。

7. 适时收获

1）收获时期

在全田 90% 以上的植株茎叶变黄，果穗苞叶枯白，籽粒变硬（指甲不能掐入），籽粒水分降至 28%～30%，显出该品种籽粒色泽时，玉米即可收获。

2）收获方式

可采用背负式玉米收获机或玉米联合收获机摘收果穗，也可以在上冻之后实施摘穗、脱粒一次性机械收获。

5.2.2　内蒙古春玉米宽覆膜增密可持续高产栽培技术规程

5.2.2.1　范围

本规程规定了玉米宽覆膜生产的备耕整地、覆膜播种、肥料施用、田间管理、收获等生产技术规范。

本规程适用于内蒙古河套平原灌区、土默川平原灌区。

5.2.2.2　规范性引用文件

下列文件对于本文件的应用是必不可少的。凡是注日期的引用文件，仅所注日期的版本适用于本文件。凡是不注日期的引用文件，其最新版本（包括所有的修改单）适用于本文件。

GB 4404.1—2008　　　　《粮食作物种子　第 1 部分：禾谷类》
GB 13735—2017　　　　《聚乙烯吹塑农用地面覆盖薄膜》
GB/T 8321.6—2000　　　《农药合理使用准则（六）》
GB/T 17980.42—2000　《农药田间药效试验准则（一）除草剂防治玉米地杂草》

5.2.2.3　术语和定义

下列术语和定义适用于本文件。

1. 露地栽培

玉米不覆膜平作直播栽培。

2. 覆膜栽培

玉米常规窄膜覆盖栽培模式。宽窄行交替种植，此种植模式带宽 1m，窄行 30～40cm、宽行 60～70cm，一般使用宽度 70cm 的地膜，地膜覆盖在窄行上。

3. 宽覆膜栽培

采用宽度 170cm 的地膜覆盖、每膜种植 4 行的种植模式。此种植模式带宽 185～190cm，采用宽窄行种植，中间两行行距 40cm，外边两行行距 50cm；相邻两膜之间距离 35～40cm。

4. 顶凌耙糖

在 3 月上中旬土壤昼化夜冻时期对表层土壤进行的耙糖作业，用以保持土壤墒情。

5.2.2.4　备耕整地

1. 秋季整地

选择地势平坦、土层深厚的地块，秋深松或深翻 30cm 以上，并施腐熟有机肥 3000kg/亩，及时耙糖、平整土地，修成 4m 畦田。清除杂草、根茬和残膜。

2. 秋冬汇地

土壤封冻前浇地，亩灌水量 80～100m^3。

3. 顶凌耙糖

次年 3 月上中旬，顶凌耙糖保墒，为适期早播创造良好的土壤条件。

5.2.2.5　精细播种

1. 种植模式

宽覆膜高产栽培种植模式见图 5-1。选择符合 GB 13735—2017 的地膜，膜宽 170cm、膜厚 0.01mm。种植模式带宽 185～190cm，每膜种植 4 行；采用宽窄行种植，中间两行行距 40cm，外边两行行距 50cm；相邻两膜之间距离 35～40cm。

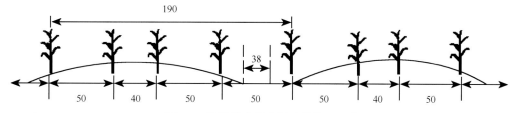

图 5-1　种植模式示意图（单位：cm）

2．品种选择

选用比当地露地栽培有效积温多 150～200℃及耐密、抗逆、抗倒伏、高产、适宜机收的品种。种子的纯度、净度、水分达到 GB 4404.1—2008 要求，发芽率达到 95% 以上。

3．种子处理

选用符合 GB/T 8321.6—2000 的种衣剂对种子进行包衣。

4．适期早播

比当地露地栽培玉米提早 7～10d 播种。

5．化学除草

覆膜前，选用符合 GB/T 17980.42—2000 要求的化学除草剂，进行封闭除草。可选用 75g 莠去津和 75g 拉索混合后兑水 50kg，或选用玉米苗前专用除草剂，均匀喷洒。

播种后出苗前，在膜带间露地喷洒除草剂。

6．深施种肥

结合播种，选择当地目标产量 900kg/ 亩以上的测土配方并以此推荐施肥量，一般用量为纯氮 3～5kg/ 亩、P_2O_5 6～8kg/ 亩、K_2O 3～5kg/ 亩、硫酸锌 0.5～1kg/ 亩，深施在种子侧下方 5cm 左右做种肥。

7．合理密植

宽覆膜栽培种植密度 5000～6000 株 / 亩，比覆膜栽培增加 500～1000 株 / 亩。推荐种植方式：①中间两行株距 20cm，外边两行株距 26.6cm，平均株距 23.3cm，播种密度 6017 株 / 亩；②中间两行株距 23.3cm，外边两行株距 30cm，平均株距 26.6cm，播种密度 5262 株 / 亩。

8．机械精播

采用 2BYP-4 型玉米专用宽覆膜精量播种机播种，一次性完成除草剂喷洒、种肥深施、覆膜、播种、覆土等作业。单粒精量播种，播深 4～5cm。覆膜时压膜沟深度 15cm左右，使开沟土壤向膜内聚拢，膜面呈拱形。

5.2.2.6　田间管理

1．查苗和放苗

出苗后要及时查苗，遇幼苗与膜孔错位无法伸出膜外时，及时放苗；播后遇雨造成苗孔土壤板结时，及时破碎板结，放苗封孔。

2．追肥

玉米展开 8～10 片叶的小喇叭口期，在膜间机械开沟追施尿素 25～30kg/ 亩。

3．灌水

视土壤墒情适时灌溉。小喇叭口期结合追肥浇攻秆水 40～50m³/ 亩；抽雄吐丝期浇攻穗水 50～60m³/ 亩，灌浆期浇攻粒水 40～50m³/ 亩。

4．揭膜

在玉米抽雄前，揭去地膜。

5．病虫害防控

生育期间根据病虫发生情况，选用符合 GB/T 8321.6—2000 的药剂进行病虫害防控。一般 7 月上中旬玉米螟发生危害时，选用 30% 的杀螟灵颗粒剂，向心叶投药 0.2g/ 株防治，或用高压汞灯、赤眼蜂防治。

5.2.2.7　机械收获

当玉米籽粒乳线消失、黑层形成后，籽粒含水量下降到 23% 以下，适时机械收获。

5.2.2.8　残膜回收

收获后，及时清理残膜。

5.2.3　黑龙江单季稻可持续高产栽培技术规程

5.2.3.1　范围

本标准规定了黑龙江水稻持续高产的栽培技术规程，包括高产品种选用、育苗、整地、泡田、打浆、插秧、本田管理、收获及生产档案等技术要求。

本标准适用于黑龙江水稻主产区。

5.2.3.2　规范性引用文件

下列标准所包括的条文经引用后而形成了本标准条文，本标准出版时所有版本均有效。所有标准都会被修订，使用本标准的各方应探讨使用下列标准最新版本的可能性。凡是不注日期的引用文件，其最新版本适用于本标准。

GB 3095—2012　　　《环境空气质量标准》
GB 4404.1—2008　　《粮食作物种子　第 1 部分：禾谷类》
GB 5084—2005　　　《农田灌溉水质标准》
GB 15618—1995　　　《土壤环境质量标准》
GB/T 8321　　　　　《农药合理使用准则》（所有部分）
GB/T 15790—2009　　《稻瘟病测报调查规范》
GB/T 15792—2009　　《水稻二化螟测报调查规范》
NY/T 59—1987　　　《水稻二化螟防治标准》
NY/T 496—2010　　　《肥料合理使用准则通则》
NY/T 1876—2010　　《喷杆式喷雾机安全施药技术规范》

5.2.3.3　术语和定义

下列术语和定义适用于本文件。

1．丰产

第一、第二积温带亩产量可达 600～680kg；第三积温带亩产量可达 600～650kg。

2．育苗技术

1）壮苗标准

秧龄 30～35d，叶龄 3.5～4.5 叶，苗高 12～14cm，100 株秧苗干重 3g 以上。

2）育苗前准备

（1）秧田地选择。选择地势平坦，背风向阳，灌水方便排水良好，水源方便，土质疏松肥沃的中性、偏酸性土壤作秧田。秧田应长期固定不变，连年进行培肥并消灭各种杂草。

（2）秧本田比例。秧田：本田＝1：100，每公顷本田需秧田 100.0m²。

（3）苗床规格。采用大棚育苗，宽 3.8m，床长 83.0m，高 3.7m，步行过道宽 0.7m。

（4）整地做床。夏施粪肥，秋整地，春天浅旋 10～15cm 做床。清除根茬，打碎土坷垃，整平床面。

3）苗床施肥

每平方米施草炭土 5～10kg 或腐熟的牛粪 10kg。播前土壤需调酸，其中，用硫酸调酸的，每平方米施硫酸铵（氮含量 25%）50g，磷酸二铵（氮、五氧化二磷含量分别为 18% 和 46%）60g，硫酸钾（氧化钾含量 50%）40g。用各种壮秧剂施肥调酸的，要根据使用调制剂的化学含量，适当调整化肥用量。苗床施用粪肥、化肥调制剂、壮秧剂都要混拌均匀，施入耕层 10cm 土壤中。

4）床土配制

用壮秧剂进行一次性床土配制。采用无隔离层旱育苗，将壮秧剂与 12kg 过筛干土充分混拌，用覆土器均匀撒施在 20m² 苗床上，混入 2cm 表土中。

5）苗床浇足底水

床土消毒前先浇足底水，施药消毒后使床土达到饱和状态。

6）床土消毒

农药使用应符合 GB/T 8321 的规定，用青枯灵、立枯净、克枯星和病枯净进行床土消毒。35% 青枯灵 10g 兑水可浇灌 45m² 苗床；50% 立枯净 25g 兑水后可浇灌 25m² 苗床；克枯星、病枯净 300 倍液，每平方米浇 2～3kg 药液。

3．种子及其处理

1）选种

（1）品种选择。根据当地积温等生态条件，选用审定推广的熟期适宜的高产、抗逆性强的品种。井灌区应选择耐冷性强品种，盐碱土区应选择抗碱性强品种；第一、第二积温带选用主茎 13～14 叶的品种；第三积温带选用 11～12 叶的品种，保证霜前安全成熟，严防越区种植。

（2）种子质量。应符合 GB 4404.1—2008 的规定。纯度不低于 98%，净度不低于 98%，发芽率不低于 85%（幼苗率），含水量不高于 14%。

2）晒种

浸种前选晴天背阴通风处晒种 1～2d，每天翻动 3～4 次。

3）筛选

筛出草籽和杂质，提高种子净度。

4）选种

用比重为 1.08～1.1 的黄泥水、盐水或硫酸铵水选种，捞出秕谷，再用清水冲洗种子。

5）浸种消毒

把选好的种子用 10% 施保克（使百克）或 10% 浸种灵 5000 倍液室温下浸种。种子与药液比为 1∶1.25，浸种 5～7d，每天搅拌 1～2 次。

6）催芽

将浸泡好的种子，在温度 30～32℃条件下破胸。当种子有 80% 左右破胸时，将温度降到 25℃催芽，要经常翻动。当芽长 1mm 时，降温到 15～20℃晾芽 6h 左右，方可播种。

4. 播种

1）播期

当棚内盘土温度（有地膜）稳定通过 12℃时开始播种。第一、二积温带，4 月 15～25 日播种；第三积温带，4 月 18～28 日播种。

2）播种量

每平方米播芽种 750～900g，落种均匀一致。

3）预防地下害虫

农药使用应符合 GB/T 8321 的规定。摆盘前每 100m² 置床用 2.5% 敌杀死 2mL 兑水 6L，或 5% 锐劲特悬浮剂 10～20mL 兑水 30L 喷雾，然后播种。

4）压籽

播种后拍压种子，使种子三面入土。

5）覆土

用过筛无草籽的疏松沃土盖严种子，覆土厚度 0.5～1cm。

6）封闭除草

农药使用应符合 GB/T 8321 的规定。每亩用 60% 去草胺 130g 或 50% 杀草丹 260～300g 加 25% 扑草净 66g，配成药液喷雾。也可拌毒土，每床拌毒土 2～3kg，均匀撒在覆土上。

7）平铺地膜

播种后在床面平铺地膜，出苗后立即撤掉。

8）搭架盖膜

大棚盖膜后，要拉好防风网带，设防风障。

5. 秧田管理

1）温度管理

播种至出苗期，密封保温；出苗至 1.5 叶期，开始通风炼苗。温度不超过 28℃；秧苗 1.5～2.5 叶期，逐步增加通风量，大棚温度降到 25℃；秧苗 2.5～3.0 叶期，大棚温度控制到 20℃；移栽前全揭膜，锻炼 3d 以上，遇到低温时，增加覆盖物，及时保温。

2）水分管理

秧苗 2 叶期时，当早晨叶尖无水珠时补水，床面有积水要及时晾床；秧苗 2 叶期后，床土干旱要早、晚喷水，1 次喷足、喷透；揭膜后可适当增加喷水次数，但不能灌水上床。

3）苗床灭草

农药使用应符合 GB/T 8321 的规定。在水稻 1.5 叶期，稗草 2～3 叶期每 360m² 标准棚用千金（10% 氰氟草酯）80mL（杀稗草），排草丹（48% 灭草松）240～360mL（杀阔叶）兑水 5L 均匀喷雾。

4）预防立枯病

农药使用应符合 GB/T 8321 的规定。秧苗 1.5 叶期时，用 35% 青枯灵 10g 兑水可喷雾 30m² 苗床；50% 立枯净 30g 兑水后喷雾 20m² 苗床。克枯星、病枯净 300 倍液，每平方米喷洒 2～3kg 药液。

5）苗床追肥

秧苗 2.5 叶龄期发现脱肥，每平方米用硫酸铵 1.5～2.0g，硫酸锌 0.25g，稀释 100 倍液叶面喷肥。喷后及时用清水冲洗叶面。起秧前 6h 每平方米撒施磷酸二铵 150g，或三料磷肥 250g，追肥后喷清水洗苗。

6）预防潜叶

于起秧前 1～2d 用 70% 艾美乐或 25% 阿克泰 40～50g/ 亩，兑水 20L 喷雾。

7）起秧

用方锹起秧，秧苗带土厚度 2cm。

6．耕整地及插秧

1）本田耕整地

（1）清理维修渠道。整地前要清理和维修好排灌水渠，保证水流畅通。

（2）修缮田块。每个田块面积为 1800～2000m²，实行单排单灌。

（3）耕翻地。土壤适宜含水量为 25%～30%，耕深 18~20cm；秋整地，采用翻耕和旋耕相结合的方法。以翻耕一年，旋耕两年的周期为宜。

（4）泡田。5 月上旬放水泡田，井灌稻区要灌、停结合，盐碱土稻区要大水泡田洗碱。

（5）整地。旱整地与水整地相结合，旋耕田只进行水整地。旱整地要旱耙、旱平、整平堑沟，结合泡田打好池埂；水整地要在插秧前 5～7d 进行，整平耙细。

2）插秧

（1）插秧时期。日平均气温稳定通过 13℃时开始插秧，5 月末结束。

（2）插秧规格。在中等肥力土壤上，株行距为 30cm×13.3cm；在高肥力土壤上，株行距为 30cm×16.5cm，每穴 3～4 株基本苗。井灌、盐碱土和北部地区，株行距为 30cm×10cm，增加基本苗数。

（3）插秧质量。拉线按点插秧，做到行直、穴匀、不窝根，插秧深度不超过 2cm。

7．本田管理

1）施肥管理

施肥应符合 NY/T 496—2010 的规定。

（1）施肥量。每亩施纯氮 10～15kg，基肥∶蘖肥∶穗肥＝5∶3∶2，五氧化二磷 5kg，氧化钾 3kg，磷肥一次性施入，钾肥分两次施入。

（2）基肥。氮肥总量的 50%，钾肥的 50%～80%，磷肥 100% 作底肥。翻后耙前施入。

（3）蘖肥。返青后立即施蘖肥，施肥量为氮肥总量的 30%。

（4）穗肥。倒二叶展开时（抽穗前 15d），追施氮肥总量的 20% 和剩余的钾肥。

2）水分管理

应符合 GB 5084—2005 的规定。

（1）返青期灌水。插秧后返青前 7d 左右灌 2～2.5cm 浅水层。

（2）分蘖期灌水。返青后施蘖肥前一天灌 4～5cm 水层，之后使水层保持在 3cm 左右，直到有效分蘖临界叶龄期前 3～5d。

（3）排水搁田。有效分蘖临界叶龄期前 3～5d 排水搁田。搁田达到田面有裂缝且见白根，叶挺色淡，晒 5～7d，之后再灌 3cm 左右水层。

（4）拔节孕穗期灌水。拔节孕穗期，灌 3～5cm 的活水，实行以控制灌溉为主。即每次先灌溉 3～5cm 水层，经过几天后变为湿润状态，最后自然落干，到地面无水、脚窝有水时再灌 3～5cm 水层。

（5）抽穗扬花期灌水。抽穗扬花期，灌 3cm 活水，采用上述的控制灌溉方式，直到蜡熟期。

（6）成熟期排水。完熟初期开始排水，洼地适当提早排水，漏水地适当晚排。

3）化学除草

除草剂使用应符合 GB/T 8321 和 NY/T 1876—2010 的规定。

（1）移栽前封闭灭草。在水整地后（水稻移栽前 5～7d），整地泥浆自然沉降，水面澄清后每亩甩施 60% 马歇特乳油 120mL 或噁草酮 150mL，施药后保持水层 3～5cm，并保持 5～7d，待田面大约 80% 的面积有 1～2cm 的水层时插秧。

（2）移栽后施药灭草。灭除稗草：在水稻 4.5～5.5 叶期（水稻移栽后 15～20d），若稗草在 1.5 叶期之前，每亩混配甩喷施用 60% 马歇特乳油 100mL 和 10% 醚磺隆可湿性粉剂 135mL，若稗草在 2.1 叶期以上，每亩混配施用 30% 阿罗津乳油 50mL 和 10% 耕夫可湿性粉剂 135mL。施药后保持水层 3～5cm，并保持 5～7d。若稗草超过 4 叶期时，每亩用 50% 二氯喹啉酸（快杀稗、神锄等）20～26g 或 25% 二氯喹啉酸 40～53g 喷雾，保持水层 3～5cm，并保持 5～7d。

灭除三棱草：于水稻有效分蘖末期，选高温晴天，每亩用 48% 苯达松 100g 混 56% 二甲四氯 23～26g，兑水 20kg 喷雾；也可选用 46% 莎阔丹 166～200g 兑水喷雾。施药前一天排干田间水，施药后第二天灌水正常管理。

4）病虫害防治

病虫害防治应符合 GB/T 8321、GB/T 15790—2009、GB/T 15792—2009、NY/T 59—1987、NY/T 1876—2010 的规定。

（1）防治潜叶蝇。存在于稻叶尖端，主要是第二代幼虫，在 6 月上中旬（插秧后 10～20d）应进行防治，应用药剂每亩 70% 吡虫啉（艾美乐）水分散粒剂 40g、25% 噻虫嗪水分散粒剂 40g 喷雾防治或 18% 杀虫双撒滴剂 200～250g 甩施，施药时保持水层 3～5cm。

（2）防治负泥虫。于 6 月中旬负泥虫发生盛期用药，方法及药剂同防治潜叶蝇。也可在清晨有露水时，用扫帚将幼虫扫落于水中。

（3）防治二化螟。于 7 月下旬二化螟第一代幼虫发生盛期用药，用药方法及药剂同防治潜叶蝇。

（4）防治稻瘟病。叶瘟：加强稻瘟病的预报工作，控制发病中心。叶瘟防治，应在分蘖中、后期喷施 1～2 次，每亩用 50% 多菌灵可湿性粉剂 120g、50% 稻瘟净乳油 120mL 喷雾或 40% 富士一号 100mL，兑水 20kg 喷雾。

穗颈瘟：穗颈瘟在水稻破口期至始穗期喷施一次，结合天气情况，在水稻齐穗期再喷施一次，25% 咪鲜胺 80～100mL/亩＋2% 加收米 80mL/亩兑水 5L 喷雾，或 75% 拿敌稳 15～25g/亩或 75% 禾技 15～25g 亩兑水 5kg 喷雾。

5）收获

（1）人工收获。当水稻完熟期，每穗谷粒颖壳 95% 以上变黄或 95% 以上谷粒小穗轴及副护颖变黄，人工收割打捆放立。

（2）机械收获。水稻谷粒颖壳全部变黄，籽粒呈现本品种色泽，含水量低于18%，用全喂入式联合收割机进行机械直收。

（3）收获质量要求。割茬要低，不高于2cm，不留小穗，不丢单株，稻捆直径25～30cm。立即晾晒，田间损失不超过2%。

6）生产档案

记录水稻品种、播种日期、移栽日期生育进程，以及农药、化肥、除草剂等的品名、用量、施用时期等，以备查阅。

5.2.4　华北小麦-玉米周年可持续高产栽培技术规程

5.2.4.1　范围

本标准规定了小麦-玉米秸秆周年还田的丰产增效耕种的术语与定义、地力基础、技术要求等。

本标准适用于华北小麦-玉米周年产量1150～1250kg/亩、有灌溉条件的地块。

5.2.4.2　规范性引用文件

下列文件对于本文件的应用是必不可少的。凡是注日期的引用文件，仅所注日期的版本适用于本文件。凡是不注日期的引用文件，其最新版本（包括所有的修改单）适用于本文件。

GB 4404.1—2008　　　　《粮食作物种子　第1部分：禾谷类》
GB/T 8321　　　　　　　《农药合理使用准则》（所有部分）
GB/T 15671—2009　　　《农作物薄膜包衣种子技术条件》
GB/T 24675.2—2009　　《保护性耕作机械　深松机》
NY/T 309—1996　　　　《全国耕地类型区、耕地地力等级划分》
NY/T 1118—2006　　　　《测土配方施肥技术规范》
NY/T 1628—2008　　　　《玉米免耕播种机　作业质量》
NY/T 2845—2015　　　　《深松机　作业质量》
DB37/T 1889—2011　　　《小麦玉米一体化高产高效生产技术规程》

5.2.4.3　术语和定义

下列术语和定义适用于本文件。

1. 秸秆周年还田

用机械将小麦和玉米全部秸秆切碎，并均匀地撒到田间的作业过程。

2. 小麦-玉米年内轮耕

采用玉米季免耕机械直接播种，小麦季2～3年深松一次，旋耕后机械播种的年内轮耕方式。

3. 丰产

小麦产量在550～600kg/亩，玉米产量在600～650kg/亩，小麦-玉米周年产量在1150～

$1250kg/hm^2$。

4. 增效

小麦和玉米氮肥偏生产力达到 35～40kg/kg，氮肥利用效率提高 10% 左右，周年每亩收益提高 15% 以上。

5. 地力基础

小麦玉米耕地应符合 NY/T 309—1996 的规定，土壤肥沃，通透性好，灌排条件好。

5.2.4.4　技术要求

1. 秸秆周年还田

1）小麦

小麦成熟后，用联合作业机械收获小麦，同时将小麦秸秆切碎均匀抛撒到田间，秸秆切碎后的长度为 8～10cm，漏切率小于 2%。

2）玉米

玉米成熟后，用联合作业机械收获玉米，同时将玉米秸秆切碎均匀撒到田间，秸秆切碎后的长度为 3～5cm，割茬高度小于 5cm，漏切率小于 2%。

2. 小麦玉米年内轮耕

玉米季采用免耕机械直接播种，所选免耕机具的作业质量应符合 NY/T 1628—2008 的规定。小麦季 2～3 年深松一次，深松深度 30cm。然后旋耕 2 遍，旋耕深度 15cm，随后进行镇压。镇压后进行宽幅精播。深松作业质量应符合 NY/T 2845—2015 的规定。

3. 播种

种子质量应符合 GB 4404.1—2008 的规定。选用经过国家或者山东农作物品种审定委员会审定，优质、高产、稳产、抗病、抗倒伏的小麦和玉米品种。种子经过包衣处理，种衣剂的使用应按照产品说明书操作，应符合 GB/T 15671—2009 的要求。

1）小麦播种

（1）播种量。小麦播种量按照小麦品种的分蘖成穗率特性确定，分蘖成穗率高的中多穗型品种，每亩基本苗为 13 万～18 万株；分蘖成穗率低的大穗型品种，每亩基本苗为 15 万～20 万株。在适宜播种期的前几天，地力水平高的地块取下限基本苗；在适宜播种期的后几天，地力水平一般的地块取上限基本苗。如果因为干旱等推迟播种期，要适当增加基本苗。播种期应按照以下公式计算播种量。

$$A = \frac{N \times W}{1000 \times 1000 \times Q \times S} \tag{5-1}$$

式中，A 为播种量（kg/亩）；N 为每亩计划基本苗数；W 为千粒重（g）；Q 为发芽率（%）；S 为出苗率（%）。

（2）播种方式。小麦田畦宽 4.8m，畦埂宽 30～40cm。用小麦宽幅精量播种机进行等行距播种，行距 22～26cm，播幅 8cm，播种深度 3～5cm。

2）玉米播种

（1）播种量。根据品种特性和种植密度，一般种植密度 4000～5000 株/亩。

（2）播种方式。玉米田畦宽 4.8m，畦埂宽 30～40cm。用玉米免耕施肥精量播种机进行等行距播种，行距 60cm，播种深度 3～5cm。

4. 施肥

1）小麦

按 NY/T 1118—2006 的要求进行测土配方施肥。每亩总施肥量：纯氮 14～16kg，P_2O_5 6～7kg，K_2O 6～8kg，$ZnSO_4$ 1.5～2.0kg，提倡增施有机肥，合理施用中量和微量元素肥料。上述总施肥量中，全部有机肥、磷肥、钾肥、微肥作底肥，氮肥的 50% 作底肥，第二年春季小麦拔节期再施余下的 50%。

2）玉米

按 NY/T 1118—2006 的要求进行测土配方施肥，实行种肥同播，每亩施玉米缓控释肥 40～50kg。

5. 灌溉

（1）小麦和玉米灌溉采用微喷灌的节水灌溉方式。

（2）小麦灌溉关键期为越冬期、拔节期和开花期。每次喷灌水量 40m³/ 亩。

（3）玉米生育期降水与生长需水同步，一般不进行灌溉。除遇特殊旱情（土壤相对含水量低于 50%）时，灌水 40m³/ 亩。

6. 病虫草害综合防治

1）种子包衣或药剂拌种

（1）小麦。根部病害发生较重的地块，选用 2% 戊唑醇（立克莠）按种子量的 0.1%～0.15% 拌种，或 20% 三唑酮（粉锈宁）按种子量的 0.15% 拌种；地下害虫发生较重的地块，选用 40% 甲基异柳磷乳油，按种子量的 0.2% 拌种；病、虫混发地块用以上杀菌剂和杀虫剂混合拌种。应符合 DB37/T 1889—2011 的规定。

（2）玉米。选择高效低毒无公害的玉米种衣剂。可用 5.4% 吡·戊悬浮玉米种衣剂进行包衣，以控制苗期灰飞虱、蚜虫、粗缩病、丝黑穗病和纹枯病等；或用辛硫磷和毒死蜱等药剂进行拌种，以防治地老虎、金针虫、蝼蛄和蛴螬等地下害虫。应符合 DB37/T 1889—2011 的规定。

2）病虫草害防治

（1）小麦。在小麦抽穗至扬花初期，每亩用 5% 阿维菌素悬浮剂 8g 兑水适量喷雾防治小麦红蜘蛛；每亩用 5% 高效氯氟氰菊酯水乳剂 11g 兑水喷雾防治小麦吸浆虫；每亩用 70% 吡虫啉水分散粒剂 4g 兑水喷雾防治穗蚜。用 20% 三唑酮乳油每亩 50～75mL 喷雾防治白粉病、锈病；用 50% 多菌灵可湿性粉剂每亩 75～100g 喷雾防治叶枯病和颖枯病；用 50% 多菌灵可湿性粉剂每亩 100g 防治赤霉病。农药使用应符合 GB/T 8321 的规定。

（2）玉米。播种后，可喷 40% 阿特拉津＋50% 乙草胺除草剂进行田间封闭式除草。在 2～3 叶期，选择用 10% 蚜虫净 20g 与病毒克 40% 兑水混合喷雾，预防灰飞虱和粗缩病。大喇叭期用 3% 辛硫酸颗粒剂 100g 与细沙土 5kg 拌匀后施加到心叶内，可以有效预防玉米螟和蚜虫。穗期用 50% 多菌灵或 70% 甲基托布津 500～600 倍液 60kg 喷雾防治大小斑病和弯孢菌叶斑病；用 50% 退菌特 800 倍液喷雾防治纹枯病。农药使用应符合 GB/T 8321 的规定。

7. 适时收获

1）小麦

蜡熟末期收获。联合收割机收割，并进行秸秆还田。

2）玉米

成熟期收获，玉米成熟期的标志为籽粒乳线基本消失、基部黑层出现，并进行秸秆还田。收获后及时晾晒、收储。

5.2.5　长江中下游小麦－水稻周年可持续高产栽培技术规程

5.2.5.1　范围

本标准规定了小麦－水稻秸秆周年还田的丰产增效耕种的术语与定义、地力基础、技术要求等。

本标准适用于盐城市小麦水稻周年产量 1050～1300kg/ 亩的地块。

5.2.5.2　规范性引用文件

下列文件对于本文件的应用是必不可少的。凡是注日期的引用文件，仅所注日期的版本适用于本文件。凡是不注日期的引用文件，其最新版本（包括所有的修改单）适用于本文件。

GB 4404.1—2008　　　《粮食作物种子　第 1 部分：禾谷类》
GB/T 8321　　　　　《农药合理使用准则》（所有部分）
NY/T 309—1996　　　《全国耕地类型区、耕地地力等级划分》
NY/T 498—2013　　　《水稻联合收割机　作业质量》
NY/T 989—2006　　　《机动插秧机　作业质量》
NY/T 995—2006　　　《谷物（小麦）联合收获机械　作业质量》
NY/T 1229—2006　　《旋耕施肥播种联合作业机　作业质量》

5.2.5.3　术语和定义

下列术语和定义适用于本文件。

1. 秸秆周年还田
用机械将小麦和水稻全部秸秆切碎，并均匀地撒到田间的作业过程。

2. 小麦水稻年内轮耕
采用水稻季旱整地机插，小麦季翻耕后旋耕条播的年内轮耕方式。

3. 丰产
小麦产量在 450～550kg/ 亩，水稻产量在 600～750kg/ 亩，小麦水稻周年产量在1050～1300kg/ 亩。

4. 地力基础
小麦水稻耕地应符合 NY/T 309—1996 的规定，土壤肥沃，通透性好，灌排条件好。

5. 技术要求
1）秸秆周年还田
（1）小麦。小麦成熟后采用全喂入式联合收割机收获，所选机具的作业质量应符合NY/T 995—2006 的规定。留茬高度 20～30cm，脱粒后的秸秆全量粉碎均匀撒于田面，秸秆长度 5～10cm，漏切率小于 2%。

（2）水稻。水稻成熟后及时排水晾田，待土壤硬板时采用全喂入式联合收割机收获，所选机具的作业质量应符合 NY/T 498—2013 的规定。留茬高度 10～20cm，脱粒后的秸秆全量粉碎均匀撒于田面。

2）小麦水稻年内轮耕

水稻季采用旋耕机进行旱整地，旋耕两次：①先正旋后进行机械平整，施基肥、开沟，畦面 6～7m 开一条竖沟，沟宽控制在 18cm 以内，深度在 15cm 左右；②再进行套沟反旋，旋耕深度为 12cm，麦秸秆的翻埋深度为 8cm。之后上水打浆，保持田间水层 1～2cm。

小麦季采用五铧犁进行翻耕作业，单铧工作幅宽 50cm，犁铧间距 85cm，耕作深度 25cm 左右；之后，经晾晒 1～2d 采用旋耕机进行正旋 1 次，耕作深度 11cm，开沟。

3）播种（或育苗移栽）

种子质量应符合 GB 4404.1—2008 的规定。选用经过国家或者江苏农作物品种审定委员会审定、优质、高产、稳产、抗病、抗倒伏的小麦和水稻品种。

（1）小麦播种。采用小麦条播机进行施肥、反旋、播种、镇压一体化作业，工作幅宽为 2.3m，播种行数为 12 行，10～15kg/ 亩。所选机具作业质量应符合 NY/T 1229—2006 的规定。

（2）水稻季育苗移栽。

4）育苗

采用穴盘育秧，根据品种特性和种植密度，一般 100～120g/ 盘。

5）栽插方式

采用插秧机进行机插，所选机具作业质量应符合 NY/T 989—2006 的规定。水稻栽插深度控制在 2～3cm，比水整地栽插深度大 1cm 左右，以防漂秧。机插规格采用行、株距为 25cm×12.5cm，亩栽 2.2 万穴左右，每穴 5～6 株苗，每亩 11 万～12 万株基本苗。

6）肥料管理

（1）小麦。每亩总施肥量：纯氮（N）12～14kg，磷（P_2O_5）1.5～2kg，钾（K_2O）2.5～3kg。上述总施肥量中，基肥使用复合肥（N∶P∶K＝18∶7∶10）25kg/ 亩，小麦 4～5 叶期和拔节期施入壮蘖肥和穗肥，各 10kg/ 亩。

（2）水稻。每亩纯氮用量 20kg，P_2O_5 每亩用量 8kg，其中基肥每亩纯氮 4kg，P_2O_5 8kg。栽插后 5d 施入第一次分蘖肥（6kg 纯氮），栽后 10d 施入第二次分蘖肥（4kg 纯氮）。穗肥（分促花肥和保花肥）在水稻倒四叶期和倒二叶期两次施入，分别为纯氮 4kg 和 2kg。

7）水分管理

（1）小麦。若播种时土壤水分可满足出苗要求，则不需灌水，否则应灌水以保证出苗；冬前灌水越冬。

（2）水稻。插秧完成后保持浅水层。待返青后采用浅水勤灌方式进行，水层保持在 2～3cm，以便于增加土壤含氧量，减少有害气体富集，促进分蘖早发快发；至高峰苗期根据群体大小适时提前（或推迟）晒田，以减少无效分蘖，提高成穗率；抽穗扬花期保持田间浅水层，灌浆期进行干 - 湿交替灌溉。

8）病虫草害综合防治

（1）小麦。观察小麦纹枯病，赤霉病，白粉病等出现时间，及时喷洒。阔叶杂草选用苯磺隆进行防除；小麦禾本科杂草硬草，冬前选用麦极或炔草酯，冬后用麦极进行喷雾防治。适期施用乐斯本、多菌灵、戊唑醇、氰烯菌酯 SC 和醚菌酯。

小麦苗期纹枯病和麦蚜虫防治，可采用每亩 20% 粉锈宁可湿性粉剂 75g 或 20% 井冈霉素 40g 兑水 50kg、用蚜虱净 25mL 或大功臣 20g 或吡虫啉 20g 兑水 40～50kg，顺麦垄喷雾进行防治。抽穗期进行赤霉病和白粉病、锈病的防治，可采用 20% 三唑酮乳油每亩50～75mL 喷雾防治白粉病、锈病；用 50% 多菌灵可湿性粉剂每亩 75～100g 喷雾防治叶枯病和颖枯病；用 50% 多菌灵可湿性粉剂每亩 100g 防治赤霉病。农药使用应符合 GB/T 8321 的规定。

（2）水稻。秧田期，注意防治二化螟、稻蓟马，采用 10% 吡虫啉 20g/亩、50% 吡蚜酮可湿性粉剂 15～20g/亩、8000IU/mg 苏云金芽孢杆菌可湿性粉剂 250～300g/亩进行防治；分蘖到拔节期防治二化螟、大螟、稻飞虱、稻纵卷叶螟，采用 50% 吡蚜酮可湿性粉剂 15～20g/亩（稻飞虱、稻蓟马）、8000IU/mg 苏云金芽孢杆菌可湿性粉剂 250～300g/亩或者 20% 氯虫苯甲酰胺 10mL/亩（二化螟、稻纵卷叶螟等）等进行防治；同时采用 25% 丙环唑乳油 30～40mL/亩、40% 嘧菌酯可湿性粉剂 6～8g/亩等进行纹枯病和稻瘟病的防治。孕穗到抽穗期防治稻纵卷叶螟、稻苞虫、二化螟、稻曲病、稻瘟病，采用 50% 吡蚜酮可湿性粉剂 15～20g/亩（稻飞虱）、8000IU/mg 苏云金芽孢杆菌可湿性粉剂 250～300g/亩或者 20% 氯虫苯甲酰胺 10mL/亩（大螟、二化螟、稻纵卷叶螟等）；采用 25% 丙环唑乳油30～40mL/亩、40% 嘧菌酯可湿性粉剂 6～8g/亩、43% 戊唑醇悬浮剂 10～15mL/亩等进行纹枯病、稻瘟病、稻曲病的防治。

9）适时收获

（1）小麦。于蜡熟末期采用联合收割机进行收割，秸秆粉碎全量还田。

（2）水稻。当每穗谷粒颖壳 95% 以上变黄或 95% 以上谷粒小穗轴及副护颖变黄、米粒变硬、呈透明状时进行收获，秸秆粉碎全量还田，收获后及时晾晒、收储。

5.2.6　长江中下游双季稻周年可持续高产栽培技术规程

5.2.6.1　范围

本标准规定了双季水稻周年高产栽培的品种选择、育秧、栽插、肥水管理、病虫草害防治和收获等内容。

本标准适用于长江中下游双季水稻生产。

5.2.6.2　规范性引用文件

下列文件对于本文件的应用是必不可少的。凡是注日期的引用文件，仅所注日期的版本适用于本文件。凡是不注日期的引用文件，其最新版本（包括所有的修改单）适用于本文件。

GB 1350—2009　　　　　《稻谷》
GB 4404.1—2008　　　　《粮食作物种子　第 1 部分：禾谷类》
GB/T 8321　　　　　　　《农药合理使用准则》（所有部分）
NY/T 496—2010　　　　　《肥料合理使用准则　通则》

5.2.6.3　术语和定义

下列术语和定义适用于本文件。

1. 丰产

早晚稻目标产量：每亩 550～600kg。

2. 塑盘育秧

采用标准化的塑料软盘进行抛栽水稻的秧苗培育。

3. 旱床育秧

采用肥沃疏松的、过筛后的（土壤粒径在 5mm 以下）干土作营养土的水稻秧苗培育方式。

4. 湿润育秧

采用泥浆作营养土的水稻秧苗培育方式。

5.2.6.4　技术要求

1. 早稻

1）品种选择

杂交稻可选择'陵两优 772''潭两优 83'等，常规稻可选择'中嘉早 17''中早 35''中早 39'等超级稻品种。

2）培育壮秧

提倡采用塑盘育秧和旱床育秧。塑盘育秧，每亩大田配足 434 孔秧盘 70 片或 564 孔秧盘 50 片；旱床育秧每亩大田配足秧床面积 22m² （含沟）。每亩大田用种量，杂交水稻 2.0～2.25kg，常规稻 4.0～5.0kg。

3）适龄早栽，保证密度

秧龄 25d 左右（3 叶 1 心至 4 叶 1 心）进行移（抛）栽，株行距以 13.3cm×23.3cm 为宜，每亩大田保证 2.0 万～2.2 万蔸，杂交稻每蔸 2～3 株谷苗，常规稻 5～7 株谷苗。抛栽提倡点抛，每亩大田抛 2.2 万～2.5 万蔸。

4）肥料运筹

每亩大田施氮（N）11～12kg、磷（P_2O_5）5～6kg、钾（K_2O）10～12kg，其中氮肥按基肥 50%、分蘖肥 20%、穗肥 30% 施用，磷肥全部作基肥施用，钾肥按基肥 70%、穗肥 30% 施用。基肥在耙田前施用，分蘖肥在移（抛）栽后 5～7d 结合化学除草剂施用，穗肥在倒二叶抽出期（抽穗前 15d 左右）施用。

5）水分管理

无水或薄水移（抛）栽，浅水返青，薄水分蘖，达到每亩 17 万～20 万株苗晒田，足水孕穗扬花，干 - 湿灌浆，收割前 5d 断水。

6）病虫草害防治

坚持"预防为主，综合防治"的方针，在搞好农业防治、生物防治、物理防治的基础上，进行化学药剂防治。

（1）除草。移栽田：重点用药阶段在移栽后 5～7d，防治药剂主要有丁·苄（丁草胺与苄嘧磺隆混剂）、丁·西（丁草胺与西草净混剂）、丁·噁（丁草胺与噁草酮混剂）、二氯·苄（二氯喹啉酸与苄嘧磺隆混剂）、乙·苄（乙草胺与苄嘧磺隆混剂）等。抛秧田：重点用药阶段在抛秧后 5d，防治主要药剂有丁·苄（丁草胺与苄嘧磺隆混剂）、二氯·苄（二氯喹啉酸与苄嘧磺隆混剂），禁止使用含有乙草胺、甲磺隆的除草剂，如精克草星、稻草畏、灭草王等。

（2）病虫害防治。若秧苗发生立枯病死苗时，在发病处用 300～500 倍敌克松或甲霜灵药液喷洒防治；为了预防早稻大田分蘖期的叶瘟和一代二化螟，抛（移）栽前每亩秧田用三环唑 50g 和螟施净 100mL 兑水 45kg，均匀喷雾。

大田主要防好"三虫两病"。二化螟的主要防治时期在分蘖中期，稻纵卷叶螟的主要防治时期在分蘖末期至孕穗期，可用杀虫双、杀虫单、三唑磷等进行防治。稻飞虱的主要防治时期在灌浆期，可用吡虫啉、异丙威（或叶蝉散）、噻嗪酮（或扑虱灵）等进行防治。

稻瘟病在秧苗期防治的基础上，大田主要防治时期是破口抽穗初期，可用春雷霉素（或加收米）、灭瘟素、三环唑、稻瘟灵、瘟毕克（40%稻瘟灵与异稻瘟净乳油）等进行防治。纹枯病的主要防治时期是孕穗至抽穗期，防治药剂有爱苗、井冈霉素、井·蜡芽（井冈霉素与蜡质芽孢杆菌混剂）、多氧霉素、三唑酮等。

7）适时收获

7月中旬，稻谷成熟度达到85%～90%时，要及时组织收割机进行收割，并将稻谷晒干后销售，实现增产增值增收。

2. 晚稻

1）品种选择

选择'天优华占''五优308''荣优308'等杂交稻组合。

2）培养壮秧

采用塑盘育秧或湿润育秧。塑盘育秧，每亩大田配足434孔秧盘65片。湿润育秧按秧田∶大田为1∶8配足秧田。每亩大田用种量为杂交水稻1.0～1.25kg。

3）适龄早栽，保证密度

秧龄20～25d(6叶1心)进行移（抛）栽，抛栽提倡点抛，每亩大田抛足2.0万～2.2万蔸；移栽采用13.3cm×26.7cm或16.7cm×20cm的株行距，每亩大田保证1.8万～2.0万蔸，每蔸1～2株谷苗。

4）肥料运筹

每亩大田施氮（N）13～14kg，磷（P_2O_5）5～6kg，钾（K_2O）12～13kg。其中生育期在120d以上的超级晚稻品种的氮肥按基肥40%、分蘖肥20%、穗肥40%施用，生育期在115d左右的品种氮肥按基肥50%、分蘖肥20%、穗肥30%施用，磷肥全部作基肥施用，钾肥按基肥70%、穗肥30%施用。分蘖肥在移（抛）栽后5～7d结合化学除草施用，穗肥在倒二叶抽出期（抽穗前15～18d）施用。

5）水分管理

无水或薄水移（抛）栽，浅水返青，薄水分蘖，达到每亩16万～18万株苗晒田，足水孕穗扬花，干-湿灌浆，收割前7d断水。

6）病虫草害防治

秧田期注意防治稻蓟马、稻飞虱、二化螟和三化螟；分蘖期注意防治二化螟；孕穗期注意防治纹枯病、稻纵卷叶螟和细菌性条斑病，破口抽穗初期以防治二化螟、稻飞虱、稻曲病为重点。稻蓟马和叶蝉可用20%吡虫啉进行防治；稻曲病在水稻抽穗前5～10d，每亩用12.5%纹霉清水剂400～500mL，或5%井冈霉素水剂400～500mL，兑水50kg喷雾；细菌性条斑病，每亩用10%叶枯净（杀枯净）可湿性粉剂200倍液，或50%敌枯唑（叶枯灵）可湿性粉剂1000倍液50kg喷雾进行防治。稻瘿蚊尽管是局部性虫害，但近年有逐步北扩之势，可用25%喹硫磷乳油或10%吡虫啉可湿性粉剂进行防治。杂草、其他病虫害防治药剂同早稻。

7）适时收获

当稻谷成熟度达到90%～95%，含水量在18%～21%时，抢晴进行人工或机械化收割，应做到边收获边脱粒。收割后切忌长时间堆垛以免污染和品质下降。

第 6 章　结论与展望

6.1　粮食作物可持续高产栽培研究存在的问题与建议

6.1.1　轻简化栽培技术模式有待深入研究

近年来，农村劳动力明显匮乏，现从事农田劳动的多为年龄较大或身体较弱无法外出劳动的老弱劳动力，严重制约了水稻、小麦、玉米科学管理水平。本课题在持续高产技术研发过程中应从播种、施肥、除草及收获等方面强化机械化配套技术的研发工作，并将相关技术进行组装集成，优化轻简化高产栽培技术模式。

6.1.2　重视抗逆高产稳产栽培技术研发

课题进行五年来，虽然产量水平稳步提升，但是我们清醒地认识到随着产量水平的提高，稳产性能在周年产量提升中的作用日趋重要。近年来全球气候变化带来了农田生态环境异常，高温、干旱等灾害气候频繁发生，导致农田生态环境异常，但目前缺乏有效的抗逆技术，而且课题涉及三大主粮作物、三大主粮作物主产区，生态条件复杂，气候变化主要表现为时间、空间波动较大，导致试验结果出现年际差异性与地区间的不确定性，无形中增加了试验的风险。因此，应加强作物抗逆高产稳产栽培技术的重点研发，建立防灾减灾的技术体系，同时加强农田基础设施建设，提高试验基地抗旱排涝能力，保障研究工作顺利进行。

6.1.3　新技术难以落实到农民手中

本课题虽然对三大主粮作物的高产技术进行了研究，但高产栽培研究仍处在试验示范阶段，示范田与大面积生产田的产量差大，人工和肥料等的投入还比较大，新技术新设备大面积应用较少。分析其原因，一是农村农技推广体系薄弱；二是务农的农民多为老人妇女，对新技术的接受能力较差；三是农户的种田规模小，农民对增产多与少并不太在乎。针对这些情况，应深入研究实现高产的创新技术，研发稳定性、可操作性和可持续性的高产栽培技术体系，以及探索适合当前农村形势的技术推广模式。

6.2　粮食作物可持续高产栽培的研究展望

未来十年是我国作物生产转型的攻坚期，也是实施"调结构—转方式"、提升可持续发展能力和推进现代农业发展的关键时期，急需栽培耕作理论及技术创新，攻克高产区提质增效的绿色栽培、中低产区产能提升的抗逆栽培、适度规模经营和机械化作业的种植标准化等重要科学问题和技术难题。

6.2.1　科技问题

在我国作物生产取得多年稳定增产后，国家针对作物生产中资源高耗和环境退化等突出问题，及时提出了"稳粮增收调结构、提质增效转方式"新方针，以及"一控两减三基本"新要求，建立资源节约和环境友好的作物生产新体系。因此，急需作物栽培耕作创新，通过良种良法配套，攻克以下三大科技问题。

6.2.1.1　转变生产方式亟须解决优质高产高效协同问题

近年来，我国粮食作物取得连续增产的喜人成绩，非粮食作物的单产水平也达到了历史新高。然而，在占全球 8% 耕地和 6% 水等资源条件下，要实现占世界 22% 人口的农产品有效供给，我国作物单产还必须持续稳定提高。与此同时，水肥等资源消耗日益递增，氮肥当季利用效率不到 40%，土壤退化和环境污染等问题突出，作物生产必须走绿色增产的路子。而且，人们生活水平提高，对农产品质量及安全要求日益递增。因此，亟须解决作物优质高产与资源高效利用的协同问题，以促进作物生产方式的战略转型，实现优质、高产、高效、生态安全的目标。

6.2.1.2　增强作物产能亟须解决复合逆境下丰产栽培问题

我国 2/3 以上的耕地属于中低产田，高产农田也呈现酸化和耕层退化等严峻趋势，土壤障碍因子多而复杂。与此同时，未来全球气温仍将上升 2℃ 以上，气候变化将进一步加剧干旱、强降水、极端温度等气象灾害。未来作物生产将受到日益严重的土壤和气候等复合非生物逆境限制，因此，亟须开展抗逆栽培理论与技术的创新，实现作物大面积优质丰产。

6.2.1.3　农业适度规模经营亟须解决农作物种植标准化问题

解决作物生产的效益低和农民增收慢的问题，关键在推动土地流转和发展家庭农场，促进作物生产的适度规模经营。在农村劳动力大量非农化情况下，作物生产机械化是必然趋势。这就要求作物种植技术必须标准化，以适应规模化经营、机械化作业、信息化管理的新要求。

6.2.2　科学前沿

随着全球性资源短缺、环境污染和气候变暖等问题的日益严峻，以及作物生产目标的综合化和资源环境限制的复合化，亟须重新审视作物生产与资源环境的关系。因此，作物系统对资源环境变化的响应与适应成为国内外作物科学的研究前沿，可持续集约化的作物生产新技术成为世界各国竞相资助的重点科技领域。为了实现作物优质高产和资源增效与环境增质的协同，在作物品种创新的基础上，必须开展作物栽培耕作的创新，阐明作物品质产量形成与资源利用的生物学协同机制和栽培调控途径，明确作物品质和产量形成对复合逆境的综合响应与适应及栽培抗逆途径，探明作物优质高产系统与关键资源因子的匹配规律，建立资源节约和环境友好的作物生产新体系。科学认识作物系统与资源环境的互作关系，可以降低对作物产能和资源环境变化预测的不确定性，提升对未来可持续发展决策的科学性。

6.2.3　创新任务

6.2.3.1　任务 1：优质高产与水肥高效的协同机制及绿色栽培技术

针对高产区普遍存在的水肥投入高、有机物料还田少、产品质量不稳定、水肥利用效率低等突出问题，以作物优质高产与水肥高效协同为核心，在我国主要粮油作物、重要经济作物、高效园艺作物和典型特用作物的主要产区，开展理论与技术创新，重点研究如下。

1. 协同机制

设置不同的水肥资源条件，探明作物品质产量形成与水肥利用协同的关键过程，阐明优质高产高效协同的生物学机制。

2. 调控途径

针对主要作物类型和产地条件，设置不同的栽培耕作试验，明确栽培耕作措施对作物品质产量与资源高效利用的综合调控效果及其作用机制，阐明优质高产高效协同的栽培途径。

3. 关键技术

通过区域生产调研和联网试验，明确影响作物大面积提质增效的关键限制因子，研发作物优质高产高效的群体构建、耕层调控、水肥统筹等关键技术，以及农机农艺等配套技术，并在主产区进行关键技术集成和示范验证，形成技术标准与规程，建立优质、高产、高效、生态、安全的绿色栽培技术新体系。

6.2.3.2　任务 2：作物对复合逆境的综合响应及抗逆栽培技术

针对中低产区普遍存在的耕层障碍和极端性天气等非生物逆境的复合限制，以优质丰产的抗逆栽培为核心，在我国主要粮油作物、重要经济作物和典型特用作物的主要产区，开展理论与技术创新，重点研究如下。

1. 响应机制

设置不同的复合逆境环境，借助现代组学技术和方法，阐明作物品质和产量形成对复合逆境的综合响应与适应的生物学机制。

2. 抗逆途径

针对主要作物类型和产地环境条件，设置不同品种类型和栽培耕作试验，明确栽培耕作措施对复合逆境的调控效应及其作用机制，阐明作物优质丰产的抗逆栽培途径。

3. 关键技术

通过区域生产调研和联网试验，明确影响作物大面积优质丰产的关键非生物逆境及其组合，研发突破复合逆境限制的生长调控、环境调控、水肥统筹等关键技术和产品，以及麻类等作物对土壤重金属等高风险农田的修复利用技术，农机农艺等配套技术，并进行关键技术集成和示范验证，形成技术标准和专用产品，建立抗逆丰产的栽培技术体系。

6.2.3.3　任务 3：作物品种类群的配置规律及标准化种植技术

针对规模化经营和机械化生产中遇到的新品种选用难、产地环境差异大、种植模式杂等突出问题，以良种良法配套、农机农艺融合和标准化种植为核心，在主要粮油作物、重要经济作物、高效园艺作物和典型特用作物的主产区，开展理论与技术创新，重点研究如下。

1. 品种类群配置

根据历史资料分析，设置区域联合试验，阐明主要作物品种类群的环境适应特性及优质高产的资源匹配规律，明确品种类群的筛选标准和区域配置方案。

2. 作物系统配置

根据长期定位试验结果，设置区域联网的种植模式、耕作技术的综合试验，进行综合评价，阐明作物优质高产高效的系统配置标准及资源匹配规律。

3. 标准化技术模式

建立作物系统优化的决策支持系统，针对主要作物不同产区的资源环境和技术水平，开展品种类群筛选、技术配套、系统设计和模式综合评价，建立优质高产高效的标准化种植技术体系，形成技术标准和规程。